普通高等教育"十三五"规划教材

概率论与数理统计

（第 5 版）

主　编　韩　明

副主编　林孔容　张积林

主　审　王家宝

U0348543

同济大学出版社
TONGJI UNIVERSITY PRESS

内 容 提 要

本书是在第 4 版的基础上,按照工科及经济管理类"本科数学基础课程教学基本要求"并结合当前大多数本专科院校的学生基础和教学特点进行编写的.全书共分 9 章,第 1—5 章是概率论部分,内容包括:随机事件与概率、随机变量及其分布、多维随机变量及其分布、随机变量的数字特征、大数定律及中心极限定理;第 6—9 章是数理统计部分,内容包括:数理统计的基本概念、参数估计、假设检验及回归分析.各章节均配有习题,书末附有参考答案,附表中列有一系列数值用表.本书在编写中注重渗透现代化教学思想及手段,切合实际需求和加强学生应用能力的培养,并附录有数学建模及大学生数学建模竞赛、概率论与数理统计实验的相关内容.

本书适合作为普通高等院校理工科类(非数学专业)、经济管理类有关专业的概率论与数理统计课程的教材使用(其中标有"＊"的部分是供选学的内容),还可供相关专业人员和广大教师参考.

图书在版编目(CIP)数据

概率论与数理统计 / 韩明主编. 5 版 — 上海:同济大学
出版社,2019.8(2021.12 重印)

　　ISBN 978 - 7 - 5608 - 8601 - 5

　　Ⅰ.①概… Ⅱ.①韩… Ⅲ.①概率论—高等学校—教
材②数理统计—高等学校—教材 Ⅳ.①O21

中国版本图书馆 CIP 数据核字(2019)第 132489 号

普通高等教育"十三五"规划教材

概率论与数理统计(第 5 版)

主　编　韩　明

副主编　林孔容　张积林

主　审　王家宝

责任编辑　张　莉　　助理编辑　任学敏　　责任校对　徐春莲　　封面设计　潘向蓁

出版发行　同济大学出版社　　www.tongjipress.com.cn

　　　　　(地址:上海市四平路 1239 号　邮编:200092　电话:021－65985622)

经　　销　全国各地新华书店

印　　刷　江苏句容排印厂

开　　本　710mm×960mm　1/16

印　　张　15.5

印　　数　15301—20400

字　　数　310000

版　　次　2019 年 8 月第 5 版　　2021 年 12 月第 4 次印刷

书　　号　ISBN 978 - 7 - 5608 - 8601 - 5

定　　价　35.00 元

前　　言

随着大数据在日常生活中的日益渗透,作为其数学基础之一的"概率论与数理统计",面临着新的需求,围绕该课程的教学改革一直受到大家的关注.我们继续关注国内外"概率论与数理统计"课程教学改革的有关动态,并已将部分成果融入了本版教材中."概率论与数理统计"是研究随机现象统计规律性的一门数学课程,它主要培养学生分析随机现象的能力,这种能力在大数据时代对于大多数人来说都是必备的.

在本书中我们继续尝试将"概率论与数理统计"与数学实验(Mathematical Experiment)、数学建模(Mathematical Modelling)进行融合.把数学实验和数学建模的思想方法融入数学类课程,这是当前高等院校数学类课程教学改革的一个重要方向.本书的附录 A"数学建模及大学生数学建模竞赛简介"和附录 B"概率论与数理统计实验简介"及其在教材中的相关内容,从一个侧面体现了本课程的教学改革情况.

在本课程的教学中,如果能融入一些数学文化史料等,在强调知识性的同时增加一些趣味性,对于提高本课程的教学质量一定会有所帮助.面对教学中存在的问题,如何有效地提高教学质量,激发学生的学习积极性、主动性,是本课程当前教学中迫切需要解决的问题.

本次修订是在第 4 版的基础上进行的.在 2016 年第 4 版出版后,经过三年来的实践,我们又积累了一些经验,并收集了广大师生的意见和建议.本次修订中,保留了第 4 版的内容体系和大部分内容;修改了第 4 版中的不当或错误,努力提高教材的质量;对少部分内容进行了修订,调整、补充了个别例题和习题,并对附录 A 和附录 B 进行了补充;特别值得强调的是,本次修订对教材的数字化改造做了初步探索,每节习题中选择 1 题,每章复习题中选择 1~2 题给出详解,通过二维码方式提供给读者参考.

本书于 2017 年 5 月入选"浙江省普通高校'十二五'优秀教材".我们以此为契机,孜孜以求,共同努力,有信心把《概率论与数理统计》和《概率论与数理统计典型例题和习题解答》建设好.

感谢主审王家宝教授十几年来的指导和鼓励,感谢读者一直以来对《概率论与数理统计》教材及配套《概率论与数理统计典型例题和习题解答》的关心和厚爱.由于作者水平所限,书中不当之处在所难免,恳请专家和读者批评指正.

韩　明

2019 年 5 月

第 4 版前言

本书的第 1 版、第 2 版、第 3 版出版后,深受广大师生的欢迎,在此作者表示衷心地感谢.

在本书的第 3 版出版后,我们继续关注国内外"概率论与数理统计"课程教学改革的有关动态,努力探索"概率论与数理统计"课程的教学改革,并已将部分成果融入教材中.

本课程的很多思想非常朴素,用到的数学工具也并不艰深,但它别开生面的内容、深刻的结论,使不少初学者感觉概念成堆、公式众多,难以理解和掌握.长期以来《概率论与数理统计》传统教材多注重理论,而对如何使用数学软件来解决实际问题很少涉及(或干脆不涉及),使学生对该课程的理解停留在理论层面上,造成理论和实际相脱节.在本课程的教学中,如果能融入一些数学文化史料,在强调知识性的同时增加一些趣味性,对于提高本课程的教学效果一定会有所帮助.面对教学中存在的问题,如何有效地提高教学效果,激发学生的学习积极性、主动性,是本课程当前教学中迫切需要解决的问题.

把数学实验(Mathematical Experiment)和数学建模(Mathematical Modelling)的思想融入大学数学主干课程,这是当前大学数学教学改革的一个重要方向.本书的附录 A"数学建模及大学生数学建模竞赛简介"和附录 B"概率论与数理统计实验简介",从一个侧面体现了本课程的教学改革,教材中的一些计算、画图的MATLAB 程序,见附录 B.鉴于数学实验、数学建模的重要性,以及"中国大学生数学建模竞赛"和"美国大学生数学建模竞赛"的影响越来越大,在本次修订中,我们重写了附录 A,并补充了附录 B.

本次修订中,增加了"概率论"发展简史(作为第 1 章的补充阅读)、"数理统计"发展简史(作为第 6 章的补充阅读).

本次修订是在本书 2013 年第 3 版的基础上进行的.在本书的第 3 版出版后,经过三年来的教学实践,我们收集了广大师生的意见和建议.本次修订中,我们修改了第 3 版中的不当之处,对少部分内容进行了修订,调整、补充了个别例题和习题,保留了第 3 版的内容体系和大部分内容.本次修订计划由韩明提出,张积林、陈翠参加了修订计划的讨论,并参加了部分内容的讨论.本次修订由韩明执笔.

作者在此对王家宝教授的指导和鼓励表示感谢.我们努力使本书写成一本既有特色又便于教学的教材,但由于水平有限,书中难免还有一些疏漏甚至错误,恳请专家和读者批评指正.让我们共同努力,把这本教材建设好.

韩 明

2016 年 3 月

第3版前言

本书的第1版、第2版出版后,深受广大师生的欢迎,在此作者表示衷心感谢,同时也深感"越受到欢迎,责任越大".

本次修订是在2007年第1版、2010年第2版的基础上进行的.在本书的第2版出版后,经过三年来的教学实践,我们又多了一些积累,并吸收了广大师生的意见和建议.在此基础上,我们修改了第2版中的不当之处,并努力致力于教材质量的提高.在本次修订中,我们只是对少部分内容进行了修订,保留了第2版的内容体系和绝大部分内容.

在第2版出版后,我们继续关注和跟踪了国内外"概率论与数理统计"课程教学改革的有关动态.特别是由全国高等学校教学研究中心、全国高等学校教学研究会、教育部高等学校数学与统计学教学指导委员会、中国数学会、中国工业与应用数学学会、高等教育出版社与有关高校共同组织的"大学数学课程报告论坛",每年一届(从2005年开始,截至2012年已成功举办八届).大学数学课程报告论坛,被誉为大学数学教学改革的"风向标",在高校中具有广泛影响,该论坛每届都有"概率论与数理统计"课程教学改革方面的相关内容.

在我国高等教育进入以提高质量为核心,加快从高等教育大国向高等教育强国迈进的重要阶段,教学内容、教学方法的改革与创新不但是切实提高课程教学质量的关键环节之一,也是当前提高课程教学质量的热点,已成为当前高校深化教学改革、提高教学质量中的焦点与难点.本书作者也在努力探索"概率论与数理统计"课程的教学改革,并已将其中的部分成果融入本书中.

本次修订计划由韩明提出,张积林、陈翠参加了修订计划的讨论,并参加了部分内容的讨论;习题及其参考答案部分由陈翠负责,其余部分由韩明负责;全书由韩明统稿、定稿.

作者在此对王家宝教授的指导和鼓励表示感谢,并对参考文献的作者表示感谢.虽然我们努力使本书写成一本既有特色又便于教学(或自学)的书,但由于我们编写水平有限,书中难免还有一些疏漏甚至错误,恳请专家和读者批评指正.一本好的教材需要经过多年的教学实践,反复锤炼.希望继续得到专家和读者的关心和厚爱,让我们共同努力,把这本教材建设好.

韩 明

2013年5月

第 2 版前言

本书是在 2007 年第 1 版的基础上修订的,适合作为普通高等院校工科类、理科类(非数学专业)、经济管理类等有关专业"概率论与数理统计"课程的教材使用(其中标有"﹡"的部分是供选学的),还可供相关专业人员和广大教师参考.

本书共分 9 章,第 1—5 章是概率论部分,内容包括随机事件与概率、随机变量及其分布、多维随机变量及其分布、随机变量的数字特征、大数定律及中心极限定理;第 6—9 章是数理统计部分,内容包括数理统计的基本概念、参数估计、假设检验、回归分析.

本书第 1 版出版后深受广大师生的欢迎,并已重印 6 次,错误和疏漏也已修订了 6 次.经过 3 年来的教学实践,我们积累了一些经验,并吸收了广大教师和学生的意见和建议,本次修订就是在这些基础上进行的.我们修改了第 1 版中的不当之处,并努力致力于教材质量的提高.本次修订保留了第 1 版的内容体系和大部分内容,调换和改写了个别例题和习题,并增加了附录 B——概率论与数理统计实验简介.

把数学实验(Mathematical Experiment)和数学建模(Mathematical Modelling)的思想融入大学数学主干课程,是当前大学数学教学改革的一个重要方向,也是计算机普及的今天给大学数学教学改革提出的一个必须考虑的问题.在本书的第 1 版中虽然已有体现(如例 5.1.4,还有附录 A"数学建模及大学生数学建模竞赛简介"等),但体现得还不够.那么,在本次修订中如何体现"将数学实验和数学建模的思想融入'概率论与数理统计'课程"呢?本次修订在这方面有所考虑,主要是借助数学实验把书中一些不太好理解的问题(如与极限有关的几个定理)通过可视化等,使读者便于理解相关内容.如例 2.1.7——二项分布和泊松分布的近似关系(直观地说明了泊松定理);例 5.1.3——事件的频率与概率的关系(直观地说明了伯努利大数定律),例 5.2.1 和例 5.2.3——分别直观地说明了独立同分布中心极限定理、棣莫弗-拉普拉斯中心极限定理.另外,关于几个常见分布分位点的值,如果在教材后的附表中查不到时,可以用有关软件(如 MATLAB 软件等)计算得到.关于与"概率论与数理统计"课程有关的数学实验,可详见附录 B.

本次修订工作的分工如下:修订计划由韩明提出,罗明安、林孔容、陈翠参加了修订计划的讨论,并参加了部分内容的讨论;陆汾、张积林参加了部分内容的讨论;习题及其参考答案部分由陈翠执笔,其余部分由韩明执笔;全书由韩明统稿、定稿.

本书由王家宝教授主审,他对本书进行了认真的审阅,并提出了中肯的建议,在此表示感谢.

希望继续得到专家和广大读者的关心和厚爱,让我们共同努力,把这部教材建设好.虽然我们努力使本书写成一部既有新意又便于教学的教材,但由于编者水平所限,书中肯定还有一些疏漏甚至错误之处,恳请专家和读者批评、指正.

韩 明

2010 年 5 月

第1版前言

"概率论与数理统计"是研究随机现象的一门数学课程,也是普通高等院校本科生各专业普遍开设的一门公共基础课程.为了适应当前我国高等教育正经历从"精英型教育"向"大众化教育"的转变过程,满足大多数高等院校出现的新的教学形势、学生基础和教学特点,我们编写了这部概率论与数理统计课程的书.

本书在编写过程中认真贯彻落实教育部"高等教育面向21世纪教学内容和课程体系改革计划"的要求精神,并严格执行教育部"数学与统计学教学指导委员会"最新修订的工科及经济管理类"本科数学基础课程(概率论与数理统计)教学基本要求",同时参考了近几年来国内外出版的有关教材,并深入结合编者的一线教学实践经验.全书以通俗易懂的语言,深入浅出地讲解概率论与数理统计的知识.全书共分9章内容.第1—5章是概率论部分,内容包括:随机事件与概率、随机变量及其分布、多维随机变量及其分布、随机变量的数字特征、大数定律及中心极限定理;第6—9章是数理统计部分,内容包括:数理统计的基本概念、参数估计、假设检验及回归分析.本书的主要特色有以下几点:

(1) 在满足基本学时(约50学时)要求的内容的基础上,适当淡化理论推导过程;

(2) 弱化技巧性训练,重在使学生理解和掌握基本概念、基本理论和基本方法;

(3) 概率论部分重概念、背景,数理统计部分重思想、方法,增强知识的实用性;

(4) 精选例题135个和习题284道,习题按节(每节后有习题)、章(每章后有复习题)设立,并于书末附有习题参考答案和一系列数值用表,目的在于加强学生对教学内容的理解,培养学生的应用意识和能力;

(5) 注重渗透现代化教学思想及手段、切合实际需求和加强学生应用能力的培养,并附录有数学建模及大学生数学建模竞赛的相关内容.

学习和使用本书需要读者具备"高等数学"与"线性代数"课程的基本知识.本书知识系统、详略得当、举例丰富、讲解透彻、难度适宜,适合作为普通高等院校工科类、理科类(非数学专业)、经济管理类有关专业的概率论与数理统计课程的教材使用(其中"﹡"部分是供选学的),也可供成人教育学院或申请升本的专科院校选用为教材,也可供相关专业人员和广大教师参考.

与本书同步出版的《概率论与数理统计学习指导》是本书内容的补充、延伸、拓展和深入,对教学中的疑难问题和授课中不易展开的问题以及诸多典型题目进行了详细探讨,对教师备课、授课和学生学习、复习以及巩固本书的教学效果大有裨益,亦可作为本书配套的习题课参考书.

本书由韩明主编,罗明安、林孔容副主编.参加编写的人员有:韩明、陈翠、罗明安、林孔容和肖果能,全书由韩明统稿、定稿.

除了编者写作的内容外,本教材的部分内容(例题和习题等)参考了书后所列参考文献.作者在这里对这些参考书的作者表示感谢.

感谢王家宝教授.他在审阅时提出了一些宝贵而又中肯的建议,使本书避免了一些错误和不妥之处.

虽然我们努力使本书写成为一部既有新意又便于教学的教材,但由于水平所限,书中一定还有不少不尽人意之处,恳请专家和读者提出宝贵意见.

韩　明
2007 年 3 月

目　　录

前　言

第 4 版前言

第 3 版前言

第 2 版前言

第 1 版前言

第 1 章　随机事件与概率 ·· （1）

　1.1　随机事件及其运算 ·· （1）

　　1.1.1　随机试验与样本空间 ·· （1）

　　1.1.2　随机事件、事件间的关系与运算 ···················· （2）

　1.2　事件的概率及其性质 ·· （6）

　　1.2.1　频率与概率的统计定义 ···································· （6）

　　1.2.2　古典概型 ·· （7）

　　1.2.3　几何概率 ·· （9）

　　1.2.4　概率的公理化定义 ·· （10）

　1.3　条件概率与贝叶斯公式 ·· （13）

　　1.3.1　条件概率与乘法公式 ······································ （13）

　　1.3.2　全概率公式与贝叶斯公式 ································ （15）

　1.4　事件的独立性与伯努利概型 ································ （19）

　　1.4.1　事件的独立性 ·· （19）

　　1.4.2　伯努利概型 ·· （21）

　复习题 1 ··· （22）

　补充阅读　"概率论"发展简史 ···································· （23）

第 2 章　随机变量及其分布 ·· （26）

　2.1　随机变量的概念与离散型随机变量 ···················· （26）

　　2.1.1　随机变量的概念 ·· （26）

　　2.1.2　离散型随机变量及其分布律 ···························· （27）

　　2.1.3　常见的离散型随机变量 ···································· （28）

　2.2　随机变量的分布函数 ·· （34）

　　2.2.1　分布函数的定义 ·· （34）

  2.2.2 分布函数的性质 ·· (35)

 2.3 连续型随机变量及其概率密度 ······························ (37)

  2.3.1 连续型随机变量 ·· (37)

  2.3.2 常见的连续型随机变量 ······························ (39)

 2.4 随机变量函数的分布 ·· (45)

  2.4.1 离散型随机变量函数的分布 ························· (46)

  2.4.2 连续型随机变量函数的分布 ························· (46)

 复习题2 ·· (49)

第3章 多维随机变量及其分布 ·································· (51)

 3.1 二维随机变量及其分布 ······································ (51)

  3.1.1 二维随机变量的定义、分布函数 ··················· (51)

  3.1.2 二维离散型随机变量 ································· (52)

  3.1.3 二维连续型随机变量 ································· (53)

 3.2 边缘分布 ·· (56)

  3.2.1 边缘分布律 ··· (56)

  3.2.2 边缘密度函数 ·· (58)

 3.3 随机变量的独立性 ·· (61)

 3.4 两个随机变量函数的分布 ··································· (64)

  3.4.1 $Z=X+Y$ 的分布 ····································· (64)

  3.4.2 $M=\max\{X,Y\}$ 和 $N=\min\{X,Y\}$ 的分布 ····· (67)

 复习题3 ·· (70)

第4章 随机变量的数字特征 ···································· (73)

 4.1 数学期望 ·· (73)

  4.1.1 数学期望的定义 ······································· (74)

  4.1.2 随机变量函数的数学期望 ··························· (76)

  4.1.3 数学期望的性质 ······································· (78)

 4.2 方 差 ·· (80)

  4.2.1 方差的定义 ··· (81)

  4.2.2 方差的性质 ··· (82)

  4.2.3 常见分布的方差 ······································· (83)

 4.3 协方差、相关系数与矩 ······································ (87)

  4.3.1 协方差与相关系数 ···································· (87)

  4.3.2 独立性与不相关性 ···································· (91)

  4.3.3 矩、协方差矩阵 ······································· (92)

复习题 4 ·· (93)

第 5 章　大数定律及中心极限定理 ················ (95)
  5.1　大数定律 ···································· (95)
    5.1.1　切比雪夫不等式 ························ (95)
    5.1.2　3 个大数定律 ·························· (96)
  5.2　中心极限定理 ······························ (101)
    5.2.1　独立同分布中心极限定理 ················ (101)
    5.2.2　棣莫弗-拉普拉斯中心极限定理 ·········· (104)
  复习题 5 ·· (106)

第 6 章　数理统计的基本概念 ···················· (108)
  6.1　基本概念 ···································· (108)
    6.1.1　总体与样本 ···························· (108)
    6.1.2　直方图 ································ (110)
    6.1.3　统计量与样本矩 ························ (112)
  6.2　3 个重要分布与抽样定理 ···················· (115)
    6.2.1　3 个重要分布 ·························· (115)
    6.2.2　正态总体下的抽样定理 ·················· (122)
  复习题 6 ·· (126)
  补充阅读　"数理统计"发展简史 ·················· (126)

第 7 章　参数估计 ······························ (131)
  7.1　点估计 ······································ (131)
    7.1.1　矩估计法 ······························ (131)
    7.1.2　极大似然估计法 ························ (133)
  7.2　估计量的评选标准 ·························· (138)
    7.2.1　无偏性 ································ (138)
    7.2.2　有效性与一致性 ························ (140)
  7.3　区间估计 ···································· (141)
    7.3.1　区间估计的定义 ························ (141)
    7.3.2　单个正态总体均值与方差的置信区间 ······ (144)
    7.3.3　两个正态总体均值之差与方差之比的置信区间 ·· (146)
  复习题 7 ·· (150)

第 8 章　假设检验 ······························ (152)
  8.1　假设检验的基本思想与步骤 ·················· (152)
    8.1.1　假设检验的基本思想 ···················· (152)

　　　　8.1.2　两类错误与假设检验的步骤 ……………………………………（154）

　＊8.1.3　检验的 p-值 ……………………………………………………（156）

　　8.2　单个正态总体均值与方差的检验 ……………………………………（159）

　　　　8.2.1　单个总体 $N(\mu,\sigma^2)$ 均值 μ 的检验 …………………………（159）

　　　　8.2.2　置信区间与假设检验的关系 …………………………………（160）

　　　　8.2.3　单个总体 $N(\mu,\sigma^2)$ 方差 σ^2 的检验 …………………（161）

　　8.3　两个正态总体均值与方差的检验 ……………………………………（164）

　　　　8.3.1　两个正态总体均值之差的检验 ………………………………（164）

　　　　8.3.2　两个正态总体方差之比的检验 ………………………………（166）

　＊8.4　分布拟合检验 …………………………………………………………（169）

　　复习题 8 ………………………………………………………………………（173）

＊第 9 章　回归分析 …………………………………………………………………（175）

　　9.1　一元线性回归 …………………………………………………………（175）

　　　　9.1.1　基本概念 ………………………………………………………（175）

　　　　9.1.2　回归系数的最小二乘估计 ……………………………………（177）

　　　　9.1.3　回归方程的显著性检验 ………………………………………（179）

　　　　9.1.4　一元线性回归方程的预测 ……………………………………（184）

　　9.2　可线性化的回归方程 …………………………………………………（186）

　　复习题 9 ………………………………………………………………………（187）

附　　录 ………………………………………………………………………………（189）

　　附录 A　数学建模及大学生数学建模竞赛简介 …………………………（189）

　　附录 B　概率论与数理统计实验简介 ……………………………………（195）

　　附录 C　概率论与数理统计附表 …………………………………………（202）

参考答案 ………………………………………………………………………………（219）

参考文献 ………………………………………………………………………………（232）

第 1 章 随机事件与概率

在自然界与人类社会的活动中,人们观察到的现象是多种多样的,但归结起来,它们大体上可以分为两类,一类是确定性现象,另一类是随机现象.

例如,向上抛一粒石子必然下落;同性电荷必然相互排斥. 这类在一定条件下必然发生的现象,称为**确定性现象**(或必然现象).

在相同条件下抛一枚硬币,其结果可能是正面朝上,也可能是反面朝上,在抛掷之前,无法预知抛掷的结果,结果呈现出不确定性;但多次重复抛掷同一枚硬币,得到正面朝上与反面朝上两个结果大致各占一半,结果呈现出规律性. 在大量重复试验中,其结果所呈现出的规律性,称为**统计规律性**. 这类在个别试验中其结果呈现出不确定性,在大量重复试验中其结果呈现出规律性的现象,称为**随机现象**(或偶然现象). 值得注意的是,确定性现象,在一定条件下其结果只有一个,而随机现象其结果却不止一个.

概率论与数理统计是研究随机现象统计规律性的一门数学学科,其理论与方法的应用非常广泛,几乎遍及所有科学技术领域、工农业生产、国民经济以及我们的日常生活.

《统计与真理 —— 怎样运用偶然性》(C. R. Rao) 的扉页上写有这样一段话:

> 在终极的分析中,一切知识都是历史;
> 在抽象的意义下,一切科学都是数学;
> 在理性的基础上,所有的判断都是统计学.

1990 年,诺贝尔经济学奖的三位得主之一是马科维茨(Markowitz),他获奖的主要原因是提出了投资组合选择(portfolio selection) 理论,他把投资组合的价格视为随机变量,用它的均值来衡量收益,用它的方差来衡量风险(被称为"均值 - 方差分析理论"),该理论后来被誉为"华尔街的第一次革命"(注:随机变量、均值、方差是本书将要介绍的内容).

1.1　随机事件及其运算

1.1.1　随机试验与样本空间

我们遇到过各种试验,包括各种科学试验. 在这里我们把试验作广义理解,对某一事物的某一特征的观察,也认为是一种试验. 为了研究随机现象的统计规律性,我们需要进行各种试验.

如果一个试验同时满足下列条件:

(1) 可以在相同的条件下重复地进行(简称"可重复性");

(2) 每次试验的可能结果不止一个,并且能事先明确试验的所有可能结果(简称"不唯一性");

(3) 进行一次试验之前不能确定哪一个结果会出现(简称"不确定性"),则称这样的试验为**随机试验**,有时把随机试验简称为**试验**(experiment),用 E 来表示.我们是通过随机试验来研究随机现象的.

值得注意的是,随机试验要求试验在相同的条件下可以重复.当然也有很多随机现象是不能重复的,例如,某场足球赛的输赢是不能重复的,某些经济现象(如经济增长率等)也是不能重复的.

把随机试验 E 的所有可能结果组成的集合称为 E 的**样本空间**,用 Ω 来表示.样本空间 Ω 中的元素,即试验 E 的每个结果,称为**样本点**,用 ω 来表示.

例 1.1.1 以下是 6 个随机试验,请写出它们的样本空间.

E_1:抛掷一枚硬币,用 H(head) 表示正面,用 T(tail) 表示反面,观察正面和反面出现的情况.

E_2:将一枚硬币抛掷 3 次,观察正面(H)、反面(T)出现的情况.

E_3:将一枚硬币抛掷 3 次,观察正面出现的次数.

E_4:抛一颗骰子,观察出现的点数.

E_5:记录某城市 114 电话号码查询台一昼夜接到的呼叫次数.

E_6:在一批灯泡中任意抽取一只,测试它的寿命.

解 上面 6 个试验 $E_1,E_2,\cdots,E_6$ 的样本空间分别是

Ω_1:$\{H,T\}$;

Ω_2:$\{HHH,HHT,HTH,THH,HTT,THT,TTH,TTT\}$;

Ω_3:$\{0,1,2,3\}$;

Ω_4:$\{1,2,3,4,5,6\}$;

Ω_5:$\{0,1,2,3,\cdots\}$;

Ω_6:$\{t\mid t\geqslant 0\}$.

应该注意的是,样本空间中的元素是由试验的目的所确定的.例如,在例1.1.1中,E_2 和 E_3 同是将一枚硬币抛掷3次,由于试验的目的不同,样本空间中的元素也不同.

1.1.2 随机事件、事件间的关系与运算

在进行随机试验时,人们常常关心满足某种条件的那些样本点组成的集合,即"随机试验的某些样本点组成的集合"(亦即样本空间的子集).例如,若规定某种灯

泡的寿命小于 1000h 为次品,则我们在例 1.1.1 的 E_6 中关心是否有 $t \geqslant 1000$h,满足这个条件的样本点组成样本空间 Ω_6 的一个子集 $\{t \mid t \geqslant 1000\}$.

称试验 E 的样本空间 Ω 的子集为 E 的**随机事件**(或"随机试验的某些样本点组成的集合"),简称**事件**(event). 在一次试验中,当且仅当这一子集中的一个样本点出现时,称这一**事件发生**. 随机事件一般用大写字母 A,B,C 等来表示.

例 1.1.2 在例 1.1.1 中,看几个事件的例子. 对于 E_2,事件"第一次出现 H",即 $A_1 = \{\text{HHH,HHT,HTH,HTT}\}$;事件"3 次出现同一面",即 $A_2 = \{\text{HHH, TTT}\}$. 对于 E_4,事件"出现偶数点",即 $A_3 = \{2,4,6\}$.

特别地,由一个样本点组成的单点集,称为**基本事件**. 例如,在例 1.1.1 的 E_1 中,有 2 个基本事件 $\{\text{H}\}$ 和 $\{\text{T}\}$;在 E_3 中,有 4 个基本事件 $\{0\},\{1\},\{2\},\{3\}$.

样本空间 Ω 包含所有样本点,它是自身的子集,在每次试验中它总是发生的,称为**必然事件**.

空集 $\varnothing$ 不包含任何样本点,它也作为样本空间的子集,它在每次试验中都不发生,称为**不可能事件**.

事件是一个集合,所以事件间的关系与运算自然按照集合论中集合间的关系与运算来处理. 下面这些关系与运算的提法,是根据集合间的关系与运算以及"事件发生"的含义给出的.

设试验 E 的样本空间 Ω,而 $A,B,A_i (i = 1,2,\cdots)$ 是 Ω 的子集.

(1) 若 $A \subset B$,则称事件 B **包含**事件 A,这指的是事件 A 发生必然导致事件 B 发生.

若 $A \subset B$ 且 $A \supset B$,则称事件 A 与事件 B **相等**,记为 $A = B$.

(2) 事件 $A \bigcup B = \{x \mid x \in A \text{ 或 } x \in B\}$ 称为事件 A 与事件 B 的**和事件**. 当且仅当 A,B 中至少有一个事件发生时,事件 $A \bigcup B$ 发生.

类似地,称 $\bigcup\limits_{i=1}^{n} A_i$ 为 n 个事件 $A_1,A_2,\cdots,A_n$ 的和事件,称 $\bigcup\limits_{i=1}^{+\infty} A_i$ 为可列个事件 $A_1,A_2,\cdots$ 的和事件.

(3) 事件 $A \bigcap B = \{x \mid x \in A \text{ 且 } x \in B\}$ 称为事件 A 与事件 B 的**积事件**. 当且仅当 A,B 同时发生时,事件 $A \bigcap B$ 发生. 事件 A 与事件 B 的积事件,简记作 AB.

类似地,称 $\bigcap\limits_{i=1}^{n} A_i$ 为 n 个事件 $A_1,A_2,\cdots,A_n$ 的积事件,称 $\bigcap\limits_{i=1}^{+\infty} A_i$ 为可列个事件 $A_1,A_2,\cdots$ 的积事件.

(4) 事件 $A - B = \{x \mid x \in A \text{ 且 } x \notin B\}$ 称为事件 A 与事件 B 的**差事件**. 当且仅当 A 发生,B 不发生时,事件 $A - B$ 发生.

(5) 若 $A \bigcup B = \Omega$ 且 $A \bigcap B = \varnothing$,则称事件 A 与事件 B 互为**对立事件**(或**逆事件**). 记事件 A 的对立事件为 $\overline{A}$,$\overline{A} = \Omega - A$.

(6) 若 $A \bigcap B = \varnothing$,则称事件 A 与事件 B **互不相容**(或**互斥**). 这指的是事件 A

与事件 B 不能同时发生. 显然, 同一个试验中各个基本事件是两两互不相容的.

我们可以用维恩(Venn)图来表示上述事件间的关系与运算, 如图 1-1— 图 1-6 所示.

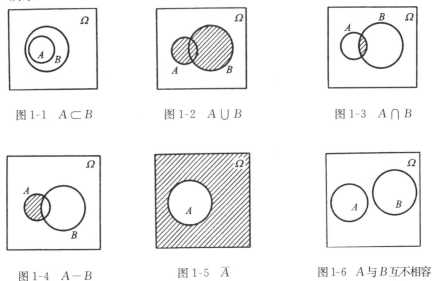

图 1-1　$A \subset B$　　　　图 1-2　$A \bigcup B$　　　　图 1-3　$A \bigcap B$

图 1-4　$A - B$　　　　图 1-5　$\overline{A}$　　　　图 1-6　A 与 B 互不相容

在进行事件的运算时, 经常要用到下述定律. 设 $A, B, C, A_i (i = 1, 2, \cdots, n)$ 为事件, 则有

交换律: $A \bigcup B = B \bigcup A, A \bigcap B = B \bigcap A.$

结合律: $A \bigcup (B \bigcup C) = (A \bigcup B) \bigcup C, A \bigcap (B \bigcap C) = (A \bigcap B) \bigcap C.$

分配律: $A \bigcup (B \bigcap C) = (A \bigcup B) \bigcap (A \bigcup C), A \bigcap (B \bigcup C) = (A \bigcap B) \bigcup (A \bigcap C).$

德摩根(De Morgan)律:

$$\overline{A \bigcup B} = \overline{A} \bigcap \overline{B}, \overline{A \bigcap B} = \overline{A} \bigcup \overline{B};$$

$$\overline{\bigcup_{i=1}^{n} A_i} = \bigcap_{i=1}^{n} \overline{A}_i, \overline{\bigcap_{i=1}^{n} A_i} = \bigcup_{i=1}^{n} \overline{A}_i.$$

在集合论、概率论中符号与意义的对照, 见表 1-1.

表 1-1　　　　　　　在集合论、概率论中符号与意义的对照

符　号	集合论	概率论
Ω	全集	样本空间, 必然事件
$\varnothing$	空集	不可能事件
$\omega(\in \Omega)$	元素	样本点

续表

符 号	集合论	概率论
$\{\omega\}$	单点集	基本事件
$A(\subset \Omega)$	子集 A	事件 A
$A \subset B$	集合 B 包含集合 A	事件 B 包含事件 A
$A = B$	集合 A 与 B 相等	事件 A 与 B 相等
$A \cup B$	集合 A 与 B 的并集	事件 A 与 B 的和事件
$A \cap B$	集合 A 与 B 的交集	事件 A 与 B 的积事件
$\overline{A}$	集合 A 的余集	事件 A 的对立事件
$A - B$	集合 A 与 B 的差集	事件 A 与 B 的差事件
$A \cap B = \varnothing$	集合 A 与 B 没有公共元素	事件 A 与 B 互不相容

例 1.1.3 考察学生在一次数学考试中的成绩(括号中的区间表示成绩所处的范围),记 $A =$ "优秀($[90,100]$)",$B =$ "良好($[80,90)$)",$C =$ "中等($[70,80)$)",$D =$ "及格($[60,70)$)",$E =$ "未通过($[0,60)$)",$F =$ "通过($[60,100]$)",则 A,B,C,D,E 为两两互不相容事件;E 与 F 互为对立事件,即 $\overline{E} = F$;$F = A \cup B \cup C \cup D$.

例 1.1.4 对于例 1.1.2 中的 $A_1 = \{HHH,HHT,HTH,HTT\}$,$A_2 = \{HHH,TTT\}$,求 $A_1 \cup A_2, A_1 \cap A_2, A_1 - A_2, \overline{A_1 \cup A_2}$.

解 根据例 1.1.1 知样本空间为 $\Omega_2 = \{HHH,HHT,HTH,THH,HTT,THT,TTH,TTT\}$,则 $A_1 \cup A_2 = \{HHH,HHT,HTH,HTT,TTT\}$,$A_1 \cap A_2 = \{HHH\}$,$A_1 - A_2 = \{HHT,HTH,HTT\}$,$\overline{A_1 \cup A_2} = \Omega_2 - A_1 \cup A_2 = \{THT,TTH,THH\}$.

习题 1.1

1. 写出下列随机试验的样本空间:(1) 袋中有 3 个红球和 2 个白球,现从袋中任取一个球,观察其颜色;(2) 掷三颗骰子,观察其点数;(3) 连续抛一枚硬币,直至出现正面为止,记录抛掷次数;(4) 某十字路口每小时通过的机动车数量.

习题 1.1.6 详解

2. 设 A,B,C 表示 3 个随机事件,用 A,B,C 的运算关系表示下列各事件.
(1) A,B,C 都发生;(2) A,B,C 都不发生;(3) A,B,C 中恰好有 2 个发生.

3. 一名射手向某个目标射击 3 次,事件 A_i 表示射手第 i 次射击时击中目标($i = 1,2,3$),试用文字叙述下列事件.(1) $\overline{A_1} \cup \overline{A_2}$;(2) $A_1 \cup A_2 \cup A_3$;(3) $\overline{A_1 A_2}$;(4) $A_2 \cup \overline{A_3}$.

4. 一位工人生产 4 个零件,以事件 A_i 表示他生产的第 i 个零件是不合格品,$i = 1,2,3,4$. 请用诸 A_i 表示如下事件.(1) 全是合格品;(2) 全是不合格品;(3) 至少有一个零件是不合格品;(4) 恰好有一个零件是不合格品.

5. 请叙述下述事件的对立事件.(1) $A =$ "掷 2 枚硬币,皆为正面";(2) $B =$ "射击 3 次,皆命中目标";(3) $C = $ "加工 4 个产品,至少有 1 个正品".

6. 下列说法是否正确?为什么?(1) 若 $A \bigcup B = \Omega$,则 A,B 互为对立事件;(2) 若 $ABC = \varnothing$,则 A,B,C 两两互不相容.

7. 以 A 表示事件"甲种产品畅销,乙种产品滞销",则其对立事件 $\overline{A}$ 为(   ).

(A) "甲种产品滞销,乙种产品畅销"　　　(B) "甲乙两种产品均滞销"

(C) "甲种产品滞销"　　　(D) "甲种产品滞销,或乙种产品畅销"

1.2　事件的概率及其性质

在实际问题中,经常需要对随机事件发生的可能性大小进行定量计算,而"概率"的概念正是源于这种需要而产生的.

1.2.1　频率与概率的统计定义

定义 1.2.1　在相同条件下,进行了 n 次试验,在这 n 次试验中,事件 A 发生的次数 n_A,称为事件 A 发生的**频数**,比值 $\dfrac{n_A}{n}$ 称为事件 A 发生的**频率**(frequency),并记作 $f_n(A)$.

根据定义 1.2.1,易知频率具有下述基本性质:

(1) 对于任意事件 A,有 $0 \leqslant f_n(A) \leqslant 1$;

(2) 对于必然事件 $\Omega, f_n(\Omega) = 1$;

(3) 对于两两互不相容的事件 $A_1, A_2, \cdots, A_k$,有
$$f_n(A_1 \bigcup A_2 \bigcup \cdots \bigcup A_k) = f_n(A_1) + f_n(A_2) + \cdots + f_n(A_k).$$
即,两两互不相容事件的和事件的频率等于每个事件频率的和.

由于事件 A 的频率是它发生的次数与试验次数之比 $\dfrac{n_A}{n}$,其大小表示事件 A 发生的频繁程度.因此,直观的想法是用事件 A 的频率表示事件 A 在一次试验中发生的可能性的大小,但是否可行呢?我们先看下面的例子.

例 1.2.1　抛一枚质地均匀硬币的试验,历史上有人做过.设 n 表示抛硬币的次数,n_H 表示出现正面的次数,$f_n(H)$ 表示出现正面的频率,得到表 1-2 的数据.

表 1-2　　　　　　　　　　　抛硬币试验

试验者	n	n_H	$f_n(H)$	$\mid f_n(H) - 0.5 \mid$
德摩根	2048	1061	0.5181	0.0181
蒲　丰	4040	2048	0.5069	0.0069
费　勒	10000	4979	0.4979	0.0021
皮尔逊	12000	6019	0.5016	0.0016
皮尔逊	24000	12012	0.5005	0.0005
维　尼	30000	14994	0.4998	0.0002

从表1-2中的数据可以看出,抛硬币的次数 n 较小时,出现正面的频率 $f_n(H)$ 在 0 与 1 之间波动相对较大. 但随着 n 的增大,$f_n(H)$ 呈现出稳定性,即当 n 逐渐增大时,$f_n(H)$ 总在 0.5 附近徘徊,而逐渐稳定于 0.5.

例 1.2.1 说明,随机事件在大量重复试验中其结果呈现出某种规律性,而频率的稳定性正是这种规律性的表现.

在附录 B 中(例 B.2.11)给出了用 MATLAB 软件模拟抛硬币试验及 MATLAB 程序.

定义 1.2.2(概率的统计定义) 在大量重复试验中,若事件 A 发生的频率稳定地在某一个常数 p 附近摆动,则称该常数 p 为事件 A 发生的**概率**(probability),记作 $P(A)$,即 $P(A) = p$.

应该指出,频率是变动的,而概率(频率的稳定值)则是常数. 当试验的次数足够多时,频率相对稳定,可以把频率作为概率的近似值,即 $P(A) \approx f_n(A)$. 我们在日常生活中,经常说的产品的合格率、彩票的中奖率等,都是指频率.

1.2.2 古典概型

在例 1.1.1 中的 E_1 和 E_4,它们具有两个共同特点:

(1) 试验的样本空间只包含有限个元素;

(2) 试验中的每一个基本事件发生的可能性相同.

具有以上两个特点的试验,称为**古典型试验**.

定义 1.2.3(概率的古典定义) 设随机试验 E 为古典型试验,它的样本空间为 $\Omega = \{\omega_1, \omega_2, \cdots, \omega_n\}$,事件 A 包含 k 个基本事件,则事件 A 的概率为

$$P(A) = \frac{k}{n}, \tag{1.2.1}$$

式中,$k = $ 事件 A 包含的基本事件数,$n = \Omega$ 中基本事件的总数.

称满足定义 1.2.3 的概率模型为**古典概型**. 显然,在古典概型中,基本事件发生的概率都相等,因此,古典概型又称为**等可能概型**. 古典概型在概率论的产生和发展过程中是最早且最常用到的一种概率模型.

例 1.2.2 将一枚硬币抛掷 3 次. (1) 设事件 A_1 为"恰有一次出现正面",求 $P(A_1)$;(2) 设事件 A_2 为"至少有一次出现正面",求 $P(A_2)$.

解 (1)"将一枚硬币抛掷 3 次"这个试验的样本空间为 $\Omega = \{HHH, HHT, HTH, THH, HTT, THT, TTH, TTT\}$,而 $A_1 = \{HTT, THT, TTH\}$. 由于 Ω 中基本事件总数为 8,这是古典概型问题,根据式(1.2.1),得 $P(A_1) = \dfrac{3}{8}$.

(2) 由于 $A_2 = \{HHH, HHT, HTH, THH, HTT, THT, TTH\}$,所以根据式(1.2.1),得 $P(A_2) = \dfrac{7}{8}$.

例1.2.3 将 n 只球随机地放入 $N(N \geqslant n)$ 个盒子中去,试求每个盒子至多有一只球的概率(设盒子的容量不限).

解 将 n 只球随机地放入 $N(N \geqslant n)$ 个盒子中去,每种放法是一个基本事件.易知,这是古典概型问题.由于每一只球都可以放入 N 个盒子中的任意一个,故共有 $N \times N \times \cdots \times N = N^n$ 种不同的放法.而每个盒子至多放有一只球,共有 $N \times (N-1) \times \cdots \times [N-(n-1)]$ 种不同的放法.根据式(1.2.1),得所求的概率为

$$\frac{N \times (N-1) \times \cdots \times [N-(n-1)]}{N^n}.$$

有许多问题和本例有相同的数学模型.例如生日问题,假设每个人的生日在一年 365 天中的任意一天是等可能的,即等于 $\frac{1}{365}$,那么,随机选取 $n(n \leqslant 365)$ 个人,根据例 1.2.3 的结果(取 $N = 365$),则他们的生日各不相同的概率为

$$\frac{365 \times 364 \times \cdots \times [365-(n-1)]}{365^n},$$

则 n 个人中至少有两个人生日相同的概率为

$$p_n = 1 - \frac{365 \times 364 \times \cdots \times [365-(n-1)]}{365^n}.$$

对 $n = 10,20,30,40,50,60,70,80$,计算的结果见下表(MATLAB程序见本书附录 B 的例 B.2.1):

n	10	20	30	40	50	60	70	80
p_n	0.1169	0.4114	0.7063	0.8912	0.9704	0.9941	0.9992	0.9999

生日问题的概率曲线图(MATLAB 程序见例 B.2.1),见图 1-7.

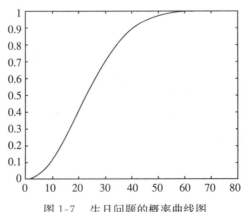

图 1-7 生日问题的概率曲线图

由此可见,尽管一年有 365 天,任意 30 个人在一起,至少两个人同生日的概率就高达 0.7063,这是我们意想不到的结果. 故只凭直观想象不一定能作出正确的判断.

例 1.2.4 设有 N 件产品,其中有 M 件次品,今从中任意取 n 件(抽取一个后不再放回),问其中恰有 $k(k \leqslant M)$ 件次品的概率是多少?

解 在 N 件产品中抽取 n 件,所有可能的取法共有 C_N^n 种(抽取一个后不再放回),每一种取法是一个基本事件,且由对称性知每一个基本事件发生的可能性相同. 在 M 件次品中取 k 件,所有可能的取法共有 C_M^k 种. 在 $N-M$ 件正品中取 $n-k$ 件,所有可能的取法共有 C_{N-M}^{n-k} 种. 根据乘法原理知,N 件产品中取 n 件,其中恰有 k 件次品的取法共有 $C_M^k C_{N-M}^{n-k}$ 种. 根据式(1.2.1),得所求事件的概率为 $p = \dfrac{C_M^k C_{N-M}^{n-k}}{C_N^n}$.

如果取 $N=9, M=3, n=4$,则当 $k=0,1,2,3$ 时,p 的计算结果见下表:

k	0	1	2	3
p	$\frac{5}{42}$	$\frac{20}{42}$	$\frac{15}{42}$	$\frac{2}{42}$

注 从 n 个不同元素中任取 $k(k \leqslant n)$ 个元素组成一组(不考虑元素间的先后次序),称为一个组合,此种组合的总数记为 C_n^k,其计算公式为 $C_n^k = \dfrac{n!}{k!(n-k)!}$,其中 $n! = 1 \cdot 2 \cdots (n-1) \cdot n$.

1.2.3 几何概率

我们继续考虑样本点的出现是等可能的随机试验,但不是古典概型那样局限于有限多个样本点的情形. 将古典概型中的有限性推广到无限,而样本点的出现又有类似于古典概型中的等可能性,就得到几何概率.

定义 1.2.4(几何概率) 如果试验 E 的样本点有无限多个,其样本空间 Ω 可用一个有度量的几何区域来表示,并且样本点落在 Ω 内任意一点处都是等可能的,其中 A 是 Ω 中的一个区域,样本点落在区域 A 的概率与 A 的测度(长度、面积、体积等)成正比,而与 A 的位置和形状无关,则样本点落在区域 A 的概率为

$$P(A) = \frac{m(A)}{m(\Omega)}, \qquad (1.2.2)$$

式中,$m(A)$ 为区域 A 的测度,$m(\Omega)$ 为区域 Ω 的测度,称上述概率为**几何概率**.

例 1.2.5 在线段 $[0,3]$ 上任意投一点,求此点的坐标小于 1 的概率.

解 当且仅当点落在 $[0,1)$ 内时,此点的坐标小于 1. 根据几何概率的定义式

(1.2.2),所求的概率为

$$p = \frac{m[0,1)}{m[0,3]} = \frac{1}{3}.$$

例 1.2.6（会面问题） 两人相约在早晨 8 点到 9 点之间在某地会面,并约定先到者等候另一个人 30min 后就可以离开,求这两个人能见面的概率.

解 设 8 点 x(min),8 点 y(min) 分别表示两个人到达某地的时刻,由于两个人在 8 点到 9 点之间到达是随机的,因此,x,y 都等可能地在 $[0,60]$ 上取值,点 (x,y) 就是平面区域 $\Omega = \{(x,y) \mid 0 \leqslant x \leqslant 60, 0 \leqslant y \leqslant 60\}$ 上等可能的随机点.设 $A =$ "两人能够会面",根据题意,事件 A 发生的充分必要条件是 $|x - y| \leqslant 30$,即随机点落在区域 $A = \{(x,y) \mid |x - y| \leqslant 30\}$ 内,如图 1-8 所示.根据几何概率的定义式(1.2.2),所求的概率为

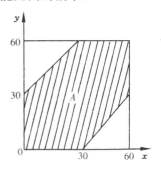

图 1-8　会面问题

$$P(A) = \frac{m(A)}{m(\Omega)} = \frac{60^2 - (60-30)^2}{60^2} = \frac{3}{4}.$$

1.2.4　概率的公理化定义

前面分别介绍了概率的统计定义、古典概型、几何概率,它们在解决各自相适应的问题中都起着很重要的作用.但它们都有一定的局限性,概率的统计定义——统计概率,是用频率的稳定值,它建立在大量试验的基础上,有时难以实现.即使能够进行大量试验,由于频率具有波动性,它在什么意义下趋近于概率等都没有确切的说明.古典概型要求试验的样本空间是有限集合,且每个样本点在一次试验中出现的可能性相等.几何概率虽然把样本空间扩展到无限集合,但仍然保留样本点的等可能性的要求.很多问题经常不能满足这些要求,这些不足妨碍了概率论自身的发展,也使概率论作为数学分支的科学性受到怀疑.1933 年,著名的俄国数学家柯尔莫哥洛夫(Kolmogorov)在前人工作的基础上,提出了概率的公理化定义,使概率论成为严谨的数学分支,对概率论的迅速发展作出了巨大的贡献.

定义 1.2.5（概率的公理化定义） 设 E 是随机试验,Ω 是它的样本空间.若对于试验 E 的每一个事件 A,都有一个实数 $P(A)$ 与之对应,并且满足下列 3 个公理,则称 $P(A)$ 为事件 A 的**概率**.

(1) **非负性** 对于任意一个事件 A,有 $P(A) \geqslant 0$;

(2) **规范性** 对于必然事件 Ω,有 $P(\Omega) = 1$;

(3) **可列可加性** 对于可列个两两互不相容的事件 $A_1, A_2, \cdots$,有

$$P(\bigcup_{i=1}^{+\infty} A_i) = \sum_{i=1}^{+\infty} P(A_i).$$

根据概率的公理化定义,可以推导出概率的一些重要性质.

性质 1.2.1　$P(\varnothing) = 0$.

证明　令 $A_n = \varnothing (n = 1, 2, \cdots)$,则 $\bigcup_{n=1}^{+\infty} A_n = \varnothing$,且 $A_i A_j = \varnothing, i \neq j (i, j = 1, 2, \cdots)$.根据概率的可列可加性,得

$$P(\varnothing) = P(\bigcup_{n=1}^{+\infty} A_n) = \sum_{n=1}^{+\infty} P(A_n) = \sum_{n=1}^{+\infty} P(\varnothing).$$

根据概率的非负性,知道 $P(\varnothing) \geqslant 0$,因此,$P(\varnothing) = 0$.

性质 1.2.2(有限可加性)　若 $A_1, A_2, \cdots, A_n$ 是两两互不相容的事件,则有

$$P(A_1 \bigcup A_2 \bigcup \cdots \bigcup A_n) = P(A_1) + P(A_2) + \cdots + P(A_n).$$

即,有限个两两互不相容事件的和事件的概率等于每个事件概率的和.

证明　令 $A_{n+1} = A_{n+2} = \cdots = \varnothing$,则有 $A_i A_j = \varnothing, i \neq j (i, j = 1, 2, \cdots)$.根据概率的可列可加性和性质 1.2.1,得

$$
\begin{aligned}
P(A_1 \bigcup A_2 \bigcup \cdots \bigcup A_n) &= P(\bigcup_{k=1}^{+\infty} A_k) = \sum_{k=1}^{+\infty} P(A_k) = \sum_{k=1}^{n} P(A_k) + 0 \\
&= P(A_1) + P(A_2) + \cdots + P(A_n).
\end{aligned}
$$

性质 1.2.3(减法公式和概率的单调性)　设 A, B 是两个事件,若 $A \subset B$,则有
(1) $P(B - A) = P(B) - P(A)$;(2) $P(A) \leqslant P(B)$.

证明　(1) 由 $A \subset B$ 知道 $B = A \bigcup (B - A)$,且 $A(B - A) = \varnothing$,根据概率的有限可加性,得 $P(B) = P(A) + P(B - A)$,所以,$P(B - A) = P(B) - P(A)$.

(2) 根据概率的非负性,知道 $P(B - A) \geqslant 0$,再根据(1)的结果,可得 $P(A) \leqslant P(B)$.

注　(1) 若 $A \subset B$,则 $P(B - A) = P(B) - P(A)$,称为减法公式(后面还有"加法公式").

(2) 若 $A \subset B$,则 $P(A) \leqslant P(B)$,称为概率的单调性.

性质 1.2.4　对于任意一个事件 A,有 $P(A) \leqslant 1$.

证明　由于 $A \subset \Omega$,根据概率的单调性,得 $P(A) \leqslant P(\Omega) = 1$.

性质 1.2.5(对立事件的概率)　对于任意一个事件 A,有
$$P(\overline{A}) = 1 - P(A).$$

证明　由于 $A \bigcup \overline{A} = \Omega, A\overline{A} = \varnothing$,根据概率的有限可加性,得 $1 = P(\Omega) = P(A \bigcup \overline{A}) = P(A) + P(\overline{A})$,所以,$P(\overline{A}) = 1 - P(A)$.

性质 1.2.6(加法公式) 对于任意两个事件 A,B,有
$$P(A \bigcup B) = P(A) + P(B) - P(AB).$$

证明 由于 $A \bigcup B = A \bigcup (B-AB)$,且 $A(B-AB) = \varnothing$,$AB \subset B$,根据概率的有限可加性和减法公式,得

$$P(A \bigcup B) = P(A) + P(B-AB) = P(A) + P(B) - P(AB).$$

性质 1.2.6 可以推广到多个事件的情形.

设 A_1, A_2, A_3 是任意 3 个事件,则有

$$P(A_1 \bigcup A_2 \bigcup A_3) = P(A_1) + P(A_2) + P(A_3) - P(A_1 A_2)$$
$$- P(A_1 A_3) - P(A_2 A_3) + P(A_1 A_2 A_3).$$

一般地,对于任意 n 个事件 $A_1, A_2, \cdots, A_n (n \geqslant 2)$,有

$$P(A_1 \bigcup A_2 \bigcup \cdots \bigcup A_n)$$

$$= \sum_{i=1}^{n} P(A_i) - \sum_{1 \leqslant i < j \leqslant n} P(A_i A_j) + \sum_{1 \leqslant i < j < k \leqslant n} P(A_i A_j A_k) + \cdots$$

$$+ (-1)^{n-1} P(A_1 A_2 \cdots A_n).$$

例 1.2.7 设 A,B 是互不相容的事件,已知 $P(A) = 0.4$,$P(B) = 0.5$,求 $P(\bar{A})$,$P(A \bigcup B)$,$P(A\bar{B})$,$P(\overline{AB})$,$P(\bar{A} \bigcup \bar{B})$.

解 $P(\bar{A}) = 1 - P(A) = 1 - 0.4 = 0.6$. 由于 A,B 互不相容,即 $AB = \varnothing$,于是

$$P(A \bigcup B) = P(A) + P(B) = 0.4 + 0.5 = 0.9;$$

$$P(A\bar{B}) = P[A(\Omega - B)] = P(A - AB)$$

$$= P(A) - P(AB) = P(A) - P(\varnothing) = 0.4 - 0 = 0.4;$$

$$P(\overline{AB}) = P(\overline{A \bigcup B}) = 1 - P(A \bigcup B) = 1 - 0.9 = 0.1;$$

$$P(\bar{A} \bigcup \bar{B}) = P(\overline{AB}) = 1 - P(AB) = 1 - 0 = 1.$$

习题 1.2

习题 1.2.8 详解

1. 从 10 个同类产品(其中,有 8 个正品,2 个次品)中任意抽取 3 个,试求:(1) 抽出的 3 个产品中都是正品的概率;(2) 至少 1 个是次品的概率;(3) 仅有 1 个次品的概率.

2. 10 个球中有 3 个红球 7 个绿球,随机地分给 10 个小朋友,每人 1 球,求最后 3 个分到球的小朋友中恰有 1 个得到红球的概率.

3. 有 5 个人在第 1 层进入 8 层楼的电梯,假设每人以相同的概率走出任一层(从第 2 层开

始),求此 5 人在不同层走出的概率.

4. 袋中有红、黄、白球各 1 个,每次任取 1 个,有放回地抽 3 次,求下列事件的概率. (1) 3 个全是红色;(2) 3 个颜色全同;(3) 3 个颜色全不同;(4) 3 个中无红色;(5) 3 个中无黄色且无白色;(6) 3 个全红色或全黄色.

5. 一袋中装有 6 只球,其中 4 只白球、2 只红球. 从袋中取球 2 次,每次随机取 1 只,取后不放回. 试求:(1) 取到 2 只球都是白球的概率;(2) 取到 2 只球颜色相同的概率;(3) 取到 2 只球中至少有 1 只是白球的概率.

6. 在一标准英语字典中有 55 个由 2 个不相同的字母所组成的单词,若从 26 个英文字母中任取两个字母予以排列,求能排成上述单词的概率.

7. 某油漆公司发出 17 桶油漆,其中白漆 10 桶,黑漆 4 桶,红漆 3 桶,在搬运中所有的标签脱落,交货人随意将这些油漆发给顾客. 问一个订货 4 桶白漆,3 桶黑漆,2 桶红漆的顾客,能按所选定颜色如数得到订货的概率是多少?

8. 在 200 名学生中选修统计学的有 137 名,选修经济学的有 50 名,选修计算机的有 124 名. 还知道,同时选修统计学与经济学的有 33 名,同时选修经济学与计算机的有 29 名,同时选修统计学与计算机的有 92 名,3 门课都选修的有 18 名. 试求 200 名学生中在这 3 门课中至少选修 1 门的概率.

9. 某人午觉醒来,发现表停了,他打开收音机,想听电台报时,设电台每整点报时一次,求他等待时间小于 20min 的概率.

10. 设甲、乙两人相约于下午 2 时到 3 时之间在某地会面,先到者等候另一人 20min,过时就离去,试求这两人能会面的概率.

1.3 条件概率与贝叶斯公式

1.3.1 条件概率与乘法公式

在有些情况下,我们需要考虑事件 A 已经发生的条件下事件 B 发生的概率(记为 $P(B \mid A)$),这种概率一般不同于 $P(B)$.

例 1.3.1 将一枚硬币抛掷 2 次,观察其出现正面(H)和反面(T)的情况. 设事件 A 为"至少有 1 次出现正面(H)",B 为"2 次掷出同一面". 现在来求事件 A 已经发生的条件下事件 B 发生的概率.

解 将一枚硬币抛掷 2 次,观察其出现正面(H)和反面(T)的情况,这个试验的样本空间为 $\Omega = \{HH, HT, TH, TT\}$,且 $A = \{HH, HT, TH\}$,$B = \{HH, TT\}$. 易知,这是古典概型问题.

已知事件 A 已经发生,有了这个信息,知道了"TT"不能发生,即知试验所有可能结果所组成的集合就是 $A. A$ 中有 3 个元素,其中只有 $HH \in B$. 于是,事件 A 已经发生的条件下事件 B 发生的概率为 $P(B \mid A) = \dfrac{1}{3}$.

在这里,我们看到 $P(B) = \dfrac{2}{4} \neq P(B \mid A)$. 另外,易知 $P(A) = \dfrac{3}{4}$,$P(AB) =$

$\dfrac{1}{4}, P(B \mid A) = \dfrac{1}{3} = \dfrac{\frac{1}{4}}{\frac{3}{4}}$, 于是 $P(B \mid A) = \dfrac{P(AB)}{P(A)}$.

在例 1.3.1 中,有 $P(B \mid A) = \dfrac{P(AB)}{P(A)}$. 在更一般的情况下,我们给出条件概率的定义.

定义 1.3.1 设 A,B 是两个事件,且 $P(A) > 0$,称

$$P(B \mid A) = \frac{P(AB)}{P(A)} \tag{1.3.1}$$

为在事件 A 发生的条件下事件 B 发生的**条件概率**.

不难验证,条件概率 $P(\cdot \mid A)$ 符合概率公理化定义中的 3 个公理,即

(1) **非负性** 对于每个事件 B,有 $P(B \mid A) \geqslant 0$;

(2) **规范性** 对于必然事件 Ω,有 $P(\Omega \mid A) = 1$;

(3) **可列可加性** 若可列个事件 $B_1, B_2, \cdots$ 是两两互不相容的,则有

$$P(\bigcup_{i=1}^{+\infty} B_i \mid A) = \sum_{i=1}^{+\infty} P(B_i \mid A).$$

例 1.3.2 设试验 E 为掷两颗骰子,观察出现的点数. 用 B 表示事件"两颗骰子的点数相等",用 A 表示事件"两颗骰子的点数之和为 4",求 $P(A \mid B)$,$P(A \mid \bar{B})$.

解 以 (i,j) 表示第 1 颗骰子为 i 点,第 2 颗骰子为 j 点,则这个试验的样本空间为 $\Omega = \{(1,1),(1,2),\cdots,(1,6),(2,1),(2,2),\cdots,(2,6),\cdots,(6,1),(6,2),\cdots,(6,6)\}$,且 $B = \{(1,1),(2,2),(3,3),(4,4),(5,5),(6,6)\}$,$A = \{(1,3),(2,2),(3,1)\}$,$AB = \{(2,2)\}$,$\quad A\bar{B} = \{(1,3),(3,1)\}$.

根据式 (1.3.1),得

$$P(A \mid B) = \frac{P(AB)}{P(B)} = \frac{\frac{1}{36}}{\frac{6}{36}} = \frac{1}{6}, \quad P(A \mid \bar{B}) = \frac{P(A\bar{B})}{P(\bar{B})} = \frac{\frac{2}{36}}{\frac{30}{36}} = \frac{1}{15}.$$

另外,也可以直接从条件概率的含义来考虑问题. 当 B 发生时,样本空间缩减为 $\Omega' = B = \{(1,1),(2,2),(3,3),(4,4),(5,5),(6,6)\}$,在 Ω' 中只有样本点 $(2,2) \in A$,于是,$P(A \mid B) = \dfrac{1}{6}$.

同样,当 $\bar{B}$ 发生时,样本空间缩减为 $\Omega'' = \bar{B} = \Omega - B$,在 Ω'' 中有 30 个样本点,其中只有样本点 $(1,3),(3,1) \in A$,于是,$P(A \mid \bar{B}) = \dfrac{2}{30} = \dfrac{1}{15}$.

根据条件概率的定义,立即可以得到乘法公式.

定理 1.3.1(乘法公式,或乘法定理) 设 $P(A) > 0$,则有

$$P(AB) = P(B \mid A)P(A).$$

定理 1.3.1 可以推广到多个事件的情形.

设 A_1, A_2, A_3 是任意 3 个事件,且 $P(A_1A_2) > 0$,则有

$$P(A_1A_2A_3) = P(A_3 \mid A_1A_2)P(A_2 \mid A_1)P(A_1).$$

一般地,对于 n 个事件 $A_1, A_2, \cdots, A_n (n \geq 2)$,且 $P(A_1A_2\cdots A_{n-1}) > 0$,则有

$$P(A_1A_2\cdots A_n) = P(A_n \mid A_1A_2\cdots A_{n-1})P(A_{n-1} \mid A_1A_2$$
$$\cdots A_{n-2})\cdots P(A_2 \mid A_1)P(A_1).$$

为什么这里仅要求"$P(A_1A_2\cdots A_{n-1}) > 0$"?请读者思考.

例 1.3.3 一个袋子中有 7 个白球和 3 个红球,从中不放回地取 2 个球,求第 2 次取到白球的概率.

解 设 $A_i =$"第 i 次取到白球"$(i = 1, 2)$,由于 $A_2 = A_1A_2 \bigcup \overline{A}_1A_2$,且 A_1A_2 与 $\overline{A}_1A_2$ 互不相容,根据概率的有限可加性、乘法公式,有

$$P(A_2) = P(A_1A_2 \bigcup \overline{A}_1A_2) = P(A_1A_2) + P(\overline{A}_1A_2)$$
$$= P(A_1)P(A_2 \mid A_1) + P(\overline{A}_1)P(A_2 \mid \overline{A}_1) \qquad (1.3.2)$$
$$= \frac{7}{10} \times \frac{6}{9} + \frac{3}{10} \times \frac{7}{9}$$
$$= \frac{7}{10}.$$

1.3.2 全概率公式与贝叶斯公式

定义 1.3.2 设 Ω 为试验 E 的样本空间,$B_1, B_2, \cdots, B_n$ 为 E 的一组事件.若

(1) $B_iB_j = \varnothing, i \neq j, i, j = 1, 2, \cdots, n$;

(2) $B_1 \bigcup B_2 \bigcup \cdots \bigcup B_n = \Omega$,

则称 $B_1, B_2, \cdots, B_n$ 为样本空间 Ω 的一个**划分**(或**完备事件组**).

若 $B_1, B_2, \cdots, B_n$ 为样本空间 Ω 的一个划分,那么,对每一次试验,事件 $B_1, B_2, \cdots, B_n$ 必有一个且仅有一个发生.

例如,设试验 E 为"抛掷一颗骰子观察其点数",它的样本空间为 $\Omega = \{1, 2, 3, 4, 5, 6\}$. E 的一组事件 $B_1 = \{1, 2, 3\}, B_2 = \{4, 5\}, B_3 = \{6\}$ 是 Ω 的一个划分,而事件组 $C_1 = \{1, 2, 3\}, C_2 = \{4, 5\}, C_3 = \{5, 6\}$ 不是 Ω 的一个划分.

在例 1.3.3 中,求第 2 次取到白球的概率,我们将其分解为第 1 次取到白球或

第 1 次取到红球 2 种情形,然后再用概率的有限可加性、乘法公式求得. 如果袋子中有 3 种颜色或更多颜色的球,则式(1.3.2)可以推广为 3 项或多项之和的形式. 在例 1.3.3 中利用式(1.3.2)确定 $P(A_2)$ 的方法具有普遍意义,这就是以下要介绍的全概率公式.

定理 1.3.2(全概率公式) 设试验 E 的样本空间为 Ω,A 为 E 的事件,B_1,B_2,$\cdots$,B_n 为样本空间 Ω 的一个划分,且 $P(B_i) > 0 (i = 1, 2, \cdots, n)$,则

$$P(A) = P(A \mid B_1)P(B_1) + P(A \mid B_2)P(B_2) + \cdots + P(A \mid B_n)P(B_n).$$

$$(1.3.3)$$

式(1.3.3)称为全概率公式.

证明 由于 B_1,B_2,$\cdots$,B_n 为样本空间 Ω 的一个划分,则 $A = A\Omega = A(B_1 \bigcup B_2 \bigcup \cdots \bigcup B_n) = AB_1 \bigcup AB_2 \bigcup \cdots \bigcup AB_n$. 由于 $B_i B_j = \varnothing (i \neq j, i, j = 1, 2, \cdots, n)$,则 $(AB_i)(AB_j) = \varnothing (i \neq j; i, j = 1, 2, \cdots, n)$.

根据概率的有限可加性和乘法公式,得

$$P(A) = P(AB_1) + P(AB_2) + \cdots + P(AB_n)$$

$$= P(A \mid B_1)P(B_1) + P(A \mid B_2)P(B_2) + \cdots + P(A \mid B_n)P(B_n).$$

全概率公式的基本思想是将复杂的事件划分为若干简单情形,其直观含义是,如果每个 $B_i(i = 1, 2, \cdots, n)$ 发生的概率 $P(B_i)$ 以及 A 发生的条件概率 $P(A \mid B_i)(i = 1, 2, \cdots, n)$ 都易于求出,则由全概率公式可以求得 A 的概率.

例 1.3.4 设在 n 张彩票中有 1 张奖券,求第 2 个人摸到奖券的概率.

解 设 A_i = "第 i 个人摸到奖券"$(i = 1, 2)$,现在要求 $P(A_2)$. 因为 A_1 是否发生直接关系到 A_2 发生的概率,即 $P(A_2 \mid A_1) = 0$,$P(A_2 \mid \overline{A}_1) = \dfrac{1}{n-1}$.

又,$P(A_1) = \dfrac{1}{n}$,$P(\overline{A}_1) = \dfrac{n-1}{n}$,$A_1$ 和 $\overline{A}_1$ 可以构成样本空间的一个划分,根据全概率公式,得

$$P(A_2) = P(A_1)P(A_2 \mid A_1) + P(\overline{A}_1)P(A_2 \mid \overline{A}_1)$$

$$= \frac{1}{n} \times 0 + \frac{n-1}{n} \times \frac{1}{n-1} = \frac{1}{n}.$$

本例的结果说明了什么?请读者思考.

定理 1.3.3(贝叶斯公式) 设试验 E 的样本空间为 Ω,A 为 E 的事件,B_1,B_2,$\cdots$,B_n 为样本空间 Ω 的一个划分,且 $P(A) > 0$,$P(B_i) > 0(i = 1, 2, \cdots, n)$,则

$$P(B_i \mid A) = \frac{P(A \mid B_i)P(B_i)}{\sum\limits_{j=1}^{n} P(A \mid B_j)P(B_j)}, \quad i = 1, 2, \cdots, n. \tag{1.3.4}$$

式(1.3.4)称为贝叶斯(Bayes)公式.

证明 根据条件概率的定义、乘法公式和全概率公式,有

$$P(B_i \mid A) = \frac{P(AB_i)}{P(A)} = \frac{P(A \mid B_i)P(B_i)}{\sum_{j=1}^{n} P(A \mid B_j)P(B_j)}, \quad i = 1, 2, \cdots, n.$$

贝叶斯公式(1.3.4)的右边的分母是全概率公式(1.3.3)的右边,而分子则是全概率公式中相应的一项.

贝叶斯公式,由英国学者贝叶斯(Thomas Bayes)于1763年首次提出,在此基础上现在已经发展成"贝叶斯统计",它在工程技术、经济管理、医学等领域都具有非常重要的实用价值. 有兴趣的读者可参考《贝叶斯统计学及其应用》(韩明,2015).

例 1.3.5 3个电池生产车间甲、乙、丙,同时生产某种普通电池和某种高性能电池,1h的总产量为600只,各车间的产量见下表.

车间	普通电池	高性能电池	产量小计
甲	200	100	300
乙	50	150	200
丙	50	50	100

某1h因为出了差错没有在电池上加上车间的标签就放入了仓库. 求:(1) 在仓库里随机地取一只电池,它是高性能电池的概率是多少?(2) 随机地取一只电池,已知它是高性能电池,它来自甲、乙、丙车间的概率各是多少?

解 设 A 表示"取到的是一只高性能电池",B_1, B_2, B_3 表示"取到的产品分别由甲、乙、丙车间生产的". 显然,B_1, B_2, B_3 为样本空间 Ω 的一个划分,且有 $P(B_1) = \frac{300}{600} = \frac{1}{2}, P(B_2) = \frac{200}{600} = \frac{1}{3}, P(B_3) = \frac{100}{600} = \frac{1}{6}, P(A \mid B_1) = \frac{100}{300} = \frac{1}{3},$ $P(A \mid B_2) = \frac{150}{200} = \frac{3}{4}, P(A \mid B_3) = \frac{50}{100} = \frac{1}{2}.$

(1) 根据全概率公式

$$P(A) = P(A \mid B_1)P(B_1) + P(A \mid B_2)P(B_2) + P(A \mid B_3)P(B_3)$$

$$= \frac{1}{3} \times \frac{1}{2} + \frac{3}{4} \times \frac{1}{3} + \frac{1}{2} \times \frac{1}{6} = \frac{1}{2}.$$

(2) 根据贝叶斯公式

$$P(B_1 \mid A) = \frac{P(A \mid B_1)P(B_1)}{P(A)} = \frac{\frac{1}{6}}{\frac{1}{2}} = \frac{1}{3},$$

$$P(B_2 \mid A) = \frac{P(A \mid B_2)P(B_2)}{P(A)} = \frac{\frac{1}{4}}{\frac{1}{2}} = \frac{1}{2},$$

$$P(B_3 \mid A) = \frac{P(A \mid B_3)P(B_3)}{P(A)} = \frac{\frac{1}{12}}{\frac{1}{2}} = \frac{1}{6}.$$

由于 $P(B_2 \mid A) > P(B_1 \mid A) > P(B_3 \mid A)$，因此，这只电池来自乙车间的可能性最大.

例 1.3.6 对以往数据分析结果表明，当机器调整得良好时，产品的合格率为 0.98，而当机器发生某种故障时，其合格率为 0.55. 每天早上机器开动时，机器调整得良好的概率为 0.95. 试求已知某日早上第 1 件产品是合格品时机器调整得良好的概率.

解 设 A 表示"产品合格"，事件 B 表示"机器调整良好"，显然，$B, \bar{B}$ 为样本空间 Ω 的一个划分. 根据题意，$P(A \mid B) = 0.98, P(A \mid \bar{B}) = 0.55, P(B) = 0.95, P(\bar{B}) = 0.05$，所求的概率为 $P(B \mid A)$. 根据贝叶斯公式，有

$$P(B \mid A) = \frac{P(A \mid B)P(B)}{P(A \mid B)P(B) + P(A \mid \bar{B})P(\bar{B})} = \frac{0.98 \times 0.95}{0.98 \times 0.95 + 0.55 \times 0.05}$$

$$\approx 0.97.$$

这个结果说明，当生产出第一件产品是合格品时机器调整得良好的概率为 0.97. 这里，概率 0.95 是由以往的数据分析得到的，叫做**先验概率**. 而在得到信息（即生产出第一件产品是合格品）之后再重新加以修正的概率（即 0.97）叫做**后验概率**. 有了后验概率，我们就能对机器的情况有进一步的了解.

习题 1.3

习题 1.3.7 详解

1. 设 A, B 为两个事件，$P(A) \neq P(B) > 0$，且 $A \supset B$，请判断下列结论是否正确，为什么?
   (1) $P(A \mid B) = 1$; (2) $P(B \mid A) = 1$; (3) $P(B \mid \bar{A}) = 1$.

2. 一批产品有 4% 的废品，而合格品中一等品占 65%，现从这批产品中任意抽取 1 件，求这件产品是一等品的概率.

3. 某工厂生产的 100 个产品中，有 95 个是优质品，采用不放回抽样，每次从中任取 1 个，求下列事件的概率: (1) 第 1 次抽到优质品; (2) 第 1 次、第 2 次都抽到优质品; (3) 第 1,2,3 次都抽到优质品.

4. 已知 A_1, A_2, A_3 为样本空间的划分，且 $P(A_1) = 0.1, P(A_2) = 0.5, P(B \mid A_1) = 0.2, P(B \mid A_2) = 0.6, P(B \mid A_3) = 0.1$，求 $P(A_1 \mid B)$.

5. 袋子中有 50 个乒乓球,其中 20 个是黄色,30 个是白色,今有 2 人依次随机地从袋子中各取 1 球,求第 2 个人取得黄球的概率.

6. 设飞机射击某目标时,能够飞到距离目标 400m,200m,100m 的概率分别为 0.5,0.3,0.2,击中目标的概率分别为 0.01,0.02,0.1.试求:(1) 飞机击中目标的概率; (2) 已知目标是在 200m 处击中的概率.

7. 有 2 个箱子,第 1 个箱子有 3 个白球,2 个红球,第 2 个箱子有 4 个白球,4 个红球.现从第 1 个箱子中随机地取 1 个球放到第 2 个箱子里,再从第 2 个箱子中取出 1 个球,求此球为白球的概率.若上述从第 2 个箱子中取出的是白球,求从第 1 个箱子中取出的球是白球的概率.

1.4 事件的独立性与伯努利概型

1.4.1 事件的独立性

在一般情况下,$P(B \mid A) \neq P(B)$(这里,$P(A) > 0$),就是说,通常情况下,事件 A 的发生,对事件 B 发生的概率是有影响的.只有在这种影响不存在时,才会有 $P(B \mid A) = P(B)$,此时有 $P(AB) = P(B \mid A)P(A) = P(A)P(B)$.

例 1.4.1 试验 E 为"抛甲、乙两枚硬币,观察正面(H) 反面(T) 出现的情况",设事件 A 为"甲出现 H",事件 B 为"乙出现 H".试验 E 的样本空间为 $\Omega = \{HH, HT, TH, TT\}$.根据古典概型中概率的计算公式,得 $P(A) = \dfrac{2}{4} = \dfrac{1}{2}$,$P(B) = \dfrac{2}{4} = \dfrac{1}{2}$,$P(B \mid A) = \dfrac{1}{2}$,$P(AB) = \dfrac{1}{4}$.

从以上的计算,我们可以看到 $P(B \mid A) = P(B)$,而 $P(AB) = P(A)P(B)$.事实上,根据题意,甲币是否出现正面与乙币是否出现正面是互不影响的.

定义 1.4.1 设 A 和 B 是两个事件,如果满足等式
$$P(AB) = P(A)P(B),$$
则称事件 A 与 B **相互独立**,简称 A 与 B **独立**.

容易知道,若 $P(A) > 0$,$P(B) > 0$,则 A 与 B 相互独立与互不相容不能同时成立(作为一个练习题,见本节的习题 9).

定理 1.4.1 设 A 和 B 是两个事件,且 $P(A) > 0$,若 A 与 B 相互独立,则有 $P(B \mid A) = P(B)$,反之亦然.

这个定理的正确性是显然的.

定理 1.4.2 若事件 A 与 B 相互独立,则下列各对事件也相互独立:A 与 $\bar{B}$,$\bar{A}$ 与 B,$\bar{A}$ 与 $\bar{B}$.

证明 由于 $A = A\Omega = A(B \bigcup \bar{B}) = AB \bigcup A\bar{B}$,$AB \bigcap A\bar{B} = \varnothing$,得
$$P(A) = P(AB \bigcup A\bar{B}) = P(AB) + P(A\bar{B}) = P(A)P(B) + P(A\bar{B}).$$

所以，$P(A\bar{B}) = P(A)[1-P(B)] = P(A)P(\bar{B})$，于是，根据定义 1.4.1，$A$ 与 $\bar{B}$ 独立。由此立即推出 $\bar{A}$ 与 $\bar{B}$ 独立。再由 $\bar{\bar{B}} = B$，又推出 $\bar{A}$ 与 B 独立。

以下我们把 2 个事件的独立性推广到 3 个事件的情形。

定义 1.4.2 设 A,B,C 是 3 个事件，如果满足等式

$$\begin{cases} P(AB) = P(A)P(B), \\ P(BC) = P(B)P(C), \\ P(AC) = P(A)P(C), \\ P(ABC) = P(A)P(B)P(C), \end{cases}$$

则称事件 A,B,C **相互独立**。

一般地，设 $A_1, A_2, \cdots, A_n$ 是 $n(n \geq 2)$ 个事件，如果对于其中任意 2 个，3 个，$\cdots$，任意 n 个事件的积事件的概率都等于各事件概率之积，则称事件 $A_1, A_2, \cdots, A_n$ **相互独立**。

由此可以得到以下 2 个结论：

(1) 若 n 个事件 $A_1, A_2, \cdots, A_n(n \geq 2)$ 相互独立，则其中任意 $k(2 \leq k \leq n)$ 个事件也相互独立。

(2) 若 n 个事件 $A_1, A_2, \cdots, A_n(n \geq 2)$ 相互独立，则将 $A_1, A_2, \cdots, A_n$ 中任意多个事件换成它们的对立事件，所得的 n 个事件仍然是相互独立的。

一般地，在实际应用中，对于事件的独立性常常是根据事件的实际意义去判断。

例 1.4.2 某彩票每周开奖 1 次，每次提供 10 万分之一的中奖机会，如果你每周买 1 次彩票，尽管你坚持 10 年（每年 52 周）之久，你从未中奖的概率是多少？

解 根据题意，每次中奖的概率是 10^{-5}（10 万分之一），于是，每次未中奖的概率是 $1-10^{-5}$。另外，10 年你共买彩票 520 次，根据题意，每次开奖是相互独立的，因此，10 年中你从未中过奖（每次都未中奖）的概率是 $p = (1-10^{-5})^{520} \approx 0.9948$。

从结果看，10 年中你从未中过奖是很正常的事。

例 1.4.3 某大学生给 4 家单位各发了 1 份求职信，假定这些单位彼此独立，通知他去面试的概率分别是 $\frac{1}{2}, \frac{1}{3}, \frac{1}{4}, \frac{1}{5}$。问这个学生至少有 1 次面试机会的概率是多少。

解 设 A_i 表示"第 i 个单位通知他面试"$(i = 1,2,3,4)$，则 $P(A_1) = \frac{1}{2}$，$P(A_2) = \frac{1}{3}, P(A_3) = \frac{1}{4}, P(A_4) = \frac{1}{5}$，根据题意，所求概率为

$$P(A_1 \bigcup A_2 \bigcup A_3 \bigcup A_4) = 1 - P(\overline{A_1 \bigcup A_2 \bigcup A_3 \bigcup A_4})$$

$$= 1 - P(\bar{A}_1 \cdot \bar{A}_2 \cdot \bar{A}_3 \cdot \bar{A}_4)$$

$$= 1 - P(\overline{A_1})P(\overline{A_2})P(\overline{A_3})P(\overline{A_4})$$

$$= 1 - [1 - P(A_1)][1 - P(A_2)][1 - P(A_3)]$$
$$\cdot [1 - P(A_4)]$$

$$= 1 - \frac{1}{2} \times \frac{2}{3} \times \frac{3}{4} \times \frac{4}{5}$$

$$= \frac{4}{5}.$$

1.4.2 伯努利概型

设试验 E 只有 2 个可能结果 A 和 $\overline{A}$，则称 E 为**伯努利**(Bernoulli)**试验**. 设 $P(A) = p(0 < p < 1)$，此时 $P(\overline{A}) = 1 - p$. 将 E 独立地重复进行 n 次，则称这一串重复的独立试验为 **n 重伯努利试验**.

在 n 重伯努利试验中，事件 A 可能发生的次数为 $0, 1, 2, \cdots, n$. 由于各次试验是相互独立的，因此，事件 A 在指定的 $k(0 \leqslant k \leqslant n)$ 次试验中发生而在其他 $n - k$ 次中不发生的概率为

$$\underbrace{p \cdots p}_{k\text{个}} \underbrace{(1-p) \cdots (1-p)}_{n-k\text{个}} = p^k(1-p)^{n-k}.$$

这种指定的方式共有 C_n^k 种，它们是互不相容的，因此，在 n 重伯努利试验中，事件 A 发生 k 次的概率为 $C_n^k p^k (1-p)^{n-k}$，记 $q = 1 - p$，即有

$$P_n(k) = C_n^k p^k q^{n-k}, \quad k = 0, 1, 2, \cdots, n. \tag{1.4.1}$$

从式 (1.4.1) 可以看出，$C_n^k p^k q^{n-k}$ 恰好是二项式 $(p+q)^n$ 的展开式中出现 p^k 的那一项，因此我们称 $P_n(k)$ 为**二项概率**.

根据伯努利试验和二项概率得到的概率模型，称为**伯努利概型**，尽管它比较简单，却概括了许多实际问题中的数学模型，因而它很有实用价值.

例 1.4.4 某种电子管使用寿命在 2000h 以上的概率为 0.2，求 5 个这样的电子管在使用了 2000h 之后至多只有 1 个坏掉的概率.

解 根据题意，这是伯努利概型问题，$n = 5$，$p = 0.2$，设 $A = $"5 个电子管至多只有 1 个坏掉"，则根据式 (1.4.1)，所求的概率为

$$P(A) = P_5(4) + P_5(5) = C_5^4(0.2)^4 0.8 + C_5^5(0.2)^5 0.8^0 = 0.00672.$$

例 1.4.5 对某种药物的疗效进行研究，设这种药物对某种疾病的有效率为 $p = 0.8$，现有 10 名患此种病的患者同时使用此药，求其中至少有 6 名患者服药有效的概率.

解 根据题意，这是伯努利概型问题，$n = 10$，$p = 0.8$，设 $A = $"至少有 6 名

患者服药有效",则根据式(1.4.1),有

$$P(A) = P_{10}(6) + P_{10}(7) + P_{10}(8) + P_{10}(9) + P_{10}(10)$$

$$= \sum_{k=6}^{10} C_{10}^k (0.8)^k (0.2)^{10-k}$$

$$\approx 0.97.$$

习题 1.4

习题 1.4.9 详解

1. 设 A,B 为两个相互独立的事件, $P(A) = 0.2, P(B) = 0.4$,求 $P(A \cup B)$.

2. 某机械零件的加工由两道工序组成. 第 1 道工序的废品率为 1.5% ,第 2 道工序的废品率为 2% . 假定两道工序出废品是彼此独立的,求产品的合格率.

3. 有甲、乙两批种子,发芽率分别是 0.7 和 0.8 ,现从两批种子中随机地各取 1 粒,若这两批种子是否发芽相互独立,求下列事件的概率:(1) 2 粒种子都发芽;(2) 至少有 1 粒种子发芽;(3) 恰好 1 粒种子发芽.

4. 某射手的命中目标的概率为 0.95 ,他独自重复向目标射击 5 次,求恰好命中 4 次的概率以及至少命中 3 次的概率.

5. 3 人独立地去破译一份密码,已知每个人能译出的概率分别为 $1/5, 1/3, 1/4$. 3 人中至少有 1 人能将此密码译出的概率是多少?

6. 有 10 道判别对错的测验题,1 人随意猜答,他答对不少于 6 道题的概率是多少?

7. 在 4 次独立重复试验中,事件 A 至少出现 1 次的概率等于 $65/81$. 求事件 A 在每次试验中发生的概率.

8. 若 $P(A \mid B) = P(A \mid \bar{B})$,证明事件 A 与 B 独立.

9. 证明:若 $P(A) > 0, P(B) > 0$,则 A 与 B 相互独立与互不相容不能同时成立.

复习题 1

复习题 1.13 详解　　复习题 1.20 详解

1. 袋中装有编号为 $1,2,3,4,5$ 的 5 个相同的球. 若从中任取 3 个球,请写出这个随机试验的样本空间,并计算基本事件总数.

2. 已知 10 只产品中有 2 只次品,在其中取 2 次,每次任取 1 只作不放回抽样. 求下列事件的概率:(1) 2 只都是正品; (2) 2 只都是次品; (3) 1 只是正品,1 只是次品.

3. 在 8 位电话号码中,求数字 6 恰好出现 4 次的概率.

4. 将 3 个球随机地放入 4 个杯子中去,求杯子中球的最大个数分别为 $1,2,3$ 的概率.

5. 甲、乙两轮船驶向一个不能同时停泊两艘轮船的码头停泊. 它们在一昼夜内到达的时刻是等可能的. 如果甲船的停泊时间是 1h,乙船的停泊时间是 2h,求它们中任何一艘都不需要码头等候空出的概率.

6. 事件 A 与 B 相互独立, $P(A) = 0.4, P(A \cup B) = 0.7$,求 $P(B)$.

7. 设 A,B 为 2 个事件,$P(A)=0.4$,$P(B)=0.8$,$P(\overline{AB})=0.5$,求 $P(B\mid A)$.

8. 设第 1 个盒子中装有 3 只蓝球,2 只绿球,2 只白球,第 2 个盒子中装有 2 只蓝球,3 只绿球,4 只白球.独立地分别在 2 个盒子中各取 1 只球.(1) 求至少有 1 只蓝球的概率;(2) 求有 1 只蓝球 1 只白球的概率;(3) 已知至少有 1 只蓝球,求有 1 只蓝球 1 只白球的概率.

9. 甲、乙 2 人独立地对同一目标射击 1 次,其命中概率分别为 0.6 和 0.5.现已知目标被命中,求它只是被甲射中的概率.

10. 已知男子有 0.05 是色盲患者,女子有 0.0025 是色盲患者.今从男女人数相等的人群中随机地挑选 1 人,恰好是色盲患者,此人是男性的概率是多少?

11. 盒中放有 12 个乒乓球,其中 9 个是新的.第 1 次比赛时从中任取 3 个来使用,比赛后仍放回盒子中.第 2 次比赛时,再从盒中任取 3 个球,求:(1) 第 2 次取出的球都是新的概率;(2) 已知第 2 次使用时,取到的是 3 只新球,而第 1 次使用时取到的是 1 只新球的概率.

12. 最近来某房产公司的 100 位顾客中有 1 位购买了该房产公司的 1 套房子,根据这一比例,在接下去来到的 50 位顾客中恰好有 1 位购买该公司房子的概率是多少?

13. 常言道:"三个臭皮匠,顶个诸葛亮",如今有 3 位"臭皮匠"受某公司之请各自独立地去解决某问题,公司负责人据过去的业绩,估计他们能解决此问题的概率分别是 0.45,0.55,0.60.据此,该问题能被解决的概率是多少?

14. 在抛骰子的试验中,问至少抛多少次才能使不出现 1 点的概率小于 1/3?

15. 证明:若 3 个事件 A,B,C 相互独立,则 $A\cup B$ 与 C 独立.

16. 有标号为 $1,2,3,\cdots,9$ 的 9 张数字卡片,分 2 次从中取出 2 张.求:(1) 第 1 张卡片为奇数标号、第 2 张卡片为偶数标号(事件 A)的概率;(2) 2 张卡片标号之和不超过 10(事件 B)的概率;(3) 至少有 1 张卡片标号不小于 7(事件 C)的概率.

17. 5 人排队抓阄,决定谁取得一物(即 5 个阄中有 4 个是白阄,只有 1 个是有物之阄).问:(1) 第 3 人抓到有物之阄的概率是多少?(2) 前 3 人之一抓到有物之阄的概率是多少?(3) 如果有 2 物(即 5 个阄中有 2 个是有物之阄),后 2 个人都抓不到有物之阄的概率是多少?

18. 把 r 个不同的球随机放入 n 个格子(如箱子),假如每个格子能放很多球,每个球落入每个格子的可能性相同,若 $n\geqslant r$,求下列事件的概率:(1) 事件 $A=$ "恰有 r 个格子中各有 1 球";(2) 事件 $B=$ "至少有 1 个格子有不少于 2 个球".

19. 从 5 双不同的鞋子中任取 4 只,求在这 4 只鞋子中:(1) 至少有 2 只配成 1 双的概率;(2) 恰好 2 只配成 1 双的概率.

20. 10 个题签中有 4 个是难题,甲、乙、丙 3 位学生,按甲先乙次丙最后的顺序进行抽签考试,这种考试是否公平?

21. 已知 100 件产品中有 10 件是正品,正品每次使用绝对不会发生故障,还有 90 件非正品,每次使用有 0.1 的可能性发生故障.现从 100 件产品中任取 1 件,使用 n 次均没发生故障.问 n 至少多大时,才能有 70% 的把握认为所取的产品是正品?

补充阅读

"概率论"发展简史

早在 15 世纪末 16 世纪初,文艺复兴时期的意大利挣脱了中世纪严酷的宗教禁锢,经济、文化、政治一派繁荣;同时,赌博开始盛行,保险业正在兴起,彩票发行日趋普遍,社会及人口的研究也达到了较高水平,这些都促进了概率论的早期探索.塔塔利亚(Tartaglia)、卡丹诺(Cardano)等意大利数学家率先讨论以掷骰子为代表的机遇性赌博中的计算问题.卡丹诺首先觉察到,赌博输赢虽然是偶然的,但较大的赌博次数会呈现一定的规律性,卡丹诺为此还写了一本《论赌博》的小册子,书中计算了掷两颗骰子或三颗骰子时,在一切可能的方法中有多少方法得到某一点数.

促使概率论产生的强大动力来自社会实践.首先是保险事业.文艺复兴后,随着航海事业的发展,意大利开始出现海上保险业务.16世纪末,在欧洲不少国家已把保险业务扩大到其他工商业上,保险的对象都是偶然性事件.为了保证保险公司赢利,又使参加保险的人愿意参加保险,就需要根据对大量偶然现象规律性的分析,去创立保险的一般理论.于是,一种专门适用于分析偶然现象的数学工具也就成为十分必要了.

不过,作为数学科学之一的概率论,其基础并不是在上述实际问题的材料上形成的.因为这些问题的大量随机现象,常被许多错综复杂的因素所干扰,使它难以呈"自然的随机状态".因此,必须从简单的材料来研究随机现象的规律性,这种材料就是所谓的"随机博弈".在近代概率论创立之前,人们正是通过对这种随机博弈现象的分析,注意到了它的一些特性,比如"多次试验中的频率稳定性"等,然后经加工提炼而形成了概率论.

荷兰数学家、物理学家惠更斯(Huygens)于1657年发表了关于概率论的早期著作《论赌博中的计算》.在此期间,法国的费尔马(Fermat)与帕斯卡(Pascal)也在相互通信中探讨了随机博弈现象中所出现的概率论的基本定理和法则.惠更斯等人的工作建立了概率和数学期望等主要概念,找出了它们的基本性质和演算方法,从而塑造了概率论的雏形.

18世纪是概率论的正式形成和发展时期.1713年,贝努利(Bernoulli)的名著《推想的艺术》发表.在这部著作中,贝努利明确指出了概率论最重要的定律之一——"大数定律",并且给出了证明,这使以往建立在经验之上的频率稳定性推测理论化了,从此概率论从对特殊问题的求解,发展到了一般的理论概括.

继贝努利之后,法国数学家棣莫弗(De Moiver)于1781年发表了《机遇原理》.书中提出了概率乘法法则以及"棣莫弗中心极限定理"等,为概率论"中心极限定理"的建立奠定了基础.

法国数学家蒲丰(Buffon)把概率和几何结合起来,开了几何概率的研究,他于1777年提出的"蒲丰投针问题"就是采取概率的方法来求圆周率 π 的尝试.

通过贝努利和棣莫弗的努力,使数学方法有效地应用于概率研究之中,这就把概率论的特殊发展同数学的一般发展联系起来,使概率论一开始就成为数学的一个分支.

概率论问世不久,就在应用方面发挥了重要的作用.牛痘在欧洲大规模接种之后,曾因副作用引起争议.这时贝努利的侄子丹尼尔·贝努利(Daniel Bernoulli)根据大量的统计资料,得出了种牛痘能延长人类平均寿命三年的结论,消除了一些人的恐惧和怀疑;欧拉(Euler)将概率论应用于人口统计和保险,写出了《关于死亡率和人口增长率问题的研究》《关于孤儿保险》等文章;泊松(Poisson)又将概率应用于射击的各种问题的研究,提出了《打靶概率研究报告》.总之,概率论在18世纪确立后,就充分地反映了其广泛的实践意义.

19世纪概率论朝着建立完整的理论体系和更广泛的应用方向发展.其中为之作出较大贡献的有:法国数学家拉普拉斯(Laplace),德国数学家高斯(Gauss),英国物理学家、数学家麦克斯韦(Maxwell),美国数学家、物理学家吉布斯(Gibbs)等.概率论的广泛应用,使它于18和19两个世纪成为热门学科,几乎所有的科学领域,包括神学等社会科学都企图借助于概率论去解决问题,这在一定程度上造成了"滥用"的情况,因此到19世纪后半期时,人们不得不重新对概率进行检查,为它奠定牢固的逻辑基础,使它成为一门强有力的学科.1917年,苏联科学家伯恩斯坦构造了概率论的第一个公理化体系.20世纪初完成的勒贝格测度和勒贝格积分理论以及随后发展起来的抽象测度和积分理论,为概率论公理体系的确立奠定了理论基础.到了30年代,随着大数律研究的深入,概率论与测度论的联系愈来愈明显。在这种背景下,柯尔莫哥洛夫于1933年在他的《概率论基础》一书中第一次给出了概率的测度论式的定义和一套严密的公理体系。这一公理体系一经提出,便迅速获得举世的公认。它的出现,是概率论发展史上的一个里程碑,为现代概率论的蓬勃发展打下了坚实的基础。

在公理化基础上,现代概率论取得了一系列理论突破。公理化概率论首先使随机过程的研究获得了新的起点。1931年,柯尔莫哥洛夫用分析的方法奠定了一类普通的随机过程 —— 马尔可夫过程的理论基础。柯尔莫哥洛夫之后,对随机过程的研究作出重大贡献而影响着整个现代概率论的重要代表人物有莱维(Levy)、辛钦、杜布(Dob)和伊藤清(Ito Kiyoshi)等。1948年,莱维在他出版的著作《随机过程与布朗运动》中提出了独立增量过程的一般理论,并以此为基础极大地推进了作为一类特殊马尔可夫过程的布朗运动的研究。1934年,辛钦提出平稳过程的相关理论。1939年,维尔引进"鞅"的概念,1950年起,杜布对鞅进行了系统的研究而使鞅论成为一门独立的分支。从1942年开始,日本数学家伊藤清引进了随机积分与随机微分方程,不仅开辟了随机过程研究的新道路,而且为随机分析这门数学新分支的创立和发展奠定了基础。像任何一个公理化的数学分支一样,公理化的概率论的应用范围被大大拓广。

第 2 章　随机变量及其分布

为了进行定量的数学处理,必须把随机试验的结果数量化,这就是引进随机变量的原因.随机变量的引进,使得对随机试验的结果的处理更简单和直接.

2.1　随机变量的概念与离散型随机变量

为了研究随机试验的结果,揭示随机现象的统计规律性,我们将引入随机变量的概念.

2.1.1　随机变量的概念

在一些问题中,建立数量与基本事件的对应关系,将有助于我们揭示随机现象的统计规律性.我们将随机试验的结果与实数联系起来,将随机试验的结果数量化.先看一个例子.

例 2.1.1　将一枚硬币抛掷 2 次,观察出现正面(H)和反面(T)的情况,用 X 表示出现正面的次数.那么,对于样本空间 Ω 中的每一个样本点 ω,都有一个值 X 与之对应,见下表:

样本点 ω	HH	HT	TH	TT
X 的值	2	1	1	0

在例 2.1.1 中,X 是一个变量,它的取值依赖于样本点 ω,因此,X 是定义在样本空间 Ω 上的一个函数.

有许多随机试验,它的结果本身是一个数.例如,抛一颗骰子观察出现的点数,其试验结果用 $1,2,3,4,5,6$ 来表示.

定义 2.1.1　设随机试验 E 的样本空间为 Ω,如果对于任意的样本点 $\omega \in \Omega$,有一个实数 $X = X(\omega)$ 与之对应,则称 X 为**随机变量**(random variable).

在本书中,我们一般用大写的字母 X, Y, Z 等表示随机变量,用小写的字母 x, y, z 等表示实数.

从随机变量的定义,我们可以看到随机变量是定义在样本空间 Ω 上的函数,并且随机变量区别于普通函数有以下两点:

(1)普通函数是定义在实数集合上的,而随机变量是定义在样本空间 Ω 上的

(样本空间 Ω 中的元素不一定是实数).

(2) 随机变量的取值随试验的结果(样本点 ω)而定,而随机试验的各个结果的出现有一定的概率,因此,随机变量的取值也有一定的概率. 例如,在例2.1.1 中,$P\{X = 2\} = \dfrac{1}{4}$,$P\{X = 0\} = \dfrac{1}{4}$.

引入随机变量以后,我们就可以用它来描述各种随机现象,并有可能应用"高等数学"的方法来深入广泛地研究随机现象及其统计规律性.

2.1.2 离散型随机变量及其分布律

定义 2.1.2 如果随机变量 X 的所有可能取值是有限个或可列无限多个,则称 X 为**离散型随机变量**.

例如,在例2.1.1中,随机变量 X 的所有可能取值为 $0,1,2$,因此它是离散型随机变量.

设离散型随机变量 X 的所有可能取值为 $x_k(k = 1,2,\cdots)$,X 的各个可能取值的概率,即事件 $\{X = x_k\}$ 的概率为

$$P\{X = x_k\} = p_k, \quad k = 1,2,\cdots. \tag{2.1.1}$$

根据概率的定义,p_k 满足如下两个条件:

(1) $p_k \geqslant 0, k = 1,2,\cdots$;

(2) $\sum\limits_{k=1}^{+\infty} p_k = 1.$

由于 $\{X = x_1\} \bigcup \{X = x_2\} \bigcup \cdots$ 是必然事件,且 $\{X = x_k\} \bigcap \{X = x_j\} = \varnothing$,$k \neq j(k,j = 1,2,\cdots)$,于是

$$1 = P(\Omega) = P\left(\bigcup_{k=1}^{+\infty} \{X = x_k\}\right) = \sum_{k=1}^{+\infty} P\{X = x_k\} = \sum_{k=1}^{+\infty} p_k.$$

我们称式(2.1.1)为离散型随机变量 X 的**分布律**(或**分布列**). 分布律也可以用表的形式来表示,见下表:

X	x_1	x_2	$\cdots$	x_n	$\cdots$
p_k	p_1	p_2	$\cdots$	p_n	$\cdots$

例 2.1.2(续例2.1.1) 将一枚硬币抛掷 2 次,设 X 表示正面向上的次数,求 X 的分布律.

解 根据例2.1.1,有 $P\{X = 0\} = \dfrac{1}{4}$,$P\{X = 1\} = \dfrac{1}{2}$,$P\{X = 2\} = \dfrac{1}{4}$,于

是得 X 的分布律如下表：

X	0	1	2
p_k	$\dfrac{1}{4}$	$\dfrac{1}{2}$	$\dfrac{1}{4}$

例 2.1.3 设一汽车在开往目的地的道路上需要经过 4 组信号灯，每组信号灯以 $\dfrac{1}{2}$ 的概率允许或禁止汽车通过. 以 X 表示汽车首次停下时，它通过的信号灯的组数（设各组信号灯的工作是相互独立的），求 X 的分布律.

解 用 p 表示每组信号灯禁止汽车通过的概率，可知 X 的分布律见下表：

X	0	1	2	3	4
p_k	p	$(1-p)p$	$(1-p)^2 p$	$(1-p)^3 p$	$(1-p)^4$

或写成

$$p_k = (1-p)^k p, \quad k = 0,1,2,3; \quad p_4 = (1-p)^4.$$

当 $p = \dfrac{1}{2}$ 时，其结果见下表：

X	0	1	2	3	4
p_k	0.5	0.25	0.125	0.0625	0.0625

2.1.3 常见的离散型随机变量

以下介绍 3 种重要的离散型随机变量.

2.1.3.1 0-1 分布

定义 2.1.3 设随机变量 X 只可能取 0 与 1 两个值，X 取 1 的概率为 p，则 X 的分布律为

$$P\{X = k\} = p^k (1-p)^{1-k}, \quad k = 0,1 \ (0 < p < 1),$$

则称 X 服从 **0-1 分布**（或两点分布）.

0-1 分布的分布律也可以写成如下表的形式：

X	0	1
p_k	$1-p$	p

对于一个随机试验,如果它的样本空间只包含 2 个元素,即 $\Omega = \{\omega_1, \omega_2\}$,我们总能在 Ω 上定义一个服从 0-1 分布的随机变量

$$X = X(\omega) = \begin{cases} 0, & \omega = \omega_1, \\ 1, & \omega = \omega_2 \end{cases}$$

来描述这个随机试验的结果. 例如,检查产品的质量是否合格,抛硬币出现的结果是正面还是反面等,都可以用 0-1 分布来描述.

2.1.3.2 二项分布

在 1.4.2 中我们介绍过伯努利试验、n 重伯努利试验以及二项概率. 用 X 表示 n 重伯努利试验中事件 A 发生的次数,则 X 是一个随机变量,它的所有可能取值为 $0, 1, 2, \cdots, n$. 根据 1.4.2 的结果,n 重伯努利试验中事件 A 发生 k 次的概率为 $C_n^k p^k (1-p)^{n-k}$,记 $q = 1 - p$,则有

$$P\{X = k\} = C_n^k p^k q^{n-k}, \quad k = 0, 1, 2, \cdots, n, \tag{2.1.2}$$

式中,$0 < p < 1$.

定义 2.1.4 如果随机变量 X 的分布律由式(2.1.2)给出,则称 X 服从参数为 n, p 的**二项分布**(binomial distribution),记为 $X \sim B(n, p)$.

根据二项分布的定义,显然有

(1) $P\{X = k\} \geqslant 0, k = 0, 1, 2, \cdots, n$;

(2) $\sum\limits_{k=0}^{n} P\{X = k\} = \sum\limits_{k=0}^{n} C_n^k p^k q^{n-k} = (p + q)^n = 1.$

从上式可以看出,$C_n^k p^k q^{n-k}$ 恰好是二项式 $(p+q)^n$ 的展开式中含有 p^k 的那一项,因此,我们称随机变量 X 服从二项分布.

特别地,当 $n = 1$ 时,式(2.1.2)变为 $P\{X = k\} = p^k q^{1-k}$ $(k = 0, 1)$,此时,二项分布退化为 0-1 分布(或两点分布),记为 $X \sim B(1, p)$.

例 2.1.4 某人进行射击,设每次射击命中的概率为 0.02,独立射击 400 次,试求至少击中 2 次的概率.

解 将一次射击看作是一次伯努利试验,设 400 次射击中命中的次数为 X,则有 $X \sim B(400, 0.02)$,根据式(2.1.2)得 $P\{X = k\} = C_{400}^k (0.02)^k (0.98)^{400-k}, k = 0, 1, 2, \cdots, 400.$

于是,所求的概率为

$$P\{X \geqslant 2\} = 1 - P\{X = 0\} - P\{X = 1\}$$

$$= 1 - (0.98)^{400} - 400(0.02)(0.98)^{399}$$

$$= 0.9972.$$

从例 2.1.4 中我们看到,尽管这个人射击命中的概率很小,但射击 400 次至少

击中2次的概率很接近1.这个例子在我们日常生活中有什么启发呢?请读者思考.

例 2.1.5 设有 80 台同类型设备,各台工作是相互独立的,发生故障的概率都是 0.01,且 1 台设备的故障由 1 个人处理.考虑 2 种配备维修工人的方法,其一是由 4 人分别维护,每人负责 20 台;其二是由 3 人共同维护 80 台.试比较这 2 种方案在设备发生故障时不能及时维修的概率的大小.

解 按第 1 种方案.用 X 表示"1 个人维护 20 台中同一时刻发生故障的台数",则 $X \sim B(20, 0.01)$.用 $A_i (i = 1, 2, 3, 4)$ 表示事件"第 i 人维护的 20 台中发生故障时不能及时维修",则 80 台中发生故障时不能及时维修的概率为

$$P(A_1 \bigcup A_2 \bigcup A_3 \bigcup A_4) \geqslant P(A_1) = P\{X \geqslant 2\}.$$

由于 $X \sim B(20, 0.01)$,则有

$$P\{X \geqslant 2\} = 1 - \sum_{k=0}^{1} P\{X = k\} = 1 - \sum_{k=0}^{1} C_{20}^{k} (0.01)^k (0.99)^{20-k}$$

$$= 0.0169.$$

所以,有 $P(A_1 \bigcup A_2 \bigcup A_3 \bigcup A_4) \geqslant 0.0169$.

按第 2 种方案.用 Y 表示"80 台中同一时刻发生故障的台数",则 $Y \sim B(80, 0.01)$,于是,80 台中发生故障时不能及时维修的概率为

$$P\{Y \geqslant 4\} = 1 - \sum_{k=0}^{3} P\{Y = k\} = 1 - \sum_{k=0}^{3} C_{80}^{k} (0.01)^k (0.99)^{80-k}$$

$$= 0.0087 < 0.0169.$$

这个例子的结果说明了什么? 在日常生活中对我们有什么启发? 请读者思考.

2.1.3.3 泊松分布

定义 2.1.5 设随机变量 X 的所有可能取值为 $0, 1, 2, \cdots$,而取各个值的概率为

$$P\{X = k\} = \frac{\lambda^k e^{-\lambda}}{k!}, \quad k = 0, 1, 2, \cdots, \tag{2.1.3}$$

式中,$\lambda > 0$ 为常数,则称 X 服从参数为 λ 的**泊松分布**(Poisson distribution),记为 $X \sim P(\lambda)$.

从泊松分布的定义,可知

(1) $P\{X = k\} \geqslant 0, k = 0, 1, 2, \cdots$;

(2) $\sum_{k=0}^{+\infty} P\{X = k\} = \sum_{k=0}^{+\infty} \frac{\lambda^k e^{-\lambda}}{k!} = e^{-\lambda} \sum_{k=0}^{+\infty} \frac{\lambda^k}{k!} = e^{-\lambda} e^{\lambda} = 1.$

泊松分布在实际问题中具有十分广泛的应用,例如,一本书的某一页中印刷符号错误的个数;某地区一天内邮递遗失的信件数;在一段时间内,某操作系统发生故障的次数等,这些都可以用泊松分布来描述.

例 2.1.6 统计资料表明,某路口每月发生交通事故次数服从参数为 6 的泊松分布,求该路口 1 个月至少发生 1 起交通事故的概率.

解 设该路口每月发生交通事故次数为 X,根据题意 $X \sim P(6)$,由式(2.1.3),所求的概率为

$$P\{X \geqslant 1\} = 1 - P\{X = 0\} = 1 - \frac{6^0}{0!}\mathrm{e}^{-6} = 0.99752.$$

以下给出二项分布与泊松分布的关系.

定理 2.1.1(泊松定理) 设 $\lambda > 0$ 是一个常数,n 是任意自然数,$np_n = \lambda$,则对于任意固定的非负整数 k,有

$$\lim_{n \to +\infty} C_n^k p_n^k (1 - p_n)^{n-k} = \frac{\lambda^k \mathrm{e}^{-\lambda}}{k!}, \quad 0 \leqslant k \leqslant n.$$

定理 2.1.1 的证明从略. 根据定理 2.1.1,当 n 很大而 p 很小时,则

$$C_n^k p^k (1 - p)^{n-k} \approx \frac{\lambda^k \mathrm{e}^{-\lambda}}{k!}.$$

在实际计算中,当 n 很大,p 很小时,就可以用 $\frac{\lambda^k \mathrm{e}^{-\lambda}}{k!}$ 作为 $C_n^k p^k (1-p)^{n-k}$ 的近似值,而前者可以查泊松分布表(见书末附表 2),计算较为方便.

例 2.1.7 比较二项分布 $B(200, 0.025)$ 和泊松分布 $P(5)$,并说明它们的关系.

解 以下从二项分布 $B(200, 0.025)$ 和泊松分布 $P(5)$ 的分布律计算结果、分布律的折线图两个方面来进行比较.

(1) 当 $n = 200, p = 0.025, \lambda = np = 5$ 时,二项分布 $B(n, p)$ 和泊松分布 $P(\lambda)$ 的分布律计算结果,见下表:

k	0	1	2	3	4	5	6	7
$B(k; n, p)$	0.0063	0.0324	0.0827	0.1400	0.1768	0.1777	0.1481	0.1052
$P(k; \lambda)$	0.0067	0.0337	0.0842	0.1404	0.1755	0.1755	0.1462	0.1044
k	8	9	10	11	12	13	14	15
$B(k; n, p)$	0.0651	0.0356	0.0174	0.0077	0.0031	0.0012	0.0004	0.0001
$P(k; \lambda)$	0.0653	0.0363	0.0181	0.0082	0.0034	0.0013	0.0005	0.0002

说明:在上表中 $B(k; n, p) = C_n^k p^k (1-p)^{n-k}, k = 0, 1, 2, \cdots, n; P(k; \lambda) = \frac{\lambda^k \mathrm{e}^{-\lambda}}{k!}, k = 0, 1, 2, \cdots.$ 当 $k \geqslant 16$ 时,$B(k; n, p) \approx 0, P(k; \lambda) \approx 0.$

从上表可以看出,二项分布 $B(200,0.025)$ 和泊松分布 $P(5)$ 的分布律计算结果接近程度比较好.

(2) 二项分布 $B(200,0.025)$ 和泊松分布 $P(5)$ 的分布律折线图如图 2-1 所示.

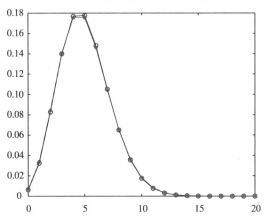

图 2-1　二项分布和泊松分布的分布律折线图

说明:在图 2-1 中,"。"表示二项分布 $B(200,0.025)$ 的分布律,"$*$"表示泊松分布 $P(5)$ 的分布律.

从图 2-1 可以看出,二项分布 $B(200,0.025)$ 和泊松分布 $P(5)$ 的分布律折线图接近程度比较好.

从以上(1)和(2)两个方面都说明,二项分布 $B(200,0.025)$ 和泊松分布 $P(5)$ 非常接近. 这就直观地验证了定理 2.1.1(泊松定理).

说明:例 2.1.7 中有关分布律的计算和折线图的 MATLAB 程序,见本书附录 B 的例 B.2.2.

例 2.1.8　在某一个繁忙的汽车站,有大量汽车通过,设每辆车在一天的某段时间内发生事故的概率为 0.0001,在某天的该段时间内有 1000 辆汽车通过,求某天该段时间内发生事故的次数不小于 2 的概率是多少.

解　根据题意,该问题可以看作 n 重伯努利试验,设 X 为 n 重伯努利试验中发生事故的次数,则 $X \sim B(n,p)$,这里,$p = 0.0001, n = 1000$. 按二项分布计算,发生事故的次数不小于 2 的概率为

$$P\{X \geqslant 2\} = 1 - P\{X = 0\} - P\{X = 1\}$$

$$= 1 - C_{1000}^0 \times 0.0001^0 \times (1-0.0001)^{1000}$$

$$- C_{1000}^1 \times 0.0001^1 \times (1-0.0001)^{999}$$

$$= 0.0046748.$$

由于 $p = 0.0001, n = 1000, \lambda = np = 0.1$,所以,可以用泊松定理来近似计

算. 根据泊松定理,发生事故的次数不小于 2 的概率为

$$P\{X \geqslant 2\} = 1 - P\{X=0\} - P\{X=1\} \approx 1 - \mathrm{e}^{-0.1} - \frac{0.1}{1!}\mathrm{e}^{-0.1}$$
$$= 0.004\,678\,8,$$

或 $P\{X \geqslant 2\} = \sum_{k=2}^{+\infty} \frac{0.1^k}{k!}\mathrm{e}^{-0.1} = 0.004\,678\,8.$

注 查书末附表 2——泊松分布表,$\sum_{k=2}^{+\infty} \frac{0.1^k}{k!}\mathrm{e}^{-0.1} = 0.004\,678\,8.$

值得注意的是,按二项分布计算的结果是精确的,按泊松定理计算的结果是近似的,而这种近似计算的误差是 $0.000\,004$(百万分之 4).

例 2.1.9 某地有 2500 人参加某种人寿保险,每人在年初向保险公司交付保险金 200 元,如果在 1 年内投保人死亡,则其家属可从保险公司领取 5 万元,设该类投保人死亡率为 0.002,求保险公司获利不少于 10 万元的概率.

解 设 X 为投保人中 1 年内的死亡数,根据题意,$X \sim B(n,p)$,这里,$p = 0.002, n = 2500, \lambda = np = 5$,可以用泊松定理来近似计算.

如果投保人在 1 年内有 X 人死亡,则保险公司将付出 $50\,000X$ 元,而这一年保险公司收入(元) 为 $200 \times 2500 - 50\,000X = 500\,000 - 50\,000X$. 所求概率为

$$P\{500\,000 - 50\,000X \geqslant 100\,000\} = P\{X \leqslant 8\}$$
$$= \sum_{k=0}^{8} \mathrm{C}_{2\,500}^{k} (0.002)^k (1-0.002)^{2500-k}$$
$$\approx 1 - \sum_{k=9}^{+\infty} \frac{5^k}{k!}\mathrm{e}^{-5} = 1 - 0.068\,094$$
$$= 0.931\,906.$$

注 查书末附表 2——泊松分布表,$\sum_{k=9}^{+\infty} \frac{5^k}{k!}\mathrm{e}^{-5} = 0.068\,094.$

习题 2.1

习题 2.1.6 详解

1. 一个盒里有 4 张纸条,上面分别写着 1,2,3 和 4. 随机地从盒中不返回地取出 2 张纸条,请写出下面每个随机变量可能的取值:(1) $X = 2$ 个数的和; (2) $Y =$ 第 1 个数与第 2 个数之差; (3) $Z =$ 写着偶数的纸条的张数; (4) $W =$ 写着 4 的纸条张数.

2. 已知随机变量 X 只能取 $-1,0,1,2$ 这 4 个值,其相应的概率依次为 $\frac{1}{2c}, \frac{3}{4c}, \frac{5}{8c}, \frac{1}{8c}$,求常数 c 的值.

3. 设有产品 100 件,其中有 5 件次品,95 件正品. 现从中随机抽取 20 件,求抽得的次品件数 X 的分布律.

4. 某批产品有 10% 的次品,进行重复抽样检验,共取得 10 个样品.试写出样品中次品数 X 的分布律,并求样品中次品不多于 2 个的概率.

5. 设随机变量 $X \sim P(\lambda)$,已知 $P\{X = 2\} = P\{X = 3\}$,求 $P\{X = 4\}$.

6. 某射手有 5 发子弹,每次射击命中率为 0.9,如果命中了目标就停止射击,否则直到子弹用尽.求耗用子弹数的分布律.

7. 已知送到兵工厂的导火线中平均有 1% 不能导火,求送去 400 根导火线中有 5 根或更多根不能导火的概率.

8. 在例 2.1.5 中,请用定理 2.1.1(泊松定理)计算并比较两种方案在设备发生故障时不能及时维修的概率.

2.2　随机变量的分布函数

2.2.1　分布函数的定义

对于离散型随机变量,分布律可以用来表示其取各个可能值的概率,但在实际中有许多非离散型随机变量,这一类随机变量的取值是不可列的,因而不能像离散型随机变量那样用分布律来描述,我们需要求出它落在某个区间内的概率.为此我们引进分布函数的概念.

定义 2.2.1　设 X 是一个随机变量,x 是任意实数,函数

$$F(x) = P\{X \leqslant x\}$$

称为 X 的**分布函数**.

根据定义 2.2.1,对于任意的实数 x_1, x_2,且 $x_1 < x_2$,有

$$P\{x_1 < X \leqslant x_2\} = P\{X \leqslant x_2\} - P\{X \leqslant x_1\} = F(x_2) - F(x_1).$$

因此,若已知 X 的分布函数,我们就可以用它来表示 X 落在 $(x_1, x_2]$ 内的概率.

分布函数是一个普通的函数,正是通过它,我们可以用"高等数学"的方法来研究随机变量.如果把 X 看成数轴上的随机点的坐标,那么,分布函数 $F(x)$ 在 x 处的函数值就表示 X 落在区间 $(-\infty, x]$ 内的概率.

例 2.2.1　设随机变量 X 的分布律如下表:

X	-1	2	3
p_k	$\frac{1}{4}$	$\frac{1}{2}$	$\frac{1}{4}$

(1) 求 X 的分布函数;(2) 求 $P\left\{X \leqslant \frac{1}{2}\right\}, P\left\{\frac{3}{2} < X \leqslant \frac{5}{2}\right\}, P\{2 \leqslant X \leqslant 3\}$.

解 (1) 从 X 的分布律可以看出，X 仅在 $x=-1,2,3$ 这 3 点处的概率不为零，而 $F(x)$ 是事件 $\{X \leqslant x\}$ 的概率，它等于小于或等于 x 的那些 x_k 处的概率 p_k 之和，于是

$$F(x)=\begin{cases} 0, & x<-1, \\ P\{X=-1\}=\dfrac{1}{4}, & -1 \leqslant x<2, \\ P\{X=-1\}+P\{X=2\}=\dfrac{1}{4}+\dfrac{1}{2}=\dfrac{3}{4}, & 2 \leqslant x<3, \\ 1, & x \geqslant 3. \end{cases}$$

$F(x)$ 的图形如图 2-2 所示，它是一个阶梯形函数，在 $x=-1,2,3$ 处有跳跃，跳跃度分别为 $\dfrac{1}{4}$，$\dfrac{1}{2}$，$\dfrac{1}{4}$.

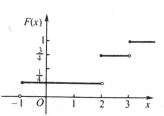

图 2-2 $F(x)$ 的图形

(2) 根据以上 X 的分布函数 $F(x)$，得

$$P\left\{X \leqslant \dfrac{1}{2}\right\}=F\left(\dfrac{1}{2}\right)=\dfrac{1}{4},$$

$$P\left\{\dfrac{3}{2}<X \leqslant \dfrac{5}{2}\right\}=F\left(\dfrac{5}{2}\right)-F\left(\dfrac{3}{2}\right)=\dfrac{3}{4}-\dfrac{1}{4}=\dfrac{1}{2},$$

$$P\{2 \leqslant X \leqslant 3\}=F(3)-F(2)+P\{X=2\}=1-\dfrac{3}{4}+\dfrac{1}{2}=\dfrac{3}{4}.$$

2.2.2 分布函数的性质

分布函数 $F(x)$ 具有以下基本性质：

(1) $F(x)$ 是单调不减函数，即当 $x_1<x_2$ 时，$F(x_1) \leqslant F(x_2)$.

事实上，当 $x_1<x_2$ 时，有 $F(x_2)-F(x_1)=P\{X \leqslant x_2\}-P\{X \leqslant x_1\}=P\{x_1<X \leqslant x_2\} \geqslant 0$.

(2) $0 \leqslant F(x) \leqslant 1$，且 $F(-\infty)=\lim\limits_{x \to -\infty} F(x)=0$，$F(+\infty)=\lim\limits_{x \to +\infty} F(x)=1$.

事实上，$F(-\infty)=P\{X \leqslant -\infty\}=P(\varnothing)=0$，$F(+\infty)=P\{X \leqslant +\infty\}=P(\Omega)=1$.

(3) $F(x)$ 是一个右连续函数，即对于任意的实数 x，有 $F(x+0)=F(x)$. 这里证明从略. 其证明见"工科'概率统计'教学中的几个问题"(韩明，高等数学研究，2007).

注 如果一个函数具备上述 3 条性质，则它一定是某个随机变量的分布函数.

例 2.2.2 设随机变量 X 的分布函数为 $F(x)=A+B\arctan x,-\infty<x<+$

∞,(1) 求常数 A,B；　(2) 计算 $P\{-1<X\leqslant 1\}$.

解　(1) 根据分布函数的性质,有

$$F(-\infty)=\lim_{x\to-\infty}(A+B\arctan x)=A-\frac{\pi}{2}B=0,$$

$$F(+\infty)=\lim_{x\to+\infty}(A+B\arctan x)=A+\frac{\pi}{2}B=1,$$

解得 $A=\dfrac{1}{2},B=\dfrac{1}{\pi}$,于是 $F(x)=\dfrac{1}{2}+\dfrac{1}{\pi}\arctan x,-\infty<x<+\infty$.

(2) $P\{-1<X\leqslant 1\}=F(1)-F(-1)=\dfrac{1}{\pi}\big[\arctan(1)-\arctan(-1)\big]$

$$=\frac{1}{\pi}\left[\frac{\pi}{4}-\left(-\frac{\pi}{4}\right)\right]=\frac{1}{2}.$$

一般地,设离散型随机变量 X 的分布律为 $P\{X=x_k\}=p_k(k=1,2,\cdots)$,根据概率的可列可加性,知道 X 的分布函数是小于或等于 x 的那些 x_k 处的概率 p_k 之和,即

$$F(x)=P\{X\leqslant x\}=\sum_{x_k\leqslant x}P\{X=x_k\}=\sum_{x_k\leqslant x}p_k.$$

这里求和是对所有满足 $x_k\leqslant x$ 的那些 k 来求的,即

当 $x<x_1$ 时,$F(x)=0$,

当 $x_1\leqslant x<x_2$ 时,$F(x)=p_1$,

当 $x_2\leqslant x<x_3$ 时,$F(x)=p_1+p_2$,

……,

当 $x_{n-1}\leqslant x<x_n$ 时,$F(x)=p_1+p_2+\cdots+p_{n-1}$,

…….

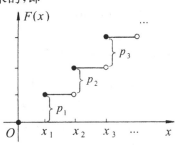

$F(x)$ 的图形如图 2-3 所示,它是一个阶梯型函数,在 $x=x_k$ 处有跳跃,跳跃度分别为 $p_k=P\{X=x_k\},k=1,2,\cdots$.

图 2-3　阶梯型函数 $F(x)$ 的图形

习题 2.2

1. 用随机变量 X 的分布函数 $F(x)$ 表示下列事件的概率:$\{X\leqslant a\}$,$\{X>a\}$,$\{x_1<X\leqslant x_2\}$.

2. 一袋中装有 5 只球,编号为 $1,2,3,4,5$,在袋中同时取 3 只,以 X 表示取出的 3 只球中的最大号码,求随机变量 X 的分布律和分布函数.

习题 2.2.5 详解

3. 求服从 0-1 分布的随机变量 X 的分布函数.

4. 若随机变量 X 的分布函数为

$$F(x) = \begin{cases} 0, & x < -1, \\ 0.3, & -1 \leqslant x < 0, \\ 0.4, & 0 \leqslant x < 2, \\ 1, & x \geqslant 2. \end{cases}$$

求 X 的分布律.

5. 设离散型随机变量的分布律为 $P\{X = 0\} = 0.5, P\{X = 1\} = 0.3, P\{X = 3\} = 0.2$, 求：
(1) X 的分布函数；(2) $F(1.5)$.

6. $F_1(x), F_2(x)$ 分别为随机变量 X_1, X_2 的分布函数, 若 $aF_1(x) + bF_2(x)$ 为某一随机变量的分布函数, 求常数 a, b 的关系.

2.3 连续型随机变量及其概率密度

2.3.1 连续型随机变量

定义 2.3.1 如果对于随机变量 X 的分布函数 $F(x)$, 存在非负可积函数 $f(x)$, 使对于任意实数 x, 有

$$F(x) = P\{X \leqslant x\} = \int_{-\infty}^{x} f(x) \mathrm{d}x,$$

则称 X 为**连续型随机变量**, 其中函数 $f(x)$ 称为 X 的**概率密度函数**, 简称**概率密度**（或**密度函数**）.

在今后我们遇到的随机变量基本上是离散型或连续型随机变量, 本书只讨论这两类随机变量. 当然还存在非离散非连续的随机变量, 见《概率论与数理统计教程》（韩明, 2014）.

根据定义 2.3.1 可知, 概率密度 $f(x)$ 有如下性质：

(1) 非负性. $f(x) \geqslant 0$.

(2) 正则性. $\int_{-\infty}^{+\infty} f(x) \mathrm{d}x = 1$.

(3) 对于任意的 $x_1, x_2 (x_1 < x_2)$,

$$P\{x_1 < X \leqslant x_2\} = F(x_2) - F(x_1) = \int_{x_1}^{x_2} f(x) \mathrm{d}x.$$

(4) 若 $f(x)$ 在点 x 处连续, 则有 $F'(x) = f(x)$.

以下是关于上述 4 条性质的说明和几何解释.

(1) $f(x) \geqslant 0$, 这是定义 2.3.1 中对 $f(x)$ 的要求.

(2) 根据分布函数的性质, 有 $F(+\infty) = 1$, 另外, 根据定义 2.3.1, 有

$$F(+\infty) = \int_{-\infty}^{+\infty} f(x)\mathrm{d}x, \quad \text{所以}, \int_{-\infty}^{+\infty} f(x)\mathrm{d}x = 1.$$

由性质(2)知道,介于曲线 $y = f(x)$ 与 Ox 轴之间的面积等于1(图2-4).

(3) 对于任意的 $x_1, x_2 (x_1 < x_2)$,有

$$P\{x_1 < X \leqslant x_2\} = F(x_2) - F(x_1)$$

$$= \int_{-\infty}^{x_2} f(x)\mathrm{d}x - \int_{-\infty}^{x_1} f(x)\mathrm{d}x = \int_{x_1}^{x_2} f(x)\mathrm{d}x.$$

由性质(3)知道,X 落在区间 $(x_1, x_2]$ 上的概率 $P\{x_1 < X \leqslant x_2\}$ 等于区间 $(x_1, x_2]$ 上曲线 $y = f(x)$ 之下的曲边梯形的面积(图2-5).

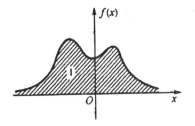

图 2-4　$f(x)$ 性质(2) 的插图　　　　　图 2-5　$f(x)$ 性质(3) 的插图

(4) 根据"高等数学"的知识知道,在 $f(x)$ 的连续点上,$F(x) = \int_{-\infty}^{x} f(x)\mathrm{d}x$ 可导,且有 $F'(x) = f(x)$.

我们可以看到,概率密度的定义与物理学中的线密度的定义相类似,这就是 $f(x)$ 为什么被称为概率密度的缘故.

例 2.3.1　设随机变量 X 具有概率密度

$$f(x) = \begin{cases} kx, & 0 \leqslant x < 3, \\ 2 - \dfrac{x}{2}, & 3 \leqslant x < 4, \\ 0, & \text{其他}. \end{cases}$$

(1) 确定常数 k;(2) 求 X 的分布函数 $F(x)$;(3) 求 $P\left\{1 < X \leqslant \dfrac{7}{2}\right\}$.

解　(1) 由 $\int_{-\infty}^{\infty} f(x)\mathrm{d}x = 1$,得 $\int_{0}^{3} kx\mathrm{d}x + \int_{3}^{4}\left(2 - \dfrac{x}{2}\right)\mathrm{d}x = 1$,解得 $k = \dfrac{1}{6}$,于是,X 的概率密度为

$$f(x) = \begin{cases} \dfrac{x}{6}, & 0 \leqslant x < 3, \\ 2 - \dfrac{x}{2}, & 3 \leqslant x < 4, \\ 0, & \text{其他}. \end{cases}$$

(2) X 的分布函数为

$$F(x) = \begin{cases} 0, & x < 0, \\ \int_0^x \dfrac{x}{6}\mathrm{d}x = \dfrac{x^2}{12}, & 0 \leqslant x < 3, \\ \int_0^3 \dfrac{x}{6}\mathrm{d}x + \int_3^x \left(2 - \dfrac{x}{2}\right)\mathrm{d}x = -3 + 2x - \dfrac{x^2}{4}, & 3 \leqslant x < 4, \\ 1, & x \geqslant 4. \end{cases}$$

(3) $P\left\{1 < X \leqslant \dfrac{7}{2}\right\} = F\left(\dfrac{7}{2}\right) - F(1) = \dfrac{41}{48}.$

需要指出的是,对于连续型随机变量 X 来说,它取任意一个指定的实数 a 的概率均为 0,即 $P\{X = a\} = 0$. 事实上,设 X 的分布函数为 $F(x), \Delta x > 0$,则由 $\{X = a\} \subset \{a - \Delta x < X \leqslant a\}$,得

$$0 \leqslant P\{X = a\} \leqslant P\{a - \Delta x < X \leqslant a\} = F(a) - F(a - \Delta x).$$

在上述不等式中,令 $\Delta x \to 0$,并注意到 X 是连续型随机变量,其分布函数 $F(x)$ 是连续的,即得 $P\{X = a\} = 0$.

因此,对于连续型随机变量 X 来说,有

$$P\{a < X \leqslant b\} = P\{a \leqslant X < b\} = P\{a \leqslant X \leqslant b\} = P\{a < X < b\}.$$

这给有关连续型随机变量计算概率带来很多方便. 而对于离散型随机变量,这个性质是不存在的,离散型随机变量计算概率要"点点计较".

注意,事件 $\{X = a\}$ 并非不可能事件,但 $P\{X = a\} = 0$. 我们知道,若 A 为不可能事件,则有 $P(A) = 0$;反之,若 $P(A) = 0$,并不一定意味着 A 为不可能事件.

2.3.2 常见的连续型随机变量

下面介绍 3 种重要的连续型随机变量.

2.3.2.1 均匀分布

定义 2.3.2 如果连续型随机变量 X 的概率密度为

$$f(x) = \begin{cases} \dfrac{1}{b - a}, & a < x < b, \\ 0, & 其他, \end{cases}$$

则称 X 在区间 (a,b) 上服从**均匀分布**(uniform distribution),记为 $X \sim U(a,b)$.

根据均匀分布的概率密度,易知 $f(x) \geqslant 0$ 且 $\int_{-\infty}^{+\infty} f(x)\mathrm{d}x = 1$.

在区间 (a,b) 上服从均匀分布的随机变量 X,具有下述意义的等可能性,即它落在区间 (a,b) 中任意等长度的子区间内的概率只依赖于子区间的长度,而与子

区间的位置无关.

事实上,对于任意长度为 l 的子区间 $(c,c+l),a\leqslant c,c+l\leqslant b$,有

$$P\{c<X<c+l\}=\int_c^{c+l}\frac{1}{b-a}\mathrm{d}x=\frac{l}{b-a}.$$

根据均匀分布的定义,容易得到它的分布函数为

$$F(x)=\begin{cases}0, & x<a,\\ \dfrac{x-a}{b-a}, & a\leqslant x<b,\\ 1, & x\geqslant b.\end{cases}$$

$f(x)$ 和 $F(x)$ 的图形分别如图 2-6 和图 2-7 所示.

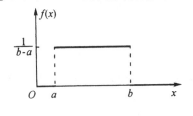

图 2-6　$f(x)$ 的图形

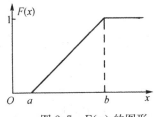

图 2-7　$F(x)$ 的图形

例 2.3.2　设长途客车到达某一个中途停靠站的时间 T 在 12 点 10 分至 12 点 45 分之间是等可能的,某旅客于 12∶20 到达该车站,等候 20min 后离开,求他在这段时间能赶上客车的概率.

解　根据题意,客车停靠站的时间 $T\sim U[10,45]$,其概率密度为

$$f(t)=\begin{cases}\dfrac{1}{45-10}=\dfrac{1}{35}, & 10\leqslant t\leqslant 45,\\ 0, & \text{其他,}\end{cases}$$

所求概率为

$$P\{20\leqslant T\leqslant 40\}=\int_{20}^{40}\frac{1}{35}\mathrm{d}t=\frac{4}{7}.$$

2.3.2.2　指数分布

定义 2.3.3　如果连续型随机变量 X 的概率密度为

$$f(x)=\begin{cases}\dfrac{1}{\theta}\mathrm{e}^{-\frac{x}{\theta}}, & x>0,\\ 0, & \text{其他,}\end{cases}$$

式中,$\theta>0$ 为常数,则称 X 服从参数为 θ 的**指数分布**(exponential distribution),记为 $X\sim E(\theta)$.

令 $\lambda=\dfrac{1}{\theta}$,则上述指数分布的概率密度为

$$f(x) = \begin{cases} \lambda e^{-\lambda x}, & x > 0, \\ 0, & \text{其他}, \end{cases}$$

其中，$\lambda > 0$ 为常数，则称 X 服从参数为 λ 的指数分布，记为 $X \sim E(1/\lambda)$. 这是指数分布概率密度的另一种形式.

根据指数分布的概率密度，易知 $f(x) \geqslant 0$ 且
$\int_{-\infty}^{+\infty} f(x) \mathrm{d}x = 1$.

图 2-8 画出了 $\theta = \dfrac{1}{3}$，$\theta = 1$ 和 $\theta = 2$ 时 $f(x)$ 的
图形.

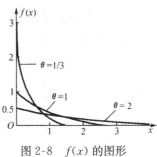

图 2-8 $f(x)$ 的图形

根据指数分布的概率密度，易得到它的分布函数为

$$F(x) = \begin{cases} 1 - e^{-\frac{x}{\theta}}, & x > 0, \\ 0, & \text{其他}. \end{cases}$$

服从指数分布的随机变量 X 具有以下有趣的性质.

性质 2.3.1   对于任意的 $s, t > 0$，有 $P\{X > s+t \mid X > s\} = P\{X > t\}$.

证明   设 $X \sim E(\theta)$，则 $P\{X > x\} = \int_{x}^{+\infty} \dfrac{1}{\theta} e^{-\frac{t}{\theta}} \mathrm{d}t = e^{-\frac{x}{\theta}}$，根据条件概率的定义，得

$$P\{X > s+t \mid X > s\} = \frac{P\{(X > s+t) \bigcap (X > s)\}}{P\{X > s\}}$$

$$= \frac{P\{X > s+t\}}{P\{X > s\}} = \frac{e^{-\frac{s+t}{\theta}}}{e^{-\frac{s}{\theta}}} = e^{-\frac{t}{\theta}}$$

$$= P\{X > t\}. \tag{2.3.1}$$

这个性质称为"无记忆性". 如果 X 是某元件的寿命，那么，性质 2.3.1 表明，已知元件已使用了 $s\,\mathrm{h}$，它总共至少使用 $(s+t)\,\mathrm{h}$ 的条件概率，与开始使用时算起它至少使用 $t\,\mathrm{h}$ 的概率相等. 就是说，元件对它使用过 $s\,\mathrm{h}$ 没有记忆. 具有这一性质是指数分布有广泛应用的重要原因.

指数分布在可靠性理论和排队论中有重要应用，如电子元件的寿命、随机服务系统的服务时间等，都可以用指数分布来描述.

例 2.3.3   某种电子元件的寿命 X(以 h 记)服从指数分布，其概率密度为

$$f(x) = \begin{cases} \dfrac{1}{100} e^{-\frac{x}{100}}, & x > 0, \\ 0, & \text{其他}, \end{cases}$$

求此元件的寿命至少为 200h 的概率.

解 根据题意,所求的概率为

$$P\{X \geqslant 200\} = \int_{200}^{+\infty} f(x)\mathrm{d}x = \int_{200}^{+\infty} \frac{1}{100}\mathrm{e}^{-\frac{x}{100}}\mathrm{d}x = \mathrm{e}^{-2} \approx 0.1353.$$

2.3.2.3 正态分布

定义 2.3.4 如果连续型随机变量 X 的概率密度为

$$f(x) = \frac{1}{\sqrt{2\pi}\sigma}\mathrm{e}^{-\frac{(x-\mu)^2}{2\sigma^2}}, \quad -\infty < x < +\infty,$$

式中,$\mu, \sigma(\sigma > 0)$ 为常数,则称 X 服从参数为 μ 和 σ 的**正态分布**(normal distribution),记为 $X \sim N(\mu, \sigma^2)$.

根据正态分布的概率密度,易知 $f(x) \geqslant 0$,并可以证明

$$\int_{-\infty}^{+\infty} f(x)\mathrm{d}x = 1.$$

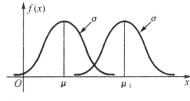

图 2-9 $f(x)$ 的图形关于 $x = \mu$ 对称

正态分布 $X \sim N(\mu, \sigma^2)$ 的概率密度 $f(x)$ 的图形关于 $x = \mu$ 对称(图 2-9),即对于任意的 $h > 0$,有 $f(\mu - h) = f(\mu + h)$.

当 $x = \mu$ 时,$f(x)$ 取得最大值 $f(\mu) = \frac{1}{\sqrt{2\pi}\sigma}$.

根据正态分布 $X \sim N(\mu, \sigma^2)$ 的概率密度,可得它的分布函数

$$F(x) = \frac{1}{\sqrt{2\pi}\sigma}\int_{-\infty}^{x} \mathrm{e}^{-\frac{(t-\mu)^2}{2\sigma^2}}\mathrm{d}t.$$

特别地,当 $\mu = 0, \sigma = 1$ 时,得到 $X \sim N(0,1)$,此时,称 X 服从**标准正态分布**. 其概率密度函数和分布函数分别用 $\varphi(x)$ 和 $\Phi(x)$ 表示(它们的图形见附录 B 的图 B-1),即

$$\varphi(x) = \frac{1}{\sqrt{2\pi}}\mathrm{e}^{-\frac{x^2}{2}}, \quad \Phi(x) = \frac{1}{\sqrt{2\pi}}\int_{-\infty}^{x}\mathrm{e}^{-\frac{t^2}{2}}\mathrm{d}t.$$

并且有 $\Phi(-x) = 1 - \Phi(x)$. 事实上,由于 $\varphi(x)$ 是偶函数,所以

$$\Phi(-x) = \int_{-\infty}^{-x}\varphi(t)\mathrm{d}t = \int_{x}^{+\infty}\varphi(t)\mathrm{d}t = \int_{-\infty}^{+\infty}\varphi(t)\mathrm{d}t - \int_{-\infty}^{x}\varphi(t)\mathrm{d}t$$

$$= 1 - \Phi(x).$$

定理 2.3.1 若 $X \sim N(\mu, \sigma^2)$，则 $Z = \dfrac{X-\mu}{\sigma} \sim N(0,1)$.

证明 $Z = \dfrac{X-\mu}{\sigma}$ 的分布函数为

$$F_Z(x) = P\{Z \leqslant x\} = P\left\{\frac{X-\mu}{\sigma} \leqslant x\right\} = P\{X \leqslant \mu + x\sigma\}$$

$$= \frac{1}{\sqrt{2\pi}\,\sigma}\int_{-\infty}^{\mu+x\sigma} e^{-\frac{(t-\mu)^2}{2\sigma^2}}\, dt.$$

令 $\dfrac{t-\mu}{\sigma} = u$，得

$$F_Z(x) = \frac{1}{\sqrt{2\pi}}\int_{-\infty}^{x} e^{-\frac{u^2}{2}}\, du = \Phi(x).$$

由此可知，$Z = \dfrac{X-\mu}{\sigma} \sim N(0,1)$.

推论 2.3.1 若 $X \sim N(\mu, \sigma^2)$，则有：(1) $F_X(x) = \Phi\left(\dfrac{x-\mu}{\sigma}\right)$；(2) 对于任意区间 $(x_1, x_2]$，有 $P\{x_1 < X \leqslant x_2\} = \Phi\left(\dfrac{x_2-\mu}{\sigma}\right) - \Phi\left(\dfrac{x_1-\mu}{\sigma}\right)$.

证明 (1) 若 $X \sim N(\mu, \sigma^2)$，根据定理 2.3.1，则有

$$F_X(x) = P\{X \leqslant x\} = P\left\{\frac{X-\mu}{\sigma} \leqslant \frac{x-\mu}{\sigma}\right\} = \Phi\left(\frac{x-\mu}{\sigma}\right).$$

(2) 若 $X \sim N(\mu, \sigma^2)$，根据(1)，对于任意区间 $(x_1, x_2]$，有

$$P\{x_1 < X \leqslant x_2\} = F_X(x_2) - F_X(x_1)$$

$$= \Phi\left(\frac{x_2-\mu}{\sigma}\right) - \Phi\left(\frac{x_1-\mu}{\sigma}\right).$$

例 2.3.4 (1) 若 $X \sim N(1,4)$，求 $P\{0 < X \leqslant 1.6\}$；(2) 若 $X \sim N(\mu, \sigma^2)$，求 $P\{\mu - k\sigma < X \leqslant \mu + k\sigma\}(k=1,2,3)$.

解 (1) 根据推论 1，查书末的附表 1——正态分布表，得

$$P\{0 < X \leqslant 1.6\} = \Phi\left(\frac{1.6-1}{2}\right) - \Phi\left(\frac{0-1}{2}\right)$$

$$= \Phi(0.3) - \Phi(-0.5) = \Phi(0.3) - [1 - \Phi(0.5)]$$

$$= 0.6179 - (1 - 0.6915) = 0.3094.$$

(2) 若 $X \sim N(\mu, \sigma^2)$，根据推论 1，查表得(图 2-10)：

$$P\{\mu - \sigma < X \leqslant \mu + \sigma\} = \Phi(1) - \Phi(-1) = 2\Phi(1) - 1 = 0.6826,$$

$$P\{\mu - 2\sigma < X \leqslant \mu + 2\sigma\} = \Phi(2) - \Phi(-2) = 2\Phi(2) - 1 = 0.9544,$$

$$P\{\mu - 3\sigma < X \leqslant \mu + 3\sigma\} = \Phi(3) - \Phi(-3) = 2\Phi(3) - 1 = 0.9974.$$

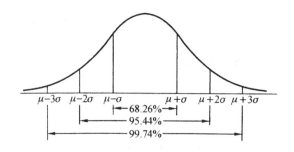

图 2-10　例 2.3.4 的插图

我们看到,尽管正态随机变量的取值范围是$(-\infty, +\infty)$,但它的值落在$(\mu - 3\sigma, \mu + 3\sigma)$内几乎是肯定的,这就是人们所说的"$3\sigma$"法则.顺便提一下,前几年比较流行"$6\sigma$管理",其中的$6\sigma$的本意是源于产品的不合格的概率为

$$1 - P\{\mu - 6\sigma < X \leqslant \mu + 6\sigma\} = 0.2 \times 10^{-8}(\text{百万分之 } 0.002),$$

但"6σ管理"演绎出的是一种管理的理念.

例 2.3.5　在某类人群中,假定人们的体重 $X \sim N(55, 10^2)$(单位:kg),任意选一人,试求:(1)他的体重在区间$[45, 65]$内的概率;(2)他的体重大于 85 的概率.

解　(1)根据推论 1 并查表,得

$$P\{45 \leqslant X \leqslant 65\} = P\left\{\frac{45 - 55}{10} \leqslant \frac{X - 55}{10} \leqslant \frac{65 - 55}{10}\right\}$$
$$= \Phi\left(\frac{65 - 55}{10}\right) - \Phi\left(\frac{45 - 55}{10}\right)$$
$$= \Phi(1) - \Phi(-1) = 2\Phi(1) - 1$$
$$= 0.6826.$$

(2)根据推论 1 并查表,得

$$P\{X > 85\} = 1 - P\{X \leqslant 85\} = 1 - \Phi\left(\frac{85 - 55}{10}\right)$$
$$= 1 - \Phi(3) = 0.0013.$$

定义 2.3.5　设 $X \sim N(0, 1)$,若 z_α 满足条件 $P\{X > z_\alpha\} = \alpha, 0 < \alpha < 1$,则称点 z_α 为标准正态分布的上侧 α 分位点(表 2-1,图 2-11).

表 2-1 列出了几个常用的 z_α 值. z_α 的值可查附表1——正态分布表.计算 z_α 的MATLAB程序,见附录B的例B.2.5的(1).

表 2-1　　　　　　　　　　　　几个常用的 z_α 值

α	0.001	0.005	0.01	0.025	0.05	0.10
z_α	3.090	2.576	2.327	1.960	1.645	1.282

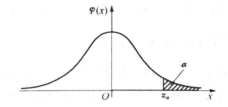

图 2-11　标准正态分布的上侧 α 分位点

另外，由 $\varphi(x)$ 图形的对称性知道 $z_{1-\alpha}=-z_\alpha$.

习题 2.3

1. 设随机变量 X 的概率密度为

$$f(x)=\begin{cases}cx, & 0\leqslant x\leqslant 1,\\ 0, & \text{其他}.\end{cases}$$

求：(1) 常数 c；(2) X 的分布函数 $F(x)$；(3) X 落在区间 $(0.3,0.7)$ 内的概率.

2. 设随机变量 X 的分布函数为

$$F(x)=\begin{cases}1-\mathrm{e}^{-x}, & x>0,\\ 0, & x\leqslant 0.\end{cases}$$

习题 2.3.2 详解

求：(1) $P\{X\leqslant 2\}$，$P\{X>3\}$；(2) X 的概率密度函数 $f(x)$.

3. 以 X 表示某商店从早上开始营业起直到第 1 个顾客到达的等待时间（以 min 计）的分布函数是

$$F(x)=\begin{cases}1-\mathrm{e}^{-0.4x}, & x>0,\\ 0, & x\leqslant 0.\end{cases}$$

求：(1) $P\{x\leqslant 3\}$；(2) $P\{x\geqslant 4\}$；(3) $P\{3\leqslant x\leqslant 4\}$；(4) $P\{x=2.5\}$.

4. 设随机变量 X 服从均匀分布 $U(7.5,20)$. (1) 写出 X 的概率密度函数 $f(x)$；(2) X 不超过 12 的概率是多少？(3) X 介于 $10\sim15$ 之间的概率是多少？介于 $12\sim17$ 之间的概率是多少？

5. 某地区 18 岁的女青年的血压（收缩压，以 mmHg 计）服从 $N(110,12^2)$，在该地区任选一 18 岁女青年，测量她的血压 X. 求 $P\{X\leqslant105\}$，$P\{100<X\leqslant120\}$；并确定最小的 x，使 $P\{X>x\}\leqslant0.05$.

6. 一工厂生产的电子管寿命 X（以 h 计）服从 $N(160,\sigma^2)$，若要求 $P\{120<X\leqslant200\}=0.8$，允许 σ 最大为多少？

2.4　随机变量函数的分布

本节要研究的问题是，如果已知随机变量 X 的分布，另一个随机变量 $Y=g(X)$ 是 X 的函数，如何求 Y 的分布. 这样的问题在实际中经常出现，例如，圆半径

X 是随机变量,已知 X 的分布,要求圆面积 $Y = \pi X^2$ 的分布等.

2.4.1 离散型随机变量函数的分布

设 X 为离散型随机变量,其分布律为 $P\{X = x_k\} = p_k, k = 1,2,\cdots$,随机变量 $Y = g(X)$,于是,Y 的所有可能值为 $y_k = g(x_k), k = 1,2,\cdots$,因此,$Y$ 也是离散型随机变量.

注意到当 $i \neq j$ 时,也有可能出现 $g(x_i) = g(x_j)$ 的情况,因此,Y 的分布律为

$$P\{Y = y_i\} = \sum_{g(x_k) = y_i} P\{X = x_k\}, \quad i = 1,2,\cdots.$$

一般情况下,当 X 为离散型随机变量时,都可以参照下例求随机变量 $Y = g(X)$ 的分布律.

例 2.4.1 设随机变量 X 的分布律如下表,试求 $Y = (X-1)^2$ 的分布律.

X	-1	0	1	2
p_k	0.2	0.3	0.1	0.4

解 根据题意,Y 的所有可能值为 $0,1,4$. 由于

$$P\{Y = 0\} = P\{(X-1)^2 = 0\} = P\{X = 1\} = 0.1,$$

$$P\{Y = 1\} = P\{(X-1)^2 = 1\} = P\{X = 0\} + P\{X = 2\} = 0.7,$$

$$P\{Y = 4\} = P\{(X-1)^2 = 4\} = P\{X = -1\} = 0.2.$$

于是得 $Y = (X-1)^2$ 的分布律如下表:

Y	0	1	4
p_k	0.1	0.7	0.2

2.4.2 连续型随机变量函数的分布

设 X 为连续型随机变量,其分布函数和密度函数分别为 $F_X(x)$ 和 $f_X(x)$,随机变量 $Y = g(X)$,要求 Y 的分布函数 $F_Y(y)$ 和密度函数 $f_Y(y)$.

例 2.4.2 设随机变量 X 具有概率密度

$$f(x) = \begin{cases} 2x, & 0 \leqslant x \leqslant 1, \\ 0, & \text{其他.} \end{cases}$$

求随机变量 $Y = 3X - 1$ 的概率密度.

解 分别记 X, Y 的分布函数为 $F_X(x), F_Y(y)$. 下面先求 $F_Y(y)$,然后再求 $f_Y(y)$.

$$F_Y(y) = P\{Y \leqslant y\} = P\{3X - 1 \leqslant y\} = P\left\{X \leqslant \frac{y+1}{3}\right\} = F_X\left(\frac{y+1}{3}\right).$$

根据分布函数和密度函数的关系,将 $F_Y(y)$ 关于 y 求导数,得 $Y = 3X - 1$ 的概率密度

$$f_Y(y) = F_X'\left(\frac{y+1}{3}\right) = f_X\left(\frac{y+1}{3}\right)\left(\frac{y+1}{3}\right)'$$

$$= \begin{cases} \dfrac{2}{3}\left(\dfrac{y+1}{3}\right) = \dfrac{2(y+1)}{9}, & -1 \leqslant y \leqslant 2, \\ 0, & \text{其他.} \end{cases}$$

例 2.4.3 设随机变量 X 具有概率密度 $f_X(x)$,$-\infty < x < +\infty$,试求 $Y = X^2$ 的概率密度.

解 分别记 X, Y 的分布函数为 $F_X(x), F_Y(y)$. 下面先求 $F_Y(y)$,然后再求 $f_Y(y)$.

由于 $Y = X^2 \geqslant 0$,所以,当 $y \leqslant 0$ 时,$F_Y(y) = 0$. 当 $y > 0$ 时,有

$$F_Y(y) = P\{Y \leqslant y\} = P\{X^2 \leqslant y\} = P\{-\sqrt{y} \leqslant X \leqslant \sqrt{y}\}$$

$$= F_X(\sqrt{y}) - F_X(-\sqrt{y}).$$

根据分布函数和密度函数的关系,将 $F_Y(y)$ 关于 y 求导数,得 $Y = X^2$ 的概率密度

$$f_Y(y) = \begin{cases} \dfrac{1}{2\sqrt{y}}[f_X(\sqrt{y}) + f_X(-\sqrt{y})], & y > 0, \\ 0, & \text{其他.} \end{cases}$$

例 2.4.2 和例 2.4.3 的做法具有一般性,下面给出一个一般性的结果.

定理 2.4.1 设随机变量 X 具有概率密度 $f_X(x)$,$-\infty < x < +\infty$,又设函数 $Y = g(X)$ 处处可导且恒有 $g'(x) > 0$(或恒有 $g'(x) < 0$),则随机变量 $Y = g(X)$ 的概率密度为

$$f_Y(y) = \begin{cases} f_X[h(y)] \mid h'(y) \mid, & \alpha < y < \beta, \\ 0, & \text{其他.} \end{cases}$$

式中,$\alpha = \min\{g(-\infty), g(+\infty)\}$,$\beta = \max\{g(-\infty), g(+\infty)\}$,$h(y)$ 是 $g(x)$ 的反函数.

例 2.4.4 设随机变量 $X \sim N(\mu, \sigma^2)$,证明 X 的线性函数 $Y = aX + b(a \neq 0)$ 也服从正态分布.

证明 X 的概率密度为

$$f_X(x) = \frac{1}{\sqrt{2\pi}\sigma} e^{-\frac{(x-\mu)^2}{2\sigma^2}}, \quad -\infty < x < +\infty.$$

现在，$y = ax + b(a \neq 0)$，由此解得 $x = h(y) = \frac{y-b}{a}$，且 $h'(y) = \frac{1}{a}$。

根据定理 2.4.1，得 $Y = aX + b(a \neq 0)$ 的概率密度为

$$f_Y(y) = \frac{1}{|a|} f_X\left(\frac{y-b}{a}\right) = \frac{1}{\sqrt{2\pi}\sigma|a|} e^{-\frac{\left(\frac{y-b}{a}-\mu\right)^2}{2\sigma^2}}$$

$$= \frac{1}{\sqrt{2\pi}\sigma|a|} e^{-\frac{[y-(b+\mu a)]^2}{2(a\sigma)^2}}, \quad -\infty < y < +\infty.$$

因此，$Y \sim N(b + \mu a, (a\sigma)^2)$。

若取 $a = \frac{1}{\sigma}, b = -\frac{\mu}{\sigma}$，得 $Y = \frac{X-\mu}{\sigma} \sim N(0,1)$，即为上一节定理 2.3.1 的结果。

本例用例 2.4.2 和例 2.4.3 的方法，但不用定理 2.4.1 的结果，也是可以的。

首先，根据 Y 与 X 的关系，求出 Y 的分布函数 $F_Y(y) = P\{Y \leqslant y\} = P\{aX + b \leqslant y\}$，即

$$F_Y(y) = \begin{cases} P\left\{X \leqslant \frac{y-b}{a}\right\} = F_X\left(\frac{y-b}{a}\right), & a > 0, \\ P\left\{X \geqslant \frac{y-b}{a}\right\} = 1 - F_X\left(\frac{y-b}{a}\right), & a < 0. \end{cases}$$

然后，根据分布函数与密度函数的关系，有

$$f_Y(y) = \begin{cases} f_X\left(\frac{y-b}{a}\right)\frac{1}{a}, & a > 0, \\ -f_X\left(\frac{y-b}{a}\right)\frac{1}{a}, & a < 0. \end{cases}$$

即

$$f_Y(y) = \frac{1}{|a|} f_X\left(\frac{y-b}{a}\right) = \frac{1}{\sqrt{2\pi}\sigma|a|} e^{-\frac{\left(\frac{y-b}{a}-\mu\right)^2}{2\sigma^2}}$$

$$= \frac{1}{\sqrt{2\pi}\sigma|a|} e^{-\frac{[y-(b+\mu a)]^2}{2(a\sigma)^2}}, \quad -\infty < y < +\infty.$$

因此，$Y \sim N(b + \mu a, (a\sigma)^2)$。

习题 2.4

1. 设随机变量 X 的分布律如下表,求 $Y = 2X - 1$ 和 $Z = X^2$ 的分布律.

X	-2	-1	0	1	3
p_k	1/5	1/6	1/5	1/15	11/30

2. 设随机变量 X 在区间 $(0,1)$ 上服从均匀分布,求 $Y = -2\ln X$ 的概率密度函数.

3. 对球的直径作测量,设其均匀地分布在 $[a,b]$ 内,求体积的概率密度函数.

4. 设离散型随机变量 X 的分布函数为

$$F_X(x) = \begin{cases} 0, & x < -1, \\ 0.3, & -1 \leqslant x < 1, \\ 0.8, & 1 \leqslant x < 2, \\ 1, & x \geqslant 2. \end{cases}$$

求 $Y = |X|$ 的分布函数 $F_Y(y)$.

习题 2.4.4 详解

5. 设随机变量 X 的概率密度为

$$f_X(x) = \begin{cases} 1+x, & -1 \leqslant x < 0, \\ 1-x, & 0 \leqslant x < 1, \\ 0, & \text{其他}. \end{cases}$$

求 $Y = X + 1$ 的概率密度函数.

6. 设随机变量 $X \sim N(0,1)$,求 $Y = X^2$ 的概率密度.

7. 某物体的温度 $T(℉)$ 是随机变量,且有 $T \sim N(98.6,2)$,已知 $\Theta = \frac{5}{9}(T - 32)$,试求 $\Theta(℃)$ 的概率密度.

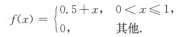

1. 设离散型随机变量 X 的分布律为 $P\{X = k\} = b\lambda^k (k = 1,2,\cdots; b$ 为正常数),求 λ 的值.

2. 设某射手每次射击击中目标的概率是 0.8,现在连续射击 30 次.求击中目标次数 X 的分布律.

3. 从一副扑克牌 52 张中发出 5 张,求其中黑桃张数的分布律.

4. 一批产品共 100 件,其中有 10 件次品,任意从中取 5 件,求取出次品数 X 的分布律及分布函数.

5. 包裹的特快专递(EMS)规定:每包不得超过 1kg. 令 X 为任选一个包裹的质量,其密度函数为

$$f(x) = \begin{cases} 0.5 + x, & 0 < x \leqslant 1, \\ 0, & \text{其他}. \end{cases}$$

复习题 2.5 详解

求:(1) 这类包裹的质量 X 至少为 $\frac{3}{4}$ kg 的概率是多少?(2) 这类包裹的质量 X 最多为 $\frac{1}{2}$ kg 的概率是多少?(3) 计算概率 $P\left\{\frac{1}{4} \leqslant X \leqslant \frac{3}{4}\right\}$.

6. 设随机变量 X 的概率密度 $f(x) = Ae^{-|x|}$,求系数 A 及分布函数 $F(x)$.

7. 设随机变量 X 的概率密度为

$$f(x) = \begin{cases} x, & 0 \leqslant x < 1, \\ 2-x, & 1 \leqslant x < 2, \\ 0, & \text{其他}. \end{cases}$$

求 X 的分布函数 $F(x)$.

8. 若随机变量 $X \sim N(2, \sigma^2)$,且 $P\{2 < X < 4\} = 0.3$,求 $P\{X < 0\}$.

9. 设 $\ln X \sim N(1, 2^2)$,求 $P\left\{\frac{1}{2} < X < 2\right\}$(注:$\ln 2 = 0.693$).

复习题 2.10 详解

10. 设 $X \sim N(0,1)$,求:(1)$Y = e^X$ 的概率密度;(2)$Z = 2X^2 + 1$ 的概率密度.

11. 一批零件中有 9 个合格品和 3 个废品.安装机器时,从这批零件中任取 1 个.如果每次取出的废品不再放回去,求在取得合格品之前已取出的废品数 X 的分布律.

12. 设 100 件产品中有 95 件合格品,5 件次品.现从中随机抽取 10 件,每次取 1 件,令 X 表示所取 10 件产品中的次品数.(1)若有放回地抽取,求 X 的分布律;(2)若无放回地抽取,求 X 的分布律;(3)对以上两种抽样分别求 10 件产品中至少有 2 件次品的概率.

13. 设离散型随机变量 X 的分布函数为

$$F(x) = \begin{cases} 0, & x < -1, \\ a, & -1 \leqslant x < 1, \\ \frac{2}{3} - a, & 1 \leqslant x < 2, \\ a + b, & x \geqslant 2, \end{cases}$$

且 $P\{X = 2\} = \frac{1}{2}$,求 a, b 的值.

14. 如果 X 的分布函数 $F(x)$ 具有连续的导数 $F'(x)$,试证 $F'(x)$ 是 X 的概率密度函数.

15. 由统计物理学知道分子运动的速率 X 服从麦克斯韦(Maxwell)分布,即概率密度为

$$f_X(x) = \begin{cases} \dfrac{4x^2}{\alpha^3 \sqrt{\pi}} e^{-\frac{x^2}{\alpha^2}}, & x > 0, \\ 0, & \text{其他}. \end{cases}$$

式中,参数 $\alpha > 0$,求分子的动能 $Y = \frac{1}{2} mX^2$ 的概率密度.

第 3 章 　　多维随机变量及其分布

在实际问题中,有些随机现象需要用 2 个或 2 个以上随机变量来描述. 例如,炮弹的弹着点我们要用定义在同一个样本空间上的 2 个随机变量来表示. 又如导弹在飞行过程中,其位置要用定义在同一个样本空间上的 3 个随机变量来描述.

3.1 　 二维随机变量及其分布

3.1.1 　 二维随机变量的定义、分布函数

定义 3.1.1 　 设 E 是一个随机试验,它的样本空间 $\Omega, \omega \in \Omega, X = X(\omega)$ 和 $Y = Y(\omega)$ 是定义在样本空间 Ω 上的随机变量,由它们构成的一个向量 (X, Y),叫做**二维随机向量**或**二维随机变量**.

第 2 章讨论的随机变量也叫一维随机变量. 我们用定义在同一个样本空间 Ω 上的 2 个一维随机变量 X 和 Y 分别表示炮弹弹着点的横坐标和纵坐标,则弹着点的位置可用二维随机变量 (X, Y) 来表示.

定义 3.1.2 　 设 (X, Y) 是二维随机变量,对于任意的实数 x, y,二元函数

$$F(x, y) = P\{(X \leqslant x) \bigcap (Y \leqslant y)\} \xlongequal{\text{记作}} P\{X \leqslant x, Y \leqslant y\}$$

称为二维随机变量 (X, Y) 的**分布函数**,或称为随机变量 X 和 Y 的**联合分布函数**.

如果将二维随机变量 (X, Y) 看成是平面上随机点的坐标,那么,分布函数 $F(x, y)$ 在 (x, y) 处的函数值就是随机点 (X, Y) 落在以点 (x, y) 为顶点而位于该点左下方的无穷矩形域内的概率,如图 3-1 所示.

根据上述解释,借助于图 3-2,容易算出随机点 (X, Y) 落在矩形 $[x_1 < x \leqslant x_2, y_1 < y \leqslant y_2]$ 内的概率为

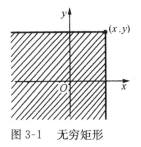

图 3-1 　 无穷矩形

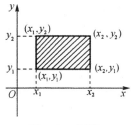

图 3-2 　 矩形

$$P\{x_1 < X \leqslant x_2, y_1 < Y \leqslant y_2\} = F(x_2, y_2) - F(x_1, y_2) - F(x_2, y_1) + F(x_1, y_1).$$

$$(3.1.1)$$

分布函数 $F(x, y)$ 的性质如下:

(1) $F(x, y)$ 是变量 x 或 y 的不减函数, 即对于任意固定的 y, 当 $x_2 > x_1$ 时, $F(x_2, y) \geqslant F(x_1, y)$; 对于任意固定的 x, 当 $y_2 > y_1$ 时, $F(x, y_2) \geqslant F(x, y_1)$.

(2) $0 \leqslant F(x, y) \leqslant 1$, 且对于任意固定的 y, $F(-\infty, y) = 0$; 对于任意固定的 x, $F(x, -\infty) = 0$; $F(-\infty, -\infty) = 0$, $F(+\infty, +\infty) = 1$.

事实上, 按定义 3.1.2, 对于任意固定的 x, 有 $F(x, -\infty) = P\{X \leqslant x, Y < -\infty\} = P(\varnothing) = 0$, $F(+\infty, +\infty) = P\{X < +\infty, Y < +\infty\} = P(\Omega) = 1$.

(3) $F(x, y) = F(x+0, y)$, $F(x, y) = F(x, y+0)$, 即 $F(x, y)$ 关于 x 右连续, 关于 y 也右连续.

(4) 对于任意的 $(x_1, y_1), (x_2, y_2)$, $x_1 < x_2, y_1 < y_2$, 下述不等式成立:
$$F(x_2, y_2) - F(x_1, y_2) - F(x_2, y_1) + F(x_1, y_1) \geqslant 0.$$

这个性质可以由式(3.1.1)及概率的非负性得到.

类似于一维随机变量, 对于二维随机变量, 我们也只讨论二维离散型随机变量和二维连续型随机变量.

3.1.2 二维离散型随机变量

定义 3.1.3 若二维随机变量 (X, Y) 的所有可能取到的不同值是有限对或可列无限多对时, 则称 (X, Y) 为**二维离散型随机变量**.

设离散型随机变量 (X, Y) 的所有可能取值为 $(x_i, y_j)(i, j = 1, 2, \cdots)$, 记 $P\{X = x_i, Y = y_j\} = p_{ij}(i, j = 1, 2, \cdots)$, 则由概率的定义, 有

(1) $p_{ij} \geqslant 0, i, j = 1, 2, \cdots$;

(2) $\sum\limits_{i=1}^{+\infty} \sum\limits_{j=1}^{+\infty} p_{ij} = 1$.

我们称 $P\{X = x_i, Y = y_j\} = p_{ij}(i, j = 1, 2, \cdots)$ 为二维离散型随机变量 (X, Y) 的**分布律**, 或称为随机变量 X 和 Y 的**联合分布律**.

我们也可以用表的形式来表示随机变量 X 和 Y 的联合分布律, 见下表:

Y ＼ X	x_1	x_2	$\cdots$	x_i	$\cdots$
y_1	p_{11}	p_{21}	$\cdots$	p_{i1}	$\cdots$
y_2	p_{12}	p_{22}	$\cdots$	p_{i2}	$\cdots$
$\vdots$	$\vdots$	$\vdots$		$\vdots$	
y_j	p_{1j}	p_{2j}	$\cdots$	p_{ij}	$\cdots$
$\vdots$	$\vdots$	$\vdots$		$\vdots$	

例 3.1.1 设 (X,Y) 的分布律如下表,求 $(1)P\{X+Y\leqslant 1\}$;$(2)F(0,1)$.

X Y	0	1
0	0.1	0.2
1	0.4	0.2
2	0.1	0

解 (1)由于事件"$X+Y\leqslant 1$"是由数对 $(0,0),(0,1),(1,0)$ 组成,则有 $P\{X+Y\leqslant 1\}=P\{X=0,Y=0\}+P\{X=0,Y=1\}+P\{X=1,Y=0\}=0.1+0.4+0.2=0.7$.

(2)根据联合分布函数的定义,有 $F(0,1)=P\{X\leqslant 0,Y\leqslant 1\}=P\{X=0,Y=0\}+P\{X=0,Y=1\}=0.1+0.4=0.5$.

例 3.1.2 设随机变量 X 在 $1,2,3,4$ 这 4 个整数中,等可能地取一个值,若 X 的值取定时,另一个随机变量 Y 在 $1\sim X$ 中,等可能地取一个整数值.求 (X,Y) 的分布律.

解 由于 $\{X=i,Y=j\}$ 的取值情况是 $i=1,2,3,4,j$ 取不大于 i 的正整数,根据乘法公式得

$$P\{X=i,Y=j\}=P\{Y=j\mid X=i\}P\{X=i\}=\frac{1}{i}\cdot\frac{1}{4}(i=1,2,3,4,j\leqslant i),$$

于是,得 (X,Y) 的分布律如下表:

X Y	1	2	3	4
1	$\frac{1}{4}$	$\frac{1}{8}$	$\frac{1}{12}$	$\frac{1}{16}$
2	0	$\frac{1}{8}$	$\frac{1}{12}$	$\frac{1}{16}$
3	0	0	$\frac{1}{12}$	$\frac{1}{16}$
4	0	0	0	$\frac{1}{16}$

与一维随机变量的情形类似,有

$$F(x,y)=\sum_{x_i\leqslant x}\sum_{y_j\leqslant y}p_{ij},$$

式中,和式是对一切满足 $x_i\leqslant x$ 和 $y_j\leqslant y$ 的 i,j 来求和的.

3.1.3 二维连续型随机变量

定义 3.1.4 对于以 $F(x,y)$ 为分布函数的二维随机变量 (X,Y),如果存在非负函数 $f(x,y)$ 使对于任意的 x,y,有

$$F(x,y) = \int_{-\infty}^{x} \int_{-\infty}^{y} f(u,v) \mathrm{d}u \mathrm{d}v,$$

则称(X,Y)为**二维连续型随机变量**,其中,函数$f(x,y)$称为(X,Y)的**概率密度函数**,或称为X和Y的**联合概率密度函数**.

按定义 3.1.4,$f(x,y)$有以下性质.

(1) 非负性. $f(x,y) \geqslant 0$.

(2) 正则性.

$$\int_{-\infty}^{+\infty} \int_{-\infty}^{+\infty} f(u,v) \mathrm{d}u \mathrm{d}v = F(+\infty, +\infty) = 1.$$

(3) 设G是xOy平面上的区域,则随机点(X,Y)落在G内的概率为

$$P\{(X,Y) \in G\} = \iint\limits_{G} f(x,y) \mathrm{d}x \mathrm{d}y.$$

(4) 若$f(x,y)$在点(x,y)连续,则有$\dfrac{\partial^2 F(x,y)}{\partial x \partial y} = f(x,y)$.

在几何上,$z = f(x,y)$表示空间的一张曲面. 根据性质(2),介于$f(x,y)$和xOy平面的空间区域的体积为 1. 根据性质(3),$P\{(X,Y) \in G\}$的值等于以G为底、以曲面$z = f(x,y)$为顶面的曲顶柱体的体积.

例 3.1.3   设二维随机变量(X,Y)具有概率密度

$$f(x,y) = \begin{cases} A \mathrm{e}^{-(2x+3y)}, & x > 0, y > 0, \\ 0, & \text{其他.} \end{cases}$$

求:(1) 常数A;(2) 概率$P\{0 \leqslant X < 1, 0 \leqslant Y < 2\}$.

解   (1) 根据联合密度函数的性质(2),有

$$\begin{aligned} 1 &= \int_{-\infty}^{+\infty} \int_{-\infty}^{+\infty} f(x,y) \mathrm{d}x \mathrm{d}y = A \int_{0}^{+\infty} \mathrm{e}^{-2x} \mathrm{d}x \int_{0}^{+\infty} \mathrm{e}^{-3y} \mathrm{d}y \\ &= \frac{1}{6} A, \end{aligned}$$

由此得$A = 6$.

(2) 根据联合密度函数的性质(3),有

$$\begin{aligned} P\{0 \leqslant X < 1, 0 \leqslant Y < 2\} &= \int_{0}^{1} \int_{0}^{2} 6 \mathrm{e}^{-(2x+3y)} \mathrm{d}x \mathrm{d}y = 6 \int_{0}^{1} \mathrm{e}^{-2x} \mathrm{d}x \int_{0}^{2} \mathrm{e}^{-3y} \mathrm{d}y \\ &= 6 \left(-\frac{1}{2} \mathrm{e}^{-2x} \right) \Big|_{0}^{1} \cdot \left(-\frac{1}{3} \mathrm{e}^{-3y} \right) \Big|_{0}^{2} \\ &= (1 - \mathrm{e}^{-2})(1 - \mathrm{e}^{-6}). \end{aligned}$$

例 3.1.4 设二维随机变量 (X,Y) 具有概率密度

$$f(x,y) = \begin{cases} \dfrac{1}{x^2 y^2}, & x > 1, y > 1, \\ 0, & \text{其他.} \end{cases}$$

求 $F(x,y)$.

解 当 $x \leqslant 1$ 或 $y \leqslant 1$ 时, $f(x,y) = 0$, 则 $F(x,y) = 0$.

当 $x > 1, y > 1$ 时,

$$F(x,y) = \int_{-\infty}^{x}\int_{-\infty}^{y} f(u,v)\mathrm{d}u\mathrm{d}v = \int_{1}^{x}\int_{1}^{y} \frac{1}{u^2 v^2}\mathrm{d}u\mathrm{d}v$$

$$= \left(1 - \frac{1}{x}\right)\left(1 - \frac{1}{y}\right),$$

所以有

$$F(x,y) = \begin{cases} \left(1 - \dfrac{1}{x}\right)\left(1 - \dfrac{1}{y}\right), & x > 1, y > 1, \\ 0, & \text{其他.} \end{cases}$$

以上关于二维随机变量的讨论,不难推广到 $n(n > 2)$ 维随机变量的情形. 一般地,设 E 是一个随机试验,它的样本空间为 $\Omega, X_1, X_2, \cdots, X_n$ 是定义在 Ω 的 n 个一维随机变量,由它们构成的一个 n 维向量 $(X_1, X_2, \cdots, X_n)$ 叫做 n **维随机向量**,或 n **维随机变量**. 与二维随机变量的情形类似,也可以定义 n 维随机变量的分布函数等.

习题 3.1

1. 设 (X,Y) 的分布律 $P\{X = i, Y = j\} = p_{ij}$ 如下表:

X \ Y	0	1	2	3	4	5
0	0.01	0.05	0.12	0.02	0	0.01
1	0.02	0	0.05	0.02	0.02
2	0	0.05	0.1	0	0.3	0.05
3	0.01	0	0.02	0.01	0.03	0.1

求 $P\{X < 2, Y \leqslant 2\}, P\{X \geqslant 2, Y > 4\}$ 和 $P\{X < 3, Y > 3\}$.

2. 一只袋中装有 4 只球,分别标有数字 1,2,2,3. 现从袋中任取 1 球后不放回,再从袋中任取 1 球,以 X, Y 分别表示第 1 次、第 2 次取得球上标有的数字. 求 (X,Y) 的分布律.

3. 设随机变量 (X,Y) 的分布律如下表:

X \ Y	-1	0
1	$\dfrac{1}{4}$	$\dfrac{1}{4}$
2	$\dfrac{1}{6}$	k

求:(1) 常数 k;(2)(X,Y) 的分布函数 $F(x,y)$.

4. 设随机变量(X,Y)的密度函数为

$$f(x,y)=\begin{cases} k(6-x-y), & 0<x<2,2<y<4,\\ 0, & \text{其他.} \end{cases}$$

习题 3.1.4 详解

(1) 确定常数 k;(2) 求 $P\{X<1,Y<3\}$.

5. 一台仪表由 2 个部件组成.以 X 和 Y 分别表示这 2 个部件的寿命(单位:h),设(X,Y)的分布函数为

$$F(x,y)=\begin{cases} 1-e^{-0.01x}-e^{-0.01y}+e^{-0.01(x+y)}, & x>0,y>0,\\ 0, & \text{其他.} \end{cases}$$

求这 2 个部件的寿命同时超过 120h 的概率.

6. 设二维随机变量(X,Y)具有概率密度

$$f(x,y)=\begin{cases} \dfrac{6}{5}(x+y^2), & 0<x<1,0<y<1,\\ 0, & \text{其他.} \end{cases}$$

求 $P\{0<X<0.5,0.4<Y<0.6\}$.

3.2　边缘分布

定义 3.2.1　二维随机变量(X,Y)作为一个整体,具有分布函数 $F(x,y)$,而 X 和 Y 作为一维随机变量分别也有分布函数,将它们分别记为 $F_X(x)$ 和 $F_Y(y)$,称 $F_X(x)$ 和 $F_Y(y)$ 分别为二维随机变量(X,Y) 关于 X 和关于 Y 的**边缘分布函数**.

边缘分布函数可以由联合分布函数来确定.事实上,$F_X(x)=P\{X\leqslant x\}=P\{X\leqslant x,Y<+\infty\}=F(x,+\infty)$,同样,$F_Y(y)=F(+\infty,y)$.

3.2.1　边缘分布律

对于二维离散型随机变量(X,Y),有 $F_X(x)=F(x,+\infty)=\sum\limits_{x_i\leqslant x}\sum\limits_{j=1}^{+\infty}p_{ij}$.

与一维离散型随机变量 X 的分布函数 $F_X(x)=\sum\limits_{x_i\leqslant x}P\{X=x_i\}$ 比较,得 X 的分布

律 $P\{X=x_i\}=\sum\limits_{j=1}^{+\infty}p_{ij}, i=1,2,\cdots.$ 同样,Y 的分布律为 $P\{Y=y_j\}=\sum\limits_{i=1}^{+\infty}p_{ij},$ 记

$$p_{i\cdot}=\sum_{j=1}^{+\infty}p_{ij}=P\{X=x_i\}, \quad i=1,2,\cdots,$$

$$p_{\cdot j}=\sum_{i=1}^{+\infty}p_{ij}=P\{Y=y_j\}, \quad j=1,2,\cdots.$$

定义 3.2.2 分别称 $p_{i\cdot}(i=1,2,\cdots)$ 和 $p_{\cdot j}(j=1,2,\cdots)$ 为二维离散型随机变量 (X,Y) 关于 X 和关于 Y 的**边缘分布律**.

例 3.2.1 设袋中装有 3 个球,分别标有号码 1,2,3,从中随机取 1 个球,不放回袋中,再随机取 1 个球,用 X,Y 分别表示第 1 次和第 2 次取得的球的号码,求 X 和 Y 的联合分布律以及边缘分布律.

解 (X,Y) 的可能取值为数组:(1,2),(1,3),(2,1),(2,3),(3,1),(3,2),根据乘法公式,得

$$p_{ij}=P\{X=x_i,Y=y_j\}=P\{X=x_i\}P\{Y=y_j\mid X=x_i\}.$$

具体计算结果见下表.

Y \ X	1	2	3	$p_{\cdot j}$
1	0	$\frac{1}{6}$	$\frac{1}{6}$	$\frac{1}{3}$
2	$\frac{1}{6}$	0	$\frac{1}{6}$	$\frac{1}{3}$
3	$\frac{1}{6}$	$\frac{1}{6}$	0	$\frac{1}{3}$
$p_{i\cdot}$	$\frac{1}{3}$	$\frac{1}{3}$	$\frac{1}{3}$	1

根据上表得 X 和 Y 的边缘分布律,分别见以下 2 个表所列.

X	1	2	3
$p_{i\cdot}$	$\frac{1}{3}$	$\frac{1}{3}$	$\frac{1}{3}$

Y	1	2	3
$p_{\cdot j}$	$\frac{1}{3}$	$\frac{1}{3}$	$\frac{1}{3}$

例 3.2.2 设一个整数 N 等可能地在 $1,2,\cdots,10$ 这 10 个值中取 1 个值. 设 $D=D(N)$ 是能整除 N 的正整数的个数,$F=F(N)$ 是能整除 N 的素数的个数(注意 1 不是素数). 试写出 D 和 F 的联合分布律,并求边缘分布律.

解 先将试验的样本点及 D,F 的取值情况列出,见下表:

样本点	1	2	3	4	5	6	7	8	9	10
D	1	2	2	3	2	4	2	4	3	4
F	0	1	1	1	1	2	1	1	1	2

D 的所有可能取值为 $1,2,3,4$；F 的所有可能取值为 $0,1,2$. 容易得到 (D,F) 取 (i,j) 的概率 $(i=1,2,3,4,j=0,1,2)$，例如，$P\{D=1,F=0\}=\frac{1}{10}$，$P\{D=2,F=1\}=\frac{4}{10}$，可得 D 和 F 的联合分布律以及边缘分布律，如下表所列.

F \ D	1	2	3	4	$P\{F=j\}$
0	$\frac{1}{10}$	0	0	0	$\frac{1}{10}$
1	0	$\frac{4}{10}$	$\frac{2}{10}$	$\frac{1}{10}$	$\frac{7}{10}$
2	0	0	0	$\frac{2}{10}$	$\frac{2}{10}$
$P\{D=i\}$	$\frac{1}{10}$	$\frac{4}{10}$	$\frac{2}{10}$	$\frac{3}{10}$	1

3.2.2 边缘密度函数

对于二维连续型随机变量 (X,Y)，设它的概率密度为 $f(x,y)$，由于

$$F_X(x)=F(x,+\infty)=\int_{-\infty}^{x}\left[\int_{-\infty}^{+\infty}f(x,y)\mathrm{d}y\right]\mathrm{d}x.$$

与一维连续型随机变量 X 的分布函数

$$F_X(x)=\int_{-\infty}^{x}f_X(x)\mathrm{d}x$$

比较，得 X 的概率密度为

$$f_X(x)=\int_{-\infty}^{+\infty}f(x,y)\mathrm{d}y.$$

同样，Y 的概率密度为

$$f_Y(y)=\int_{-\infty}^{+\infty}f(x,y)\mathrm{d}x.$$

定义 3.2.3 分别称

$$f_X(x) = \int_{-\infty}^{+\infty} f(x,y)\mathrm{d}y, \quad f_Y(y) = \int_{-\infty}^{+\infty} f(x,y)\mathrm{d}x$$

为(X,Y)关于X和关于Y的**边缘概率密度函数**.

例 3.2.3 设(X,Y)的概率密度为

$$f(x,y) = \begin{cases} \mathrm{e}^{-y}, & 0 < x < y, \\ 0, & \text{其他}, \end{cases}$$

求X与Y的边缘概率密度函数.

解 根据定义 3.2.3,得

$$f_X(x) = \int_{-\infty}^{+\infty} f(x,y)\mathrm{d}y = \begin{cases} \int_x^{+\infty} \mathrm{e}^{-y}\mathrm{d}y = \mathrm{e}^{-x}, & x > 0, \\ 0, & x \leqslant 0. \end{cases}$$

$$f_Y(y) = \int_{-\infty}^{+\infty} f(x,y)\mathrm{d}x = \begin{cases} \int_0^y \mathrm{e}^{-y}\mathrm{d}x = y\mathrm{e}^{-y}, & y > 0, \\ 0, & y \leqslant 0. \end{cases}$$

例 3.2.4 设二维连续型随机变量(X,Y)的概率密度为

$$f(x,y) = \frac{1}{2\pi\sigma_1\sigma_2\sqrt{1-\rho^2}}\exp\left\{-\frac{1}{2(1-\rho^2)}\left[\frac{(x-\mu_1)^2}{\sigma_1^2}\right.\right.$$

$$\left.\left. -2\rho\frac{(x-\mu_1)(y-\mu_2)}{\sigma_1\sigma_2} + \frac{(y-\mu_2)^2}{\sigma_2^2}\right]\right\},$$

$-\infty < x < +\infty, -\infty < y < +\infty$,其中,$\sigma_1 > 0, \sigma_2 > 0, \mu_1, \mu_2$均为常数,且$-1 < \rho < 1$,我们称$(X,Y)$服从参数为$\mu_1, \mu_2, \sigma_1, \sigma_2, \rho$的**二维正态分布**. 记为$(X,Y) \sim N(\mu_1, \mu_2; \sigma_1^2, \sigma_2^2; \rho)$,求二维正态随机变量的边缘概率密度.

解 根据定义 3.2.3,有$f_X(x) = \int_{-\infty}^{+\infty} f(x,y)\mathrm{d}y$. 由于

$$\frac{(y-\mu_2)^2}{\sigma_2^2} - 2\rho\frac{(x-\mu_1)(y-\mu_2)}{\sigma_1\sigma_2} = \left(\frac{y-\mu_2}{\sigma_2} - \rho\frac{x-\mu_1}{\sigma_1}\right)^2 - \rho^2\frac{(x-\mu_1)^2}{\sigma_1^2},$$

于是

$$f_X(x) = \frac{1}{2\pi\sigma_1\sigma_2\sqrt{1-\rho^2}}\mathrm{e}^{-\frac{(x-\mu_1)^2}{2\sigma_1^2}}\int_{-\infty}^{+\infty}\mathrm{e}^{-\frac{1}{2(1-\rho^2)}\left(\frac{y-\mu_2}{\sigma_2} - \rho\frac{x-\mu_1}{\sigma_1}\right)^2}\mathrm{d}y.$$

令 $t = \dfrac{1}{\sqrt{1-\rho^2}}\left(\dfrac{y-\mu_2}{\sigma_2} - \rho\,\dfrac{x-\mu_1}{\sigma_1}\right)$，则有

$$f_X(x) = \frac{1}{2\pi\sigma_1}\mathrm{e}^{-\frac{(x-\mu_1)^2}{2\sigma_1^2}}\int_{-\infty}^{+\infty}\mathrm{e}^{-\frac{t^2}{2}}\,\mathrm{d}t.$$

根据标准正态分布的概率密度及密度函数的性质，得

$$\int_{-\infty}^{+\infty}\mathrm{e}^{-\frac{t^2}{2}}\,\mathrm{d}t = \sqrt{2\pi},$$

于是

$$f_X(x) = \frac{1}{\sqrt{2\pi}\,\sigma_1}\mathrm{e}^{-\frac{(x-\mu_1)^2}{2\sigma_1^2}}, \quad -\infty < x < +\infty.$$

同理

$$f_Y(y) = \frac{1}{\sqrt{2\pi}\,\sigma_2}\mathrm{e}^{-\frac{(y-\mu_1)^2}{2\sigma_1^2}}, \quad -\infty < y < +\infty.$$

这个例子说明，二维正态分布的 2 个边缘分布都是一维正态分布，并且都不依赖于 ρ，即对于给定的 μ_1，μ_2，σ_1，σ_2，不同的 ρ 对应不同的二维正态分布，但它们的边缘分布却都是一样的. 这个事实说明，只有关于 X 与 Y 的边缘分布，一般是不能确定 X 与 Y 的联合分布的.

图 3-3 是二维正态分布 $N(0,0;1,1;0)$ 的密度函数图形.

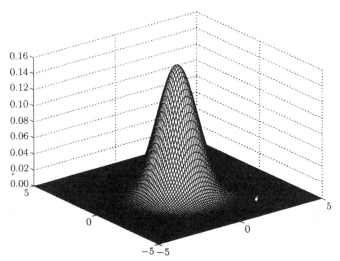

图 3-3　二维正态分布 $N(0,0;1,1;0)$ 的密度函数图形

1. (X,Y) 只取下列数组中的值 $(0,0),(-1,1),(-1,\frac{1}{3}),(2,0)$,且相应的概率依次为 $\frac{1}{6}$, $\frac{1}{3},\frac{1}{12},\frac{5}{12}$. 列出 (X,Y) 的分布律,并写出关于 X 和 Y 的边缘分布律.

2. 设二元随机变量 (X,Y) 的密度函数为

$$f(x,y)=\begin{cases} x^2+\dfrac{1}{3}xy, & 0<x<1,0<y<2,\\ 0, & \text{其他.} \end{cases}$$

求:(1)$P\{X>0.5\}$;(2)$P\{Y<X\}$.

3. 设二维随机变量 (X,Y) 在圆域 $x^2+y^2\leqslant 1$ 上服从均匀分布,其概率密度为

$$f(x,y)=\begin{cases} \dfrac{1}{\pi}, & x^2+y^2\leqslant 1,\\ 0, & \text{其他.} \end{cases}$$

求边缘概率密度 $f_X(x),f_Y(y)$.

4. 设 随 机 变 量 (X,Y) 的 概 率 密 度 函 数 为 $f(x,y)=$ $\begin{cases} C, & x^2\leqslant y\leqslant x,\\ 0, & \text{其他.} \end{cases}$ (1) 确定常数 C 的值;(2) 求边缘概率密度 $f_X(x),f_Y(y)$.

习题 3.2.4 详解

5. 设 X_1,X_2 均服从 $[0,4]$ 上的均匀分布,且 $P\{X_1\leqslant 3,X_2\leqslant 3\}=\dfrac{9}{16}$,求 $P\{X_1>3,X_2>3\}$.

6. 设二维随机变量 (X,Y) 的概率密度函数为

$$f(x,y)=a\exp\left\{-\dfrac{x^2+y^2}{200}\right\},\quad -\infty<x<+\infty,-\infty<y<+\infty,$$

(X,Y) 服从什么分布?

3.3 随机变量的独立性

由于在绝大多数情况下,概率论与数理统计是以独立随机变量为研究的主要对象,因此,随机变量的独立性是一个非常重要的概念. 随机变量的独立性是事件的独立性的一个推广.

定义 3.3.1 设 $F(x,y),F_X(x),F_Y(y)$ 分别为二维随机变量 (X,Y) 的分布函数及边缘分布函数,若对于任意的实数 x,y,有

$$P\{X\leqslant x,Y\leqslant y\}=P\{X\leqslant x\}P\{Y\leqslant y\},$$

即

$$F(x,y) = F_X(x)F_Y(y),$$

则称随机变量 X 和 Y 相互独立.

由于概率密度函数和分布律分别反映了连续型和离散型随机变量的概率性质,因此,根据定义 3.3.1 可以得到如下定理(这里只叙述,其证明见:何书元,《概率论与数理统计》).

定理 3.3.1 (1) 设 (X,Y) 为连续型随机变量,则 X 和 Y 相互独立的充分必要条件是对于任意的实数 x,y,有

$$f(x,y) = f_X(x)f_Y(y).$$

(2) 设 (X,Y) 为离散型随机变量,则 X 和 Y 相互独立的充分必要条件是对于 (X,Y) 的所有可能取的值 (x_i,y_j),有

$$P\{X=x_i,Y=y_j\} = P\{X=x_i\}P\{Y=y_j\}.$$

例 3.3.1 如果随机变量 X 和 Y 的联合密度函数为

$$f(x,y) = \begin{cases} 2\mathrm{e}^{-(2x+y)}, & x>0,y>0, \\ 0, & \text{其他}. \end{cases}$$

问 X 和 Y 是否相互独立?

解 容易求出

$$f_X(x) = \begin{cases} 2\mathrm{e}^{-2x}, & x>0, \\ 0, & x\leqslant 0. \end{cases}$$

$$f_Y(y) = \begin{cases} \mathrm{e}^{-y}, & y>0, \\ 0, & y\leqslant 0. \end{cases}$$

所以,对于任意的实数 x,y,有 $f(x,y) = f_X(x)f_Y(y)$,因此,X 与 Y 相互独立.

例 3.3.2 若 X 和 Y 的联合分布律如下表:

Y \ X	0	1	$P\{Y=j\}$
1	$\frac{1}{6}$	$\frac{2}{6}$	$\frac{1}{2}$
2	$\frac{1}{6}$	$\frac{2}{6}$	$\frac{1}{2}$
$P\{X=i\}$	$\frac{1}{3}$	$\frac{2}{3}$	1

问 X 与 Y 是否相互独立?

解 根据 X 和 Y 的联合分布律,有

$$P\{X=0, Y=1\} = \frac{1}{6} = P\{X=0\}P\{Y=1\},$$

$$P\{X=0, Y=2\} = \frac{1}{6} = P\{X=0\}P\{Y=2\},$$

$$P\{X=1, Y=1\} = \frac{2}{6} = P\{X=1\}P\{Y=1\},$$

$$P\{X=1, Y=2\} = \frac{2}{6} = P\{X=1\}P\{Y=2\}.$$

因此,X 与 Y 相互独立.

在例 3.2.2 中的随机变量 F 和 D,由于 $P\{D=1, F=0\} = 1/10 \neq P\{D=1\}P\{F=0\}$,因此,$F$ 和 D 不是相互独立的.

考虑二维正态随机变量 (X, Y),其概率密度为

$$f(x,y) = \frac{1}{2\pi\sigma_1\sigma_2\sqrt{1-\rho^2}}\exp\left\{-\frac{1}{2(1-\rho^2)}\left[\frac{(x-\mu_1)^2}{\sigma_1^2}\right.\right.$$

$$\left.\left.-2\rho\frac{(x-\mu_1)(y-\mu_2)}{\sigma_1\sigma_2} + \frac{(y-\mu_2)^2}{\sigma_2^2}\right]\right\},$$
$$-\infty < x < +\infty, \ -\infty < y < +\infty.$$

根据例 3.2.4,边缘密度分别为

$$f_X(x) = \frac{1}{\sqrt{2\pi}\sigma_1}e^{-\frac{(x-\mu_1)^2}{2\sigma_1^2}}, \quad -\infty < x < +\infty,$$

$$f_Y(y) = \frac{1}{\sqrt{2\pi}\sigma_2}e^{-\frac{(y-\mu_2)^2}{2\sigma_2^2}}, \quad -\infty < y < +\infty.$$

于是,$f_X(x), f_Y(y)$ 的乘积为

$$f_X(x)f_Y(y) = \frac{1}{2\pi\sigma_1\sigma_2}\exp\left\{-\frac{1}{2}\left[\frac{(x-\mu_1)^2}{\sigma_1^2} + \frac{(y-\mu_2)^2}{\sigma_2^2}\right]\right\}.$$

因此,如果 $\rho = 0$,则对于所有的 x, y,有 $f(x,y) = f_X(x)f_Y(y)$,即 X 与 Y 相互独立.

反之,如果 X 与 Y 相互独立,由于 $f(x,y), f_X(x), f_Y(y)$ 都是连续函数,故对于所有的 x, y,有 $f(x,y) = f_X(x)f_Y(y)$.特别地,令 $x = \mu_1, y = \mu_2$,从这个等式

得到 $\dfrac{1}{2\pi\sigma_1\sigma_2\sqrt{1-\rho^2}}=\dfrac{1}{2\pi\sigma_1\sigma_2}$，于是，$\rho=0$. 综上所述，得到以下结论：

对于二维正态随机变量 (X,Y)，X 与 Y 相互独立的充分必要条件是参数 $\rho=0$.

以上所述关于二维随机变量的一些概念，容易推广到 n 维随机变量的情形.

下面给出一个定理（但不证明），它在数理统计中是很有用的.

定理 3.3.2 设 $(X_1,X_2,\cdots,X_m)$ 与 $(Y_1,Y_2,\cdots,Y_n)$ 相互独立，则 $X_i(i=1,2,\cdots,m)$ 与 $Y_j(j=1,2,\cdots,n)$ 相互独立. 又若 h,g 是连续函数，则 $h(X_1,X_2,\cdots,X_m)$ 与 $g(Y_1,Y_2,\cdots,Y_n)$ 相互独立.

习题 3.3

1. 判断习题 3.2 的第 1 题及第 3 题中随机变量 X 与 Y 的独立性.

2. 判断在例 3.2.3 中随机变量 X 与 Y 的独立性.

3. 随机变量 (X,Y) 在矩形区域 $D=\{(x,y)\mid a<x<b,c<y<d\}$ 内服从均匀分布，求联合概率密度与边缘概率密度，并判断 X 与 Y 的独立性.

4. 设二维随机变量 (X,Y) 的分布律如下表，并且 X,Y 相互独立，求 a,b,c 的值.

Y \ X	x_1	x_2	x_3
y_1	a	1/9	c
y_2	1/9	b	1/3

5. 设 X 和 Y 是 2 个相互独立的随机变量，X 在 $(0,1)$ 上服从均匀分布，Y 服从参数为 $\theta=2$ 的指数分布，求关于 a 的方程 $a^2+2Xa+Y=0$ 有实根的概率. 习题 3.3.5 详解

3.4 两个随机变量函数的分布

解决两个随机变量函数的分布的方法与一维随机变量函数的分布的方法是一样的，只是前者比后者复杂得多. 本节我们仅对几种特殊的情形加以讨论.

3.4.1 $Z=X+Y$ 的分布

3.4.1.1 离散型随机变量和的分布

例 3.4.1 已知随机变量 X 和 Y 的联合分布律如下表：

(X,Y)	(0,0)	(0,1)	(1,0)	(1,1)	(2,0)	(2,1)
$P\{X=x,Y=y\}$	0.10	0.15	0.25	0.20	0.15	0.15

求 $Z=X+Y$ 的分布律.

解 根据 X 和 Y 的联合分布律，$Z=X+Y$ 的可能取值是 $0,1,2,3$，则 $Z=X+Y$ 的分布律为

$$P\{Z=0\} = P\{X+Y=0\} = P\{X=0,Y=0\} = 0.10;$$

$$P\{Z=1\} = P\{X+Y=1\} = P\{X=0,Y=1\} + P\{X=1,Y=0\}$$
$$= 0.15 + 0.25 = 0.40;$$

$$P\{Z=2\} = P\{X+Y=2\} = P\{X=1,Y=1\} + P\{X=2,Y=0\}$$
$$= 0.20 + 0.15 = 0.35;$$

$$P\{Z=3\} = P\{X+Y=3\} = P\{X=2,Y=1\} = 0.15.$$

把上述计算结果列成下表：

Z	0	1	2	3
$P\{Z=k\}$	0.10	0.40	0.35	0.15

3.4.1.2　连续型随机变量和的分布

例 3.4.2　设二维连续型随机变量 (X,Y) 的概率密度为 $f(x,y)$，求 $Z = X + Y$ 的概率密度.

解　(1) 先求 $Z = X + Y$ 的分布函数.

$$F_Z(z) = P\{Z \leqslant z\} = P\{X+Y \leqslant z\} = \iint\limits_{x+y \leqslant z} f(x,y)\mathrm{d}x\mathrm{d}y,$$

这里，积分区域 $G = \{(x,y) \mid x+y \leqslant z\}$ 是直线 $x+y=z$ 及其左下方的半平面，如图 3-4 所示.

化累次积分，得

$$F_Z(z) = \int_{-\infty}^{+\infty}\left[\int_{-\infty}^{z-y} f(x,y)\mathrm{d}x\right]\mathrm{d}y.$$

固定 z 和 y，作变量替换，令 $x = u - y$，得

$$\int_{-\infty}^{z-y} f(x,y)\mathrm{d}x = \int_{-\infty}^{z} f(u-y,y)\mathrm{d}u,$$

于是

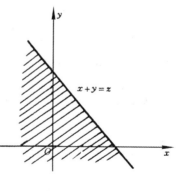

图 3-4　积分区域

$$F_Z(z) = \int_{-\infty}^{+\infty}\left[\int_{-\infty}^{z} f(u-y,y)\mathrm{d}u\right]\mathrm{d}y$$
$$= \int_{-\infty}^{z}\left[\int_{-\infty}^{+\infty} f(u-y,y)\mathrm{d}y\right]\mathrm{d}u.$$

(2) 再求 $Z = X + Y$ 的概率密度.

根据分布函数和概率密度的关系，得 $Z = X + Y$ 的概率密度

$$f_Z(z) = \int_{-\infty}^{+\infty} f(z-y, y)\mathrm{d}y.$$

由 X 和 Y 的对称性,$f_Z(z)$ 又可以写成

$$f_Z(z) = \int_{-\infty}^{+\infty} f(x, z-x)\mathrm{d}x.$$

特别地,当 X 与 Y 相互独立时,设 (X,Y) 关于 X 和 Y 的边缘概率密度为 $f_X(x), f_Y(y)$,则有

$$f_Z(z) = \int_{-\infty}^{+\infty} f_X(z-y)f_Y(y)\mathrm{d}y, \quad f_Z(z) = \int_{-\infty}^{+\infty} f_X(x)f_Y(z-x)\mathrm{d}x.$$

这两个公式称为**卷积公式**,记为 $f_X * f_Y$,即

$$f_X * f_Y = \int_{-\infty}^{+\infty} f_X(z-y)f_Y(y)\mathrm{d}y = \int_{-\infty}^{+\infty} f_X(x)f_Y(z-x)\mathrm{d}x.$$

例 3.4.3 设 X 和 Y 是相互独立的随机变量,它们都服从 $N(0,1)$,其概率密度为

$$f_X(x) = \frac{1}{\sqrt{2\pi}}\mathrm{e}^{-\frac{x^2}{2}}, \quad -\infty < x < +\infty;$$

$$f_Y(y) = \frac{1}{\sqrt{2\pi}}\mathrm{e}^{-\frac{y^2}{2}}, \quad -\infty < y < +\infty.$$

求 $Z = X + Y$ 的概率密度.

解 根据卷积公式,得 $Z = X + Y$ 的概率密度

$$f_Z(z) = \int_{-\infty}^{+\infty} f_X(x)f_Y(z-x)\mathrm{d}x = \frac{1}{2\pi}\int_{-\infty}^{+\infty} \mathrm{e}^{-\frac{x^2}{2}}\mathrm{e}^{-\frac{(z-x)^2}{2}}\mathrm{d}x$$

$$= \frac{1}{2\pi}\mathrm{e}^{-\frac{z^2}{4}}\int_{-\infty}^{+\infty} \mathrm{e}^{-(x-\frac{z}{2})^2}\mathrm{d}x.$$

令 $t = x - \frac{z}{2}$,得

$$f_Z(z) = \frac{1}{2\pi}\mathrm{e}^{-\frac{z^2}{4}}\int_{-\infty}^{+\infty} \mathrm{e}^{-t^2}\mathrm{d}t = \frac{1}{2\pi}\mathrm{e}^{-\frac{z^2}{4}}\sqrt{\pi} = \frac{1}{2\sqrt{\pi}}\mathrm{e}^{-\frac{z^2}{4}}, \quad -\infty < z < +\infty.$$

即 $Z = X + Y$ 服从 $N(0,2)$.

一般地,设 X 和 Y 相互独立,$X \sim N(\mu_1, \sigma_1^2)$,$Y \sim N(\mu_2, \sigma_2^2)$,则 $Z = X + Y$ 仍然服从正态分布,且 $Z \sim N(\mu_1 + \mu_2, \sigma_1^2 + \sigma_2^2)$.这个结论可以推广到 n 个相互独立的

正态随机变量之和的情形. 即 $X_i \sim N(\mu_i, \sigma_i^2)$, $i = 1,2,\cdots,n$, 且它们相互独立, 则 $Z = X_1 + X_2 + \cdots + X_n$ 仍然服从正态分布, 且 $Z \sim N(\mu_1 + \mu_2 + \cdots + \mu_n, \sigma_1^2 + \sigma_2^2 + \cdots + \sigma_n^2)$.

更一般地, 可以证明, 有限个相互独立的正态随机变量的线性组合仍然服从正态分布, 即 $X_i \sim N(\mu_i, \sigma_i^2)$, $i = 1,2,\cdots,n$, 且它们相互独立, 则 $Z = c_1 X_1 + c_2 X_2 + \cdots + c_n X_n$ 仍然服从正态分布($c_1, c_2, \cdots, c_n$ 不全为零), 且 $Z \sim N(c_1\mu_1 + c_2\mu_2 + \cdots + c_n\mu_n, c_1^2\sigma_1^2 + c_2^2\sigma_2^2 + \cdots + c_n^2\sigma_n^2)$. 称这个性质为正态分布的可加性.

3.4.2 $M = \max\{X,Y\}$ 和 $N = \min\{X,Y\}$ 的分布

例 3.4.4 设二维随机变量(X,Y)的分布律如下表. 求 $Z = \max\{X,Y\}$ 的分布律.

Y\X	0	1
0	0.25	0.25
1	0.25	0.25

解 由于 $Z = \max\{X,Y\}$ 的可能取值为 0,1, 则有
$$P\{Z = 0\} = P\{X = 0, Y = 0\} = 0.25.$$
$$P\{Z = 1\} = P\{X = 0, Y = 1\} + P\{X = 1, Y = 0\} + P\{X = 1, Y = 1\}$$
$$= 0.25 + 0.25 + 0.25$$
$$= 0.75.$$
所以, $Z = \max\{X,Y\}$ 的分布律为

Z	0	1
p_k	0.25	0.75

例 3.4.5 设 X 和 Y 是两个相互独立的随机变量, 它们的分布函数分别是 $F_X(x)$ 和 $F_Y(y)$, 求 $M = \max\{X,Y\}$ 及 $N = \min\{X,Y\}$ 的分布函数.

解 (1) 由于 $P\{M \leqslant z\} = P\{X \leqslant z, Y \leqslant z\}$, 又, X 与 Y 是相互独立的, 于是有
$$F_{\max}(z) = P\{M \leqslant z\} = P\{X \leqslant z, Y \leqslant z\} = P\{X \leqslant z\}P\{Y \leqslant z\}$$
$$= F_X(z)F_Y(z).$$
(2) 与(1)类似, 可得 $N = \min\{X,Y\}$ 的分布函数为
$$F_{\min}(z) = P\{N \leqslant z\} = 1 - P\{N > z\} = 1 - P\{X > z, Y > z\}$$
$$= 1 - P\{X > z\}P\{Y > z\} = 1 - [1 - F_X(z)][1 - F_Y(z)].$$

以上结果容易推广到 n 个相互独立的随机变量的情形. 设 $X_1, X_2, \cdots, X_n$ 是 n 个相互独立的随机变量, 它们的分布函数分别为 $F_{X_i}(x), i=1,2,\cdots,n$, 则 $M = \max\{X_1, X_1, \cdots, X_n\}$ 及 $N = \min\{X_1, X_1, \cdots, X_n\}$ 的分布函数分别为

$$F_{\max}(z) = F_{X_1}(z)F_{X_2}(z)\cdots F_{X_n}(z),$$

$$F_{\min}(z) = 1 - [1-F_{X_1}(z)][1-F_{X_2}(z)]\cdots[1-F_{X_n}(z)].$$

特别地, 当 $X_1, X_2, \cdots, X_n$ 相互独立且具有相同的分布函数 $F(x)$ 时, 有 $F_{\max}(z) = [F(z)]^n, F_{\min}(z) = 1 - [1-F(z)]^n$.

例 3.4.6 设系统 L 由 2 个相互独立的子系统 L_1 和 L_2 联接而成, 联接的方式分别为(1)串联,(2)并联,(3)备用(当系统 L_1 损坏时, 系统 L_2 开始工作), 如图 3-5 所示. 设 L_1 和 L_2 的寿命分别为 X 和 Y, 已知它们的概率密度分别为

$$f_X(x) = \begin{cases} \alpha e^{-\alpha x}, & x > 0, \\ 0, & x \leqslant 0, \end{cases}$$

$$f_Y(y) = \begin{cases} \beta e^{-\beta y}, & y > 0, \\ 0, & y \leqslant 0, \end{cases}$$

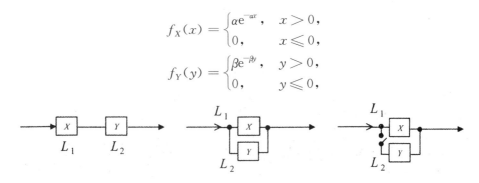

图 3-5　子系统的联接方式

式中, $\alpha > 0, \beta > 0$ 且 $\alpha \neq \beta$. 试分别就以上 3 种联接方式求出系统 L 的寿命 Z 的概率密度.

解　(1)串联情况. 由于当 L_1 和 L_2 中有一个损坏时, 系统 L 就停止工作, 所以, 此时系统 L 的寿命为 $Z = \min\{X, Y\}$. 根据 L_1 和 L_2 的寿命的概率密度, 可以得到 L_1 和 L_2 的寿命的分布函数分别为

$$F_X(x) = \begin{cases} 1-e^{-\alpha x}, & x > 0, \\ 0, & x \leqslant 0, \end{cases} \qquad F_Y(y) = \begin{cases} 1-e^{-\beta y}, & y > 0, \\ 0, & y \leqslant 0, \end{cases}$$

则 $Z = \min\{X, Y\}$ 的分布函数为

$$F_Z(z) = 1-[1-F_X(z)][1-F_Y(z)] = \begin{cases} 1-e^{-(\alpha+\beta)z}, & z > 0, \\ 0, & z \leqslant 0, \end{cases}$$

所以, $Z = \min\{X, Y\}$ 的概率密度为

$$f_Z(z) = \begin{cases} (\alpha + \beta) \mathrm{e}^{-(\alpha+\beta)z}, & z > 0, \\ 0, & z \leqslant 0. \end{cases}$$

(2) 并联情况. 由于当且仅当 L_1 和 L_2 都损坏时,系统 L 才停止工作,所以,此时系统 L 的寿命为 $Z = \max\{X, Y\}$. 则 $Z = \max\{X, Y\}$ 的分布函数为

$$F_Z(z) = F_X(z)F_Y(z) = \begin{cases} (1 - \mathrm{e}^{-\alpha z})(1 - \mathrm{e}^{-\beta z}), & z > 0, \\ 0, & z \leqslant 0, \end{cases}$$

所以,$Z = \max\{X, Y\}$ 的概率密度为

$$f_Z(z) = \begin{cases} \alpha\mathrm{e}^{-\alpha z} + \beta\mathrm{e}^{-\beta z} - (\alpha + \beta)\mathrm{e}^{-(\alpha+\beta)z}, & z > 0, \\ 0, & z \leqslant 0. \end{cases}$$

(3) 备用情况. 由于此时当系统 L_1 损坏时,系统 L_2 开始工作,因此,此时系统 L 的寿命为 $Z = X + Y$.

当 $z \leqslant 0$ 时,$f_Z(z) = 0$.

当 $z > 0$ 时,根据卷积公式,得

$$f_Z(z) = \int_{-\infty}^{\infty} f_X(z - y) f_Y(y) \mathrm{d}y = \int_0^z \alpha\mathrm{e}^{-\alpha(z-y)} \beta\mathrm{e}^{-\beta y} \mathrm{d}y$$

$$= \alpha\beta\mathrm{e}^{-\alpha z} \int_0^z \mathrm{e}^{-(\beta-\alpha)y} \mathrm{d}y = \frac{\alpha\beta}{\beta - \alpha}(\mathrm{e}^{-\alpha z} - \mathrm{e}^{-\beta z}).$$

因此,$Z = X + Y$ 的概率密度为

$$f_Z(z) = \begin{cases} \dfrac{\alpha\beta}{\beta - \alpha}(\mathrm{e}^{-\alpha z} - \mathrm{e}^{-\beta z}), & z > 0, \\ 0, & z \leqslant 0. \end{cases}$$

习题 3.4

1. 一生产小组由甲、乙两工人组成,甲工人每天出废品数 X 的分布律为

X	0	1	2
p_k	0.8	0.2	0

而乙工人每天出废品数 Y 的分布律为

Y	0	1	2
p_k	0.7	0.2	0.1

2 位工人生产互不影响,求该小组每天出废品数 $X + Y$ 的分布律.

2. 把 2 个白球随机地放入编号为 1,2,3,4 的 4 个盒子,X_i 表示第 i 个盒子内球的数目($i = 1, 2, 3, 4$),试求编号为 1 和 2 的 2 个盒子内球的数目之和 $X_1 + X_2$ 的分布律.

3. 对某种电子装置的输出测量了 4 次,得到观察值 X_1,X_2,X_3,X_4,假设它们相互独立且都服从同一分布,其分布函数为 $F(y)=\begin{cases}1-\mathrm{e}^{-\frac{y^2}{8}}, & y\geqslant 0,\\ 0, & \text{其他}.\end{cases}$ 令 $X=\max\{X_1,X_2,X_3,X_4\}$,求 $F_X(x)$ 和 $F_X(4)$.

4. 甲、乙两人独立地各进行 2 次射击,假设甲的命中率为 0.2,乙的命中率为 0.5,以 X 和 Y 分别表示甲和乙的命中次数,试求 X 和 Y 的联合分布律,并分别求 $M=\max\{X,Y\}$,$N=\min\{X,Y\}$ 的分布律.

5. 设随机变量 X_1,X_2,独立同分布 $P\{X_i=k\}=\dfrac{1}{3}(k=1,2,3;i=1,2)$,随机变量 $M=\max\{X_1,X_2\}$,$N=\min\{X_1,X_2\}$.(1) 求 M,N 的联合分布律;(2) 判断 M 与 N 的独立性;(3) 求 $P\{M+N\leqslant 3\}$.

6. 设 X 和 Y 是两个相互独立的随机变量,其概率密度分别为
$$f_X(x)=\begin{cases}1, & 0\leqslant x<1,\\ 0, & \text{其他},\end{cases}\qquad f_Y(y)=\begin{cases}\mathrm{e}^{-y}, & y>0,\\ 0, & \text{其他}.\end{cases}$$
求随机变量 $Z=X+Y$ 的概率密度.

7. 在例 3.4.4 中,求 $\min\{X,Y\}$ 的分布律.

习题 3.4.7 详解

复习题 3

1. 在一箱子中装有 12 只开关,其中 2 只是次品,在其中取 2 次,每次任取 1 只,考虑 2 种试验:(1) 放回抽样;(2) 不放回抽样. 我们定义随机变量 X,Y 如下:
$$X=\begin{cases}0, & \text{若第 1 次取出的是正品},\\ 1, & \text{若第 1 次取出的是次品};\end{cases}\qquad Y=\begin{cases}0, & \text{若第 2 次取出的是正品},\\ 1, & \text{若第 2 次取出的是次品}.\end{cases}$$
试分别就两种情况写出 X 和 Y 的联合分布律. 判断第二种情况下 X 与 Y 的独立性.

2. 某图书馆一天的读者人数 $X\sim P(\lambda)$,一读者借书的概率为 p,各读者借书与否相互独立. 记一天读者借书的人数为 Y,求 X 与 Y 的联合分布律.

3. 设 X,Y 是相互独立的随机变量,下表列出随机变量 (X,Y) 的分布律及关于 X 和 Y 的边缘分布律中的部分数值,试将其余数值填入下表的空白处.

X \ Y	y_1	y_2	y_3	$p_i.$
x_1		$\dfrac{1}{8}$		
x_2	$\dfrac{1}{8}$			
$p_{\cdot j}$	$\dfrac{1}{6}$			1

4. 设二维随机变量 (X,Y) 的密度函数为

$$f(x,y) = \begin{cases} 4.8y(2-x), & 0 \leqslant x \leqslant 1, 0 \leqslant y \leqslant x, \\ 0, & \text{其他.} \end{cases}$$

求边缘概率密度,并判断 X 与 Y 的独立性.

复习题3.4详解

5. 已知二维随机变量 (X,Y) 的分布律如下表所列:

X \ Y	2	4	6
1	$\frac{1}{6}$	$\frac{1}{12}$	$\frac{1}{12}$
3	$\frac{2}{6}$	$\frac{1}{6}$	$\frac{1}{6}$

求:(1) $Z = X+Y$ 的分布律;(2) $M = \max\{X,Y\}$ 的分布律;(3) $N = \min\{X,Y\}$ 的分布律.

6. 设二维随机变量 (X,Y) 的概率密度函数为

$$f(x,y) = \begin{cases} ae^{-y}, & 0 < x < y, \\ 0, & \text{其他.} \end{cases}$$

复习题3.6详解

(1) 求常数 a;(2) 计算 $f_X(x), f_Y(y)$;(3) 求 $P\{X+Y \leqslant 1\}$.

7. 设 随机变量 $X \sim P(\lambda)$,随机变量 $Y = \max\{X,2\}$,试求 X,Y 的联合分布律及边缘分布律.

8. 设 X,Y 是相互独立的随机变量,其分布律为

$$P\{X=k\} = p(k), k = 0,1,2,\cdots; \quad P\{Y=r\} = q(r), r = 0,1,2,\cdots.$$

证明随机变量 $Z = X+Y$ 的分布律为

$$P\{Z=i\} = \sum_{k=0}^{i} p(k)q(i-k), \quad i = 0,1,2,\cdots.$$

9. 设随机变量 X,Y 的概率密度为

$$f(x,y) = \begin{cases} \frac{1}{2}(x+y)e^{-(x+y)}, & x > 0, y > 0, \\ 0, & \text{其他.} \end{cases}$$

(1) 问 X 与 Y 是否独立?(2) 求 $Z = X+Y$ 的概率密度.

10. 设离散型随机变量 X_1, X_2 的分布律如下表:

X_i	-1	0	1
p_k	$\frac{1}{4}$	$\frac{1}{2}$	$\frac{1}{4}$

且 $P\{X_1 X_2 = 0\} = 1$,求 $P\{X_1 = X_2\}$ 的值.

11. 设随机变量 (X,Y) 的分布函数 $F(x,y) = A\left(B + \arctan\frac{x}{2}\right)\left(C + \arctan\frac{y}{3}\right)$, $-\infty < x$, $y < +\infty$,求(1) A,B,C;(2) (X,Y) 的概率密度;(3) X 与 Y 的边缘概率密度;(4) 判断 X 与 Y 是否相互独立;(5) $P\{0 < X \leqslant 2, Y < 3\}$.

12. 设二维随机变量 (X,Y) 的概率密度函数为

$$f(x,y) = \begin{cases} x\mathrm{e}^{-y}, & 0 < x < y, \\ 0, & \text{其他.} \end{cases}$$

求 (X,Y) 的分布函数 $F(x,y)$.

13. 设随机变量 X,Y 独立,同时服从几何分布 $P\{X=k\} = q^{k-1}p(k=1,2,\cdots)$,(1)求 $M = \max\{X,Y\}$ 的分布律;(2)求 (M,X) 的分布律.

14. 设随机变量 (X,Y) 的概率密度为

$$f(x,y) = \begin{cases} b\mathrm{e}^{-(x+y)}, & 0 < x < 1, 0 < y < +\infty, \\ 0, & \text{其他.} \end{cases}$$

(1)试确定常数 b;(2)求边缘概率密度 $f_X(x), f_Y(y)$;(3)求函数 $U = \max\{X,Y\}$ 的分布函数.

第 4 章　随机变量的数字特征

前面我们所讨论的随机变量的分布函数,能够完整地描述随机变量的统计特性.但在一些实际问题中,随机变量的分布函数难以确定,有时并不需要去全面考察随机变量的变化情况,而只需要知道它的某些特征,因而并不需要求出它的分布函数.例如,我们评定某个班学生的某门课程成绩的好坏时,我们只关心其平均成绩以及每个学生的成绩与平均成绩的偏离程度.这种与随机变量有关的数值,虽然不能完整地描述随机变量,但能描述随机变量在某些方面的重要特性.这种由随机变量所确定的,能刻画随机变量在某些方面特性的数值的量,叫做数字特征,它在理论和实际应用上具有重要意义.本章将介绍随机变量的常用数字特征:数学期望、方差、协方差、相关系数和矩.

4.1　数学期望

先看一个例子.

例 4.1.1　某射手对一个靶子进行射击,该射手共射击 N 次,其中得 0 分的 n_0 次,得 1 分的 n_1 次,得 2 分的 n_2 次,得 3 分的 n_3 次,$n_0 + n_1 + n_2 + n_3 = N$.用 X 表示每次射击所得分数,其频率如下表.问该射手平均每次射击得分是多少?

X	0	1	2	3
频率	$\dfrac{n_0}{N}$	$\dfrac{n_1}{N}$	$\dfrac{n_2}{N}$	$\dfrac{n_3}{N}$

解　根据题意,射击 N 次总得分数为 $n_0 \times 0 + n_1 \times 1 + n_2 \times 2 + n_3 \times 3$,于是,平均每次射击的得分为

$$\frac{n_0 \times 0 + n_1 \times 1 + n_2 \times 2 + n_3 \times 3}{N} = \sum_{i=0}^{3} i \frac{n_i}{N}.$$

这里,$\dfrac{n_i}{N}$ 是事件 $\{X = i\}$ 的频率($i = 0, 1, 2, 3$).根据概率的统计定义可知,一个事件的概率等于该事件频率的稳定值,并近似等于该事件的频率,即 $P\{X = i\} \approx \dfrac{n_i}{N}$.在第 5 章中将会介绍,当 N 很大时,事件 $\{X = i\}$ 的频率 $\dfrac{n_i}{N}$ 在一定的意义下接近于事件 $\{X = i\}$ 的概率 $P\{X = i\}$.我们用 $\sum_{i=0}^{3} i P\{X = i\}$ 表示随机变量 X 的均值.

这种以概率为"权"的加权平均值正是随机变量的数学期望(或均值)的直观意义.

4.1.1 数学期望的定义

定义 4.1.1 (1) 设离散型随机变量 X 的分布律为 $P\{X = x_k\} = p_k, k = 1,$ $2, \cdots,$ 若级数 $\sum\limits_{k=1}^{+\infty} x_k p_k$ 绝对收敛,则称 $\sum\limits_{k=1}^{+\infty} x_k p_k$ 为随机变量 X 的**数学期望** (expectation),记为 $E(X)$,即 $E(X) = \sum\limits_{k=1}^{+\infty} x_k p_k.$

(2) 设连续型随机变量 X 的概率密度为 $f(x)$,若积分 $\int_{-\infty}^{+\infty} xf(x)\mathrm{d}x$ 绝对收敛,则称 $\int_{-\infty}^{+\infty} xf(x)\mathrm{d}x$ 为随机变量 X 的**数学期望**,记为 $E(X)$,即 $E(X) = \int_{-\infty}^{+\infty} xf(x)\mathrm{d}x.$ 数学期望简称**期望**,又称**均值**.

例 4.1.2 甲、乙两人进行打靶,所得分数分别记为 X_1, X_2,它们的分布律分别如下表:

X_1	0	1	2
p_k	0	0.2	0.8

X_2	0	1	2
p_k	0.6	0.3	0.1

试评定他们成绩的好坏.

解 按离散型随机变量数学期望的定义,得

$$E(X_1) = 0 \times 0 + 1 \times 0.2 + 2 \times 0.8 = 1.8,$$

$$E(X_2) = 0 \times 0.6 + 1 \times 0.3 + 2 \times 0.1 = 0.5,$$

因此,$E(X_1) > E(X_2)$,即甲的成绩比乙好.

例 4.1.3 设某电子产品的寿命 X 服从指数分布,其概率密度为

$$f(x) = \begin{cases} \dfrac{1}{\theta}\mathrm{e}^{-\frac{x}{\theta}}, & x > 0, \\ 0, & x \leqslant 0, \end{cases}$$

式中,$\theta > 0$,求 $E(X)$.

解 根据连续型随机变量数学期望的定义,得

$$E(X) = \int_{-\infty}^{+\infty} xf(x)\mathrm{d}x = \int_0^{+\infty} \frac{x}{\theta}\mathrm{e}^{-\frac{x}{\theta}}\mathrm{d}x = -x\mathrm{e}^{-\frac{x}{\theta}}\Big|_0^{+\infty} + \int_0^{+\infty} \mathrm{e}^{-\frac{x}{\theta}}\mathrm{d}x$$

$$= 0 - \theta\mathrm{e}^{-\frac{x}{\theta}}\Big|_0^{+\infty} = \theta.$$

这个结果说明,该产品的平均寿命 $E(X) = \theta$.

例 4.1.4 某商店对某种家用电器的销售采用先使用后付款的方式. 记使用寿命为 X(以年计),且规定:$X \leqslant 1$,每台付款 1500 元;$1 < X \leqslant 2$,每台付款 2000 元;$2 < X \leqslant 3$,每台付款 2500 元;$X > 3$,每台付款 3000 元. 设这种家用电器的寿命 X 服从指数分布,其概率密度为

$$f(x) = \begin{cases} \dfrac{1}{10}\mathrm{e}^{-\frac{x}{10}}, & x > 0, \\ 0, & x \leqslant 0, \end{cases}$$

求该商店每台电器收费 Y 的数学期望.

解 先求出 X 落在各个时间区间的概率

$$P\{X \leqslant 1\} = \int_0^1 \frac{1}{10}\mathrm{e}^{-\frac{x}{10}}\mathrm{d}x = 1 - \mathrm{e}^{-0.1} = 0.0952,$$

$$P\{1 < X \leqslant 2\} = \int_1^2 \frac{1}{10}\mathrm{e}^{-\frac{x}{10}}\mathrm{d}x = \mathrm{e}^{-0.1} - \mathrm{e}^{-0.2} = 0.0861,$$

$$P\{2 < X \leqslant 3\} = \int_2^3 \frac{1}{10}\mathrm{e}^{-\frac{x}{10}}\mathrm{d}x = \mathrm{e}^{-0.2} - \mathrm{e}^{-0.3} = 0.0779,$$

$$P\{X > 3\} = \int_3^{+\infty} \frac{1}{10}\mathrm{e}^{-\frac{x}{10}}\mathrm{d}x = \mathrm{e}^{-0.3} = 0.7408.$$

根据以上计算,每台电器收费 Y 的分布律如下表:

Y	1500	2000	2500	3000
p_k	0.0952	0.0861	0.0779	0.7408

因此,$E(Y) = 2732.15$,即平均每台电器收费 2732.15 元.

例 4.1.5 设 $X \sim P(\lambda)$,求 $E(X)$.

解 X 的分布律为 $P\{X = k\} = \dfrac{\lambda^k \mathrm{e}^{-\lambda}}{k!}$,$k = 0, 1, 2, \cdots$;$\lambda > 0$. 按离散型随机变量数学期望的定义,得

$$E(X) = \sum_{k=0}^{+\infty} k \frac{\lambda^k \mathrm{e}^{-\lambda}}{k!} = \lambda \mathrm{e}^{-\lambda} \sum_{k=1}^{+\infty} \frac{\lambda^{k-1}}{(k-1)!} = \lambda \mathrm{e}^{-\lambda} \mathrm{e}^{\lambda} = \lambda.$$

例 4.1.6 设 $X \sim U(a, b)$,求 $E(X)$.

解 X 的概率密度为

$$f(x) = \begin{cases} \dfrac{1}{b-a}, & a < x < b, \\ 0, & \text{其他}, \end{cases}$$

按连续型随机变量数学期望的定义,得

$$E(X) = \int_{-\infty}^{+\infty} x f(x) \mathrm{d}x = \int_a^b \frac{x}{b-a} \mathrm{d}x = \frac{a+b}{2}.$$

4.1.2 随机变量函数的数学期望

在很多问题中,所研究的随机变量常常依赖于另一个随机变量. 例如,一个零件的横截面是一个圆,圆的直径 X 是一个随机变量,那么,这个横截面的面积 Y 也是随机变量,且 $Y = \frac{\pi}{4} X^2$. 如果已知 X 的概率密度,要求 Y(X 的连续函数)的数学期望 $E(Y)$,一种方法是先求出 Y 的概率密度,然后按定义 4.1.1 求出 Y 的数学期望 $E(Y)$,但这样做比较麻烦. 为了用简便的方法求随机变量 Y 的数学期望,给出以下定理.

定理 4.1.1 设随机变量 Y 是随机变量 X 的连续函数 $Y = g(X)$,则有:

(1) 设 X 是离散型随机变量,其分布律为 $P\{X = x_k\} = p_k, k = 1, 2, \cdots$. 若级数 $\sum\limits_{k=1}^{+\infty} g(x_k) p_k$ 绝对收敛,则

$$E(Y) = E[g(X)] = \sum_{k=1}^{+\infty} g(x_k) p_k.$$

(2) 设 X 是连续型随机变量,其概率密度为 $f(x)$,若积分 $\int_{-\infty}^{+\infty} g(x) f(x) \mathrm{d}x$ 绝对收敛,则

$$E(Y) = E[g(X)] = \int_{-\infty}^{+\infty} g(x) f(x) \mathrm{d}x.$$

这个定理的重要意义在于,当我们要求 $E(Y)$ 时,不必算出 Y 的分布律或概率密度,而只需(按定理 4.1.1)利用 X 的分布律或概率密度就可以了.

定理 4.1.1 可以推广到两个或两个以上随机变量函数的情形.

定理 4.1.2 设随机变量 Z 是随机变量 X, Y 的连续函数 $Z = g(X, Y)$,则有:

(1) 设二维随机变量 (X, Y) 为离散型随机变量,其分布律为 $P\{X = x_i, Y = y_j\} = p_{ij}, i, j = 1, 2, \cdots$. 若级数 $\sum\limits_{i=1}^{+\infty} \sum\limits_{j=1}^{+\infty} g(x_i, y_j) p_{ij}$ 绝对收敛,则

$$E(Z) = E[g(X, Y)] = \sum_{i=1}^{+\infty} \sum_{j=1}^{+\infty} g(x_i, y_j) p_{ij}.$$

(2) 设二维随机变量 (X, Y) 为连续型随机变量,其概率密度为 $f(x, y)$,若积分 $\int_{-\infty}^{+\infty} \int_{-\infty}^{+\infty} g(x, y) f(x, y) \mathrm{d}x \mathrm{d}y$ 绝对收敛,则

$$E(Z) = E[g(X,Y)] = \int_{-\infty}^{+\infty}\int_{-\infty}^{+\infty} g(x,y)f(x,y)\mathrm{d}x\mathrm{d}y.$$

例 4.1.7 已知随机变量 X 的分布律如下表:

X	-1	0	1
p_k	0.25	0.50	0.25

求 $E(X^2+1)$ 和 $E\left(\dfrac{X}{1+X^2}\right)^2$.

解 根据定理 4.1.1,得

$$E(X^2+1) = 2\times 0.25 + 1\times 0.50 + 2\times 0.25 = 1.5.$$

$$E\left(\frac{X}{1+X^2}\right)^2 = \frac{1}{4}\times 0.25 + 0\times 0.50 + \frac{1}{4}\times 0.25 = 0.125.$$

例 4.1.8 设随机变量 (X,Y) 的概率密度为

$$f(x,y) = \begin{cases} \dfrac{3}{2x^3y^2}, & \dfrac{1}{x} < y < x, x > 1, \\ 0, & \text{其他}, \end{cases}$$

求 $E\left(\dfrac{1}{XY}\right)$.

解 根据定理 4.1.2,得

$$E\left(\frac{1}{XY}\right) = \int_{-\infty}^{+\infty}\int_{-\infty}^{+\infty} \frac{1}{xy} f(x,y)\mathrm{d}y\mathrm{d}x = \int_{1}^{+\infty}\int_{\frac{1}{x}}^{x} \frac{3}{2x^4 y^3}\mathrm{d}y\mathrm{d}x = \frac{3}{5}.$$

例 4.1.9 某公司计划开发一种新产品市场,并试图确定该产品的产量. 估计出售 1kg 产品可获利 m 元,而积压 1kg 产品导致 n 元的损失. 再者,预测销售量 $Y(\mathrm{kg})$ 服从指数分布,其概率密度为

$$f_Y(y) = \begin{cases} \dfrac{1}{\theta}\mathrm{e}^{-\frac{y}{\theta}}, & y > 0, \\ 0, & y \leqslant 0, \end{cases}$$

式中,$\theta > 0$. 问若要获得利润的数学期望最大,应生产多少产品(m,n,θ 均为已知)?

解 设生产 $x\mathrm{kg}$ 产品,则利润 Q 为 x 的函数

$$Q = Q(x) = \begin{cases} mY - n(x-Y), & Y < x, \\ mx, & Y \geqslant x. \end{cases}$$

Q 是随机变量,它是 Y 的函数,其数学期望为

$$E(Q) = \int_0^{+\infty} Q f_Y(y) \mathrm{d}y$$

$$= \int_0^x [my - n(x - y)] \frac{1}{\theta} \mathrm{e}^{-\frac{y}{\theta}} \mathrm{d}y + \int_x^{+\infty} mx \frac{1}{\theta} \mathrm{e}^{-\frac{x}{\theta}} \mathrm{d}y$$

$$= (m + n)\theta - (m + n)\theta \mathrm{e}^{-\frac{x}{\theta}} - nx.$$

令

$$\frac{\mathrm{d}}{\mathrm{d}x} E(Q) = (m + n) \mathrm{e}^{-\frac{x}{\theta}} - n = 0,$$

得 $x = -\theta \ln\left(\dfrac{n}{m + n}\right)$. 而

$$\frac{\mathrm{d}^2}{\mathrm{d}x^2} E(Q) = -\frac{(m + n)}{\theta} \mathrm{e}^{-\frac{x}{\theta}} < 0,$$

故当 $x = -\theta \ln\left(\dfrac{n}{m + n}\right)$ 时, $E(Q)$ 取得极大值, 且可知这也是最大值.

例如, 若

$$f_Y(y) = \begin{cases} \dfrac{1}{10\,000} \mathrm{e}^{-\frac{y}{10\,000}}, & y > 0, \\ 0, & y \leqslant 0, \end{cases}$$

即 $\theta = 10\,000$, 且有 $m = 500$ 元, $n = 2\,000$ 元, 则

$$x = -10\,000 \ln\left(\frac{2\,000}{500 + 2\,000}\right) = 2\,231.44.$$

所以, 当生产 2 231.44kg 产品时, 获得利润的数学期望最大.

4.1.3　数学期望的性质

数学期望的性质(设下面所遇到的随机变量的数学期望是存在的):

(1) 设 C 是常数, 则有 $E(C) = C$.

(2) 设 X 是一个随机变量, C 是常数, 则有 $E(CX) = CE(X)$.

(3) 设 X, Y 是两个随机变量, 则有 $E(X + Y) = E(X) + E(Y)$.

这个性质可以推广到任意有限个随机变量之和的情况.

(4) 设 X 与 Y 是相互独立的随机变量, 则有 $E(XY) = E(X)E(Y)$.

这个性质可以推广到任意有限个相互独立的随机变量之积的情况.

证明　(1) 和 (2) 由读者自己证明. 下面就连续型随机变量的情形证明 (3) 和 (4).

（3）设二维随机变量 (X,Y) 的概率密度为 $f(x,y)$，其边缘概率密度为 $f_X(x),f_Y(y)$，则有

$$E(X+Y) = \int_{-\infty}^{+\infty}\int_{-\infty}^{+\infty}(x+y)f(x,y)\mathrm{d}x\mathrm{d}y$$

$$= \int_{-\infty}^{+\infty}\int_{-\infty}^{+\infty}xf(x,y)\mathrm{d}x\mathrm{d}y + \int_{-\infty}^{+\infty}\int_{-\infty}^{+\infty}yf(x,y)\mathrm{d}x\mathrm{d}y$$

$$= \int_{-\infty}^{+\infty}xf_X(x)\mathrm{d}x + \int_{-\infty}^{+\infty}yf_Y(y)\mathrm{d}y$$

$$= E(X)+E(Y).$$

（4）设 X 与 Y 相互独立,则有

$$E(XY) = \int_{-\infty}^{+\infty}\int_{-\infty}^{+\infty}xyf(x,y)\mathrm{d}x\mathrm{d}y$$

$$= \int_{-\infty}^{+\infty}\int_{-\infty}^{+\infty}xyf_X(x)f_Y(y)\mathrm{d}x\mathrm{d}y$$

$$= \left[\int_{-\infty}^{+\infty}xf_X(x)\mathrm{d}x\right]\left[\int_{-\infty}^{+\infty}yf_Y(y)\mathrm{d}y\right]$$

$$= E(X)E(Y).$$

例 4.1.10 一辆民航客车载有 20 位旅客自机场开出,旅客有 10 个车站可以下车. 如到达一个车站没有旅客下车就不停车,以 X 表示停车的次数. 设每位旅客在各个车站下车是等可能的,并设各旅客是否下车相互独立,求 $E(X)$.

解 引进随机变量

$$X_i = \begin{cases} 0, & \text{在第 } i \text{ 站没人下车,} \\ 1, & \text{在第 } i \text{ 站有人下车.} \end{cases}$$

易知,$X = X_1 + X_2 + \cdots + X_{10}$.

根据题意,任意一个旅客在第 i 站不下车的概率为 $9/10$,因此,20 位旅客都不在第 i 站下车的概率为 $(9/10)^{20}$,在第 i 站有人下车的概率为 $1-(9/10)^{20}$,即

$$P\{X_i=0\} = \left(\frac{9}{10}\right)^{20}, \quad P\{X_i=1\} = 1-\left(\frac{9}{10}\right)^{20}, \quad i=1,2,\cdots,10.$$

因此,$E(X_i) = 1-\left(\frac{9}{10}\right)^{20}, i=1,2,\cdots,10.$ 于是

$$E(X) = E(X_1+X_2+\cdots+X_{10})$$

$$= E(X_1)+E(X_2)+\cdots+E(X_{10})$$

$$= 10\left[1-\left(\frac{9}{10}\right)^{20}\right]$$

$$= 8.784.$$

习题 4.1

习题 4.1.4 详解

1. 设随机变量 X 的分布律为

X	-2	0	2
p_k	0.4	0.3	0.3

求 $E(X), E(X^2), E(3X^2 + 5)$.

2. 设随机变量 X 的概率密度为 $f(x) = \begin{cases} \mathrm{e}^{-x}, & x > 0, \\ 0, & \text{其他}. \end{cases}$ 且 $Y = 2X, Z = \mathrm{e}^{-2X}$, 求 $E(X)$, $E(Y), E(Z)$.

3. 一批产品中有一、二、三等品以及等外品和废品 5 种, 相应的概率分别为 $0.6, 0.2, 0.1$, 0.07 及 0.03, 而其利润分别为 100 元, 70 元, 50 元, 5 元和 -60 元. 求该批产品的平均利润.

4. 对球的直径 X 作近似测量, 设其值均匀地分布在区间 $[a, b]$ 内, 求球体积的均值.

5. 某作家写了一本书准备出版. 出版社接受此书并告诉作者, 稿费有两种支付方案供作者选择, 一是一次性支付 10000 元; 二是版税制, 按版税制每出售一本书作者可得 1 元. 作者认为自己这本书的发行量 X 有如下分布:

X	1000	5000	10000	20000
p	0.05	0.2	0.5	0.25

据此, 该作家选择哪一种支付方案对他有利?

6. 设袋子中有 r 只白球, $N - r$ 只红球. 在袋中取球 $n(n \leqslant r)$ 次, 每次任取 1 只做放回抽样, 以 Y 表示取到白球的个数, 求 $E(Y)$. 若是不放回抽样, 情况如何?

7. 设随机变量 X_1, X_2 相互独立, 其概率密度分别为

$$f_1(x) = \begin{cases} 2x, & 0 \leqslant x \leqslant 1, \\ 0, & \text{其他}; \end{cases} \qquad f_2(x) = \begin{cases} \mathrm{e}^{-(x-5)}, & x > 5, \\ 0, & \text{其他}. \end{cases}$$

求 $E(X_1 X_2)$.

4.2 方　　差

先看一个例子. 有一批灯泡, 知道它的平均寿命 $E(X) = 1000\mathrm{h}$, 仅由这个指标我们还不能判断这批灯泡的质量好坏. 事实上, 有可能其中绝大部分灯泡的寿命都在 $950 \sim 1050\mathrm{h}$; 也有可能其中约有一半是高质量的, 它们的寿命大约有 $1300\mathrm{h}$, 另一半却是质量差的, 其寿命大约只有 $700\mathrm{h}$. 为要评定这批灯泡的质量好坏, 需要进一步考察灯泡的寿命 X 与其均值 $E(X) = 1000$ 的偏离程度. 若偏离程度较小, 表示质量比较稳定. 从这个意义上说, 我们认为质量较好. 由此可见, 研究随机变量与其均值的偏离程度是十分必要的. 那么, 用怎样的量去度量这个偏离程度呢? 容易

看到 $E\{|X-E(X)|\}$ 能度量随机变量 X 与其均值 $E(X)$ 的偏离程度. 但由于上式带有绝对值,计算不方便,为了计算上的方便,通常用量 $E\{[X-E(X)]^2\}$ 来度量随机变量 X 与其均值 $E(X)$ 的偏离程度.

4.2.1 方差的定义

定义 4.2.1 设 X 是随机变量,若 $E\{[X-E(X)]^2\}$ 存在,则称

$$E\{[X-E(X)]^2\}$$

为 X 的**方差**(variance),记为 $D(X)$ 或 $\text{Var}(X)$,即 $D(X)=E\{[X-E(X)]^2\}$. 称 $\sqrt{D(X)}$ 为**标准差**,或**均方差**.

按定义 4.2.1,随机变量 X 的方差表达了 X 的取值与其均值 $E(X)$ 的偏离程度. 若 X 的取值比较集中,则 $D(X)$ 较小;反之,若 X 的取值比较分散,则 $D(X)$ 较大. 因此,$D(X)$ 是刻画 X 取值分散程度的一个量,它是衡量 X 取值分散程度的一个尺度.

由定义 4.2.1 知,方差实际上就是随机变量 X 的函数 $g(X)=[X-E(X)]^2$ 的数学期望.

对于离散型随机变量,有

$$D(X)=\sum_{k=1}^{+\infty}[x_k-E(X)]^2 p_k,$$

式中,$P\{X=x_k\}=p_k(k=1,2,\cdots)$ 是 X 的分布律.

对于连续型随机变量,有

$$D(X)=\int_{-\infty}^{+\infty}[x-E(X)]^2 f(x)\mathrm{d}x,$$

式中,$f(x)$ 是 X 的概率密度.

定理 4.2.1(方差的计算公式)

$$D(X)=E(X^2)-[E(X)]^2. \tag{4.2.1}$$

证明 根据方差的定义和数学期望的性质,得

$$D(X)=E\{[X-E(X)]^2\}=E\{X^2-2XE(X)+[E(X)]^2\}$$

$$=E(X^2)-2E(X)E(X)+[E(X)]^2$$

$$=E(X^2)-[E(X)]^2.$$

称式(4.2.1)为方差的计算公式.

例 4.2.1 设随机变量 X 的数学期望 $E(X)=\mu$,方差 $D(X)=\sigma^2\neq 0$. 记 X^*

$= \dfrac{X-\mu}{\sigma}$,则 $E(X^*) = 0, D(X^*) = 1$.

证明 根据题意,有 $E(X^*) = \dfrac{1}{\sigma}E(X-\mu) = \dfrac{1}{\sigma}[E(X)-\mu] = 0$,

$$D(X^*) = E(X^{*2}) - [E(X^*)]^2 = E\left[\left(\dfrac{X-\mu}{\sigma}\right)^2\right] = \dfrac{1}{\sigma^2}[E(X-\mu)^2] = \dfrac{\sigma^2}{\sigma^2} = 1.$$

称 $X^* = \dfrac{X-\mu}{\sigma}$ 为随机变量 X 的**标准化随机变量**.

4.2.2 方差的性质

方差的几个重要性质(设遇到的随机变量的方差是存在的) 如下:

(1) 设 C 是常数,则有 $D(C) = 0$.

(2) 设 X 是一个随机变量,C 是常数,则有 $D(CX) = C^2 D(X)$.

(3) 设 X,Y 是两个随机变量,则有

$$D(X \pm Y) = D(X) + D(Y) \pm 2E\{[X-E(X)][Y-E(Y)]\}.$$

特别地,若 X 和 Y 相互独立,则有 $D(X \pm Y) = D(X) + D(Y)$.

这个性质可以推广到任意有限个相互独立的随机变量的情况.

(4) $D(X) = 0$ 的充分必要条件是 X 以概率 1 取常数 C,即 $P\{X = C\} = 1$. 显然,这里 $C = E(X)$.

证明 (4)略证,现在证明(1),(2)和(3).

(1) $D(C) = E\{[C-E(C)]^2\} = 0$.

(2) $D(CX) = E\{[CX-E(CX)]^2\} = C^2 E\{[X-E(X)]^2\} = C^2 D(X)$.

(3) 根据数学期望的性质,有

$$
\begin{aligned}
D(X \pm Y) &= E\{[(X \pm Y) - E(X \pm Y)]^2\} \\
&= E\{[X-E(X)] \pm [Y-E(Y)]\}^2 \\
&= E\{[X-E(X)]^2\} + E\{[Y-E(Y)]^2\} \pm 2E\{[X-E(X)][Y-E(Y)]\} \\
&= D(X) + D(Y) \pm 2E\{[X-E(X)][Y-E(Y)]\}.
\end{aligned}
$$

上式右边第 3 项:

$$
\begin{aligned}
\pm 2E\{[X-E(X)][Y-E(Y)]\} &= \pm 2E\{XY - XE(Y) - YE(X) + E(X)E(Y)\} \\
&= \pm 2\{E(XY) - E(X)E(Y) - E(Y)E(X) + E(X)E(Y)\} \\
&= \pm 2\{E(XY) - E(X)E(Y)\}.
\end{aligned}
$$

若 X 和 Y 相互独立,根据数学期望的性质,则上式为 0,于是有

$$D(X \pm Y) = D(X) + D(Y).$$

4.2.3 常见分布的方差

例 4.2.2 设随机变量 X 服从 0-1 分布,其分布律为 $P\{X=0\}=1-p, P\{X=1\}=p$,求 $D(X)$.

解 由于 $E(X)=0 \cdot (1-p)+1 \cdot p=p, E(X^2)=0^2 \cdot (1-p)+1^2 \cdot p=p$,根据方差的计算公式,有

$$D(X) = E(X^2) - [E(X)]^2 = p - p^2 = p(1-p).$$

例 4.2.3 设 $X \sim P(\lambda)$,求 $D(X)$.

解 X 的分布律为 $P\{X=k\} = \dfrac{\lambda^k \mathrm{e}^{-\lambda}}{k!}, \quad k=0,1,2,\cdots,\lambda>0.$

由于在例 4.1.5 中已经得到 $E(X)=\lambda$,而

$$
\begin{aligned}
E(X^2) &= E[X(X-1)+X] = E[X(X-1)] + E(X) \\
&= \sum_{k=0}^{+\infty} k(k-1) \frac{\lambda^k \mathrm{e}^{-\lambda}}{k!} + \lambda = \lambda^2 \mathrm{e}^{-\lambda} \sum_{k=2}^{+\infty} \frac{\lambda^{k-2}}{(k-2)!} + \lambda \\
&= \lambda^2 \mathrm{e}^{-\lambda} \mathrm{e}^{\lambda} + \lambda = \lambda^2 + \lambda.
\end{aligned}
$$

根据方差的计算公式,有 $D(X)=E(X^2)-[E(X)]^2=(\lambda^2+\lambda)-\lambda^2=\lambda.$

例 4.2.4 设 $X \sim U(a,b)$,求 $D(X)$.

解 X 的概率密度为

$$
f(x) = \begin{cases} \dfrac{1}{b-a}, & a<x<b, \\ 0, & \text{其他}. \end{cases}
$$

由于在例 4.1.6 中已经得到 $E(X)=\dfrac{a+b}{2}$,根据方差的计算公式,有

$$D(X) = E(X^2) - [E(X)]^2 = \int_a^b x^2 \frac{1}{b-a}\mathrm{d}x - \left(\frac{a+b}{2}\right)^2 = \frac{(b-a)^2}{12}.$$

例 4.2.5 设 X 服从参数为 θ 的指数分布,其概率密度为

$$
f(x) = \begin{cases} \dfrac{1}{\theta}\mathrm{e}^{-\frac{x}{\theta}}, & x>0, \\ 0, & \text{其他}, \end{cases}
$$

式中,$\theta>0$. 求 $D(X)$.

解 根据例 4.1.3,有 $E(X)=\theta$,根据定理 4.1.1,有

$$E(X^2) = \int_{-\infty}^{+\infty} x^2 f(x)\mathrm{d}x = \int_0^{+\infty} x^2 \frac{1}{\theta}\mathrm{e}^{-\frac{x}{\theta}}\mathrm{d}x$$

$$= -x^2 \mathrm{e}^{-\frac{x}{\theta}} \Big|_0^{+\infty} + \int_0^\infty 2x \mathrm{e}^{-\frac{x}{\theta}} \mathrm{d}x$$

$$= 2\theta^2.$$

根据方差的计算公式,有 $D(X) = E(X^2) - [E(X)]^2 = 2\theta^2 - \theta^2 = \theta^2$.

例 4.2.6 设 $X \sim B(n,p)$,求 $E(X)$ 和 $D(X)$.

解 根据二项分布的定义,随机变量 X 是 n 重伯努利试验中事件 A 发生的次数,且在每次试验中事件 A 发生的概率为 p. 引进随机变量

$$X_k = \begin{cases} 1, & A \text{ 在第 } k \text{ 次试验中发生}, \\ 0, & A \text{ 在第 } k \text{ 次试验中不发生}, \end{cases} \quad k = 0,1,2,\cdots,n.$$

易知 $X = \sum\limits_{k=1}^n X_k$,且 X_k 只依赖第 k 次试验,而各次试验相互独立,于是 $X_1, X_2, \cdots, X_n$ 相互独立,又 $X_k(k = 0,1,2,\cdots,n)$ 服从 0-1 分布(或 2 点分布),其分布律如下表:

X_k	0	1
p_k	$1-p$	p

根据例 4.2.2,$E(X_k) = p$ 和 $D(X_k) = p(1-p)$,$k = 0,1,2,\cdots,n$. 根据数学期望的性质,有 $E(X) = E(\sum\limits_{k=1}^n X_k) = \sum\limits_{k=1}^n E(X_k) = np$.

根据方差的性质,有 $D(X) = D(\sum\limits_{k=1}^n X_k) = \sum\limits_{k=1}^n D(X_k) = np(1-p)$.

例 4.2.7 设 $X \sim N(\mu, \sigma^2)$,求 $E(X)$ 和 $D(X)$.

解 根据例 4.2.1,$Z = \dfrac{X-\mu}{\sigma}$ 是 X 的标准化随机变量,则 $E(Z) = 0, D(Z) = 1$. 由 $Z = \dfrac{X-\mu}{\sigma}$,得 $X = \sigma Z + \mu$,于是 $E(X) = \sigma E(Z) + \mu = \mu, D(X) = \sigma^2 D(Z) = \sigma^2$.

根据第 3 章例 3.4.3 后面的说明("正态分布的可加性")知道,若 $X_i \sim N(\mu_i, \sigma_i^2)$,$i = 1,2,\cdots,n$,且它们相互独立,则它们的线性组合 $\sum\limits_{i=1}^n c_i X_i$ 仍然服从正态分布,且 $\sum\limits_{i=1}^n c_i X_i \sim N(\sum\limits_{i=1}^n c_i \mu_i, \sum\limits_{i=1}^n c_i^2 \sigma_i^2)$. 这是一个很有用的结论.

例如,设 $X \sim N(1,3), Y \sim N(2,4)$,且 X 与 Y 相互独立,则 $Z = 2X - 3Y$ 也服从正态分布. 而 $E(Z) = 2 \times 1 - 3 \times 2 = -4, D(Z) = 2^2 \times 3 + (-3)^2 \times 4 = 48$,于是 $Z \sim N(-4,48)$.

通常把考试评定的(卷面)分数称为**原始分数**. 在评定一个学生的学习成绩

时,常用的做法是根据多门课程的总原始分数来评定考生的成绩. 其实,这种做法不一定完全合理. 由于各门课程的难易程度各不相同,评分标准宽严程度也有差别,这就反映在各门课程的分数价值是不相同的. 例如,同样是 80 分,在得分普遍较低的课程与得分普遍较高的课程中其价值是不等的. 另外,各门课程的评分体系也未必相同. 例如,在某省高考中,语文、数学、英语满分是 150,而理综或文综满分是 300.

对于不同课程考试所得到的原始分数一般具有不同的均值和标准差,即具有不同的参照点和不同的单位. 如果直接对它们进行算数运算是欠科学的,将各门课程原始分数相加作为考生总成绩也是有欠缺的. 一种改进的方法是将原始分数转换成**标准分数**(standard score),即转换为有相同参照点和统一单位来处理. 另外,根据标准分数的线性变换产生的 **T 分数**(T-score),其作用与标准分数基本相同,但它能消除标准分数中的负值,而其排序的结果与标准分数相同.

若 $X \sim N(\mu, \sigma^2)$,则称 X 的标准化 $Z = \dfrac{X - \mu}{\sigma}$ 为**标准分数**. 注意,在实际计算标准分数时,用 X 的观察值——具体的原始分数 x 来计算标准分数 $z = \dfrac{x - \mu}{\sigma}$. 标准分数可以回答这样一个问题:"一个给定分数距离平均分有数多少个标准差?"

根据例 4.2.1,则 $E(Z) = 0, D(Z) = 1$. 因此,将原始分数转换成标准分数,就得到了以零作为同一参照点,以相同的标准差作为统一单位. 所以用标准分数来衡量学生成绩的相对地位比较科学合理.

例 4.2.8 在某年级的统一考试中,设考试成绩服从正态分布,数学的平均成绩为 $\mu_1 = 78$(满分为 100),标准差 $\sigma_1 = 7$;英语的平均成绩为 $\mu_2 = 62$(满分为 100),标准差 $\sigma_2 = 6$. 某个学生在本次统一考试中,数学得 84,英语得 68,请问该学生的数学和英语成绩在全年级统一考试中哪门课程成绩相对较好?

解 因为数学和英语考试成绩的标准差不同,因此直接用原始分数进行比较并不合理. 需要将原始分数转换成标准分数,然后进行比较.

把该学生在全年级统一考试中数学和英语的原始分数转换成标准分数,则有

$$z_1 = \frac{84 - \mu_1}{\sigma_1} = \frac{84 - 78}{7} = 0.857, \quad z_2 = \frac{68 - \mu_2}{\sigma_2} = \frac{68 - 62}{6} = 1.$$

由于 $z_1 < z_2$,所以该学生在全年级统一考试中英语成绩比数学成绩相对要好.

需要说明,以上结论与我们从原始分数出发直接比较得到的结论正好相反.

例 4.2.9 在某省高考中,设考试成绩服从正态分布,有两个考生参加该省高考,语文,数学,英语,物理,化学的成绩分别为:109,121,83,113,102;124,117,100,97,95. 根据该省的统计,以上五门课程平均分数分别为 105,112,91,108,99,标准差分别为 13,8,11,9,7. 请比较以上两个考生的成绩.

解 根据原始分数可以得到标准分数和 T 分数($T=10z+103$),其计算结果见表 4-1.

表 4-1　　　　　　　　　　　　原始分数,标准分数和 T 分数

科目	原始分数		平均分	标准差	标准分数 z		T 分数($T=10z+103$)	
语文	109	124	105	13	0.308	1.462	106.08	117.62
数学	121	117	112	8	1.125	0.625	114.25	109.25
英语	83	100	91	11	−0.727	0.818	95.73	111.18
物理	113	97	108	9	0.556	−1.222	108.56	90.78
化学	102	95	99	7	0.429	−0.571	107.29	97.29
总和	528	533			1.691	1.112	531.91	526.12

由表 4-1 可见,两个考生的总原始分数分别为 528 分和 533 分(前者比后者少 5),而总标准分数分别为 1.691 和 1.112(前者比后者多 0.579),总 T 分数分别 531.91 分和 526.12 分(前者比后者多 5.79). 这说明:按照总原始分数,前者比后者的成绩差;而按照总标准分数(或总 T 分数),前者比后者的成绩好.

因此,按照总原始分数与总标准分数(或总 T 分数) 排序,可能使排序的结果不同. 上表中最后一列 T 分数,取 $T=10z+103$,主要是为了消除标准分数中的负值,并尽可能使 T 分数与原始分数接近. 引入 T 分数可以有不同的方法,但其排序的结果都与标准分数相同.

常见分布的均值和方差见表 4-2.

表 4-2　　　　　　　　　　　　常见分布的均值和方差

分布名称	分布律或概率密度函数	均值	方差
0-1 分布 $B(1,p)$	$p_k = p^k(1-p)^{1-k}$, $k=0,1,\ 0<p<1$	p	$p(1-p)$
二项分布 $B(n,p)$	$p_k = C_n^k p^k(1-p)^{n-k}$, $k=0,1,2,\cdots,n,\ 0<p<1$	np	$np(1-p)$
泊松分布 $P(\lambda)$	$p_k = \dfrac{\lambda^k e^{-\lambda}}{k!}$, $k=0,1,2,\cdots,\ \lambda>0$	λ	λ
均匀分布 $U(a,b)$	$f(x) = \dfrac{1}{b-a},\ a<x<b$	$\dfrac{a+b}{2}$	$\dfrac{(b-a)^2}{12}$
指数分布 $E(\theta)$	$f(x) = \dfrac{1}{\theta} e^{-\frac{x}{\theta}},\ \theta>0, x>0$	θ	θ^2
正态分布 $N(\mu,\sigma^2)$	$f(x) = \dfrac{1}{\sqrt{2\pi}\sigma} e^{-\frac{(x-\mu)^2}{2\sigma^2}}$, $-\infty<x<+\infty$	μ	σ^2

1. 已知随机变量 X 的分布律为 $P\{X=k\}=\dfrac{1}{10}$, $k=2,4,\cdots,18,20$. 求 $D(X)$.

2. 设随机变量 X 与 Y 相互独立, $E(X)=E(Y)=1$, $D(X)=2$, $D(Y)=4$, 求 $E[(X+Y)^2]$.

3. 设随机变量 X 的概率密度为 $f(x)=\begin{cases} a+bx, & 0<x<1, \\ 0, & \text{其他.} \end{cases}$ 且 $E(X)=0.6$, 试求常数 a 和 b, 并求出 $D(X)$.

4. 设随机变量 X 服从二项分布 $B(n,p)$, 求随机变量 $Y=e^{kX}$ 的数学期望和方差.

5. 若随机变量 X 的期望 μ 和方差 σ^2 均存在 $(\sigma\neq 0)$, $Y=\dfrac{X-\mu}{\sigma}$, 证明 $E(2Y)=0$, $D(2Y)=4$.

6. 设随机变量 $X\sim P(\lambda)$, 并且 $P\{X=1\}=2P\{X=2\}$, 求 $E(X)$ 和 $D(X)$.

7. 设长方形的高 $X\sim U(0,2)$, 且已知长方形的周长为 20cm. 求长方形面积 A 的数学期望和方差.

8. 现有 5 家商店联营, 它们每两周售出的某种农产品的数量(以 kg 计) 分别为 X_1,X_2,X_3,X_4,X_5, 已知 $X_1\sim N(200,225)$, $X_2\sim N(240,240)$, $X_3\sim N(180,225)$, $X_4\sim N(260,265)$, $X_5\sim N(320,270)$, 且 X_1,X_2,X_3,X_4,X_5 相互独立. 求 5 家商店两周的总销售量的均值和方差.

9. 在例 4.2.9 中, (1) 根据 $T=10z+100$ 计算两个考生的总 T 分数, (2) 根据(1) 比较两个考生的成绩, (3) 把根据(2) 得到的结论与例 4.2.9 中 T 分数的结论进行比较, 你能得出什么结论?

4.3 协方差、相关系数与矩

4.3.1 协方差与相关系数

我们在方差的性质(3) 的证明中已经看到, 如果两个随机变量 X 与 Y 是相互独立的, 则有 $E\{[X-E(X)][Y-E(Y)]\}=0$.

这意味着当 $E\{[X-E(X)][Y-E(Y)]\}\neq 0$ 时, 随机变量 X 与 Y 不是相互独立的, 而存在着一定的关系.

定义 4.3.1 如果随机变量 X 与 Y 的数学期望和方差都存在, 称

$$E\{[X-E(X)][Y-E(Y)]\}$$

为随机变量 X 与 Y 的**协方差**(covariance), 记为 $\text{Cov}(X,Y)=E\{[X-E(X)][Y-E(Y)]\}$. 当 $D(X)>0$, $D(Y)>0$ 时,

$$\rho_{XY}=\frac{\text{Cov}(X,Y)}{\sqrt{D(X)}\ \sqrt{D(Y)}}$$

称为随机变量 X 与 Y 的**相关系数**(correlation coefficient).

按定义 4.3.1,若 (X,Y) 是离散型随机变量,其分布律为 $P\{X = x_i, Y = y_j\} = p_{ij}(i,j = 1,2,\cdots)$,则

$$\text{Cov}(X,Y) = \sum_{i=1}^{+\infty} \sum_{j=1}^{+\infty} [x_i - E(X)][y_j - E(Y)]p_{ij}.$$

若 (X,Y) 是连续型随机变量,其概率密度为 $f(x,y)$,则

$$\text{Cov}(X,Y) = \int_{-\infty}^{+\infty} \int_{-\infty}^{+\infty} [x - E(X)][y - E(Y)]f(x,y)\mathrm{d}x\mathrm{d}y.$$

根据定义 4.3.1,可知 $\text{Cov}(X,Y) = \text{Cov}(Y,X), \text{Cov}(X,X) = D(X)$.

根据定义 4.3.1 和方差的性质,对于任意的随机变量 X 与 Y,有 $D(X \pm Y) = D(X) + D(Y) \pm 2\text{Cov}(X,Y)$.

定理 4.3.1(协方差的计算公式)

$$\text{Cov}(X,Y) = E(XY) - E(X)E(Y). \tag{4.3.1}$$

证明　按协方差的定义和数学期望的性质,有

$$\begin{aligned}
\text{Cov}(X,Y) &= E\{[X - E(X)][Y - E(Y)]\} \\
&= E\{XY - XE(Y) - YE(X) + E(X)E(Y)\} \\
&= E(XY) - E(X)E(Y).
\end{aligned}$$

我们称式(4.3.1)为**协方差的计算公式**.

定理 4.3.2(协方差的性质)　(1) $\text{Cov}(aX,bY) = ab\text{Cov}(X,Y)$,其中,$a,b$ 是常数;(2) $\text{Cov}(X_1 + X_2, Y) = \text{Cov}(X_1, Y) + \text{Cov}(X_2, Y)$.

证明　(1) 根据协方差的计算公式,有

$$\begin{aligned}
\text{Cov}(aX,bY) &= E[(aX)(bY)] - E(aX)E(bY) \\
&= ab[E(XY) - E(X)E(Y)] \\
&= ab\text{Cov}(X,Y).
\end{aligned}$$

(2) 根据协方差的计算公式,有

$$\begin{aligned}
\text{Cov}(X_1 + X_2, Y) &= E[(X_1 + X_2)Y] - E(X_1 + X_2)E(Y) \\
&= [E(X_1 Y) - E(X_1)E(Y)] + [E(X_2 Y) - E(X_2)E(Y)] \\
&= \text{Cov}(X_1, Y) + \text{Cov}(X_2, Y).
\end{aligned}$$

例 4.3.1　设 (X,Y) 的分布律如下表:

Y＼X	-1	0	1
0	0.07	0.18	0.15
1	0.08	0.32	0.20

求 $\mathrm{Cov}(X,Y),\rho_{XY}$.

解 根据 X 和 Y 的联合分布律,则 X 和 Y 的边缘分布律分别如下表:

X	-1	0	1
p	0.15	0.50	0.35

Y	0	1
p	0.40	0.60

则

$$E(XY) = (-1)\times 1 \times 0.08 + 1 \times 1 \times 0.20 = 0.12,$$

$$E(X) = (-1)\times 0.15 + 1 \times 0.35 = 0.20,$$

$$E(Y) = 1 \times 0.6 = 0.6.$$

根据协方差的计算公式,有

$$\mathrm{Cov}(X,Y) = E(XY) - E(X)E(Y) = 0.12 - 0.20 \times 0.6 = 0.$$

根据相关系数的定义,有 $\rho_{XY} = \dfrac{\mathrm{Cov}(X,Y)}{\sqrt{D(X)}\ \sqrt{D(Y)}} = 0.$

例 4.3.2 设 (X,Y) 的概率密度为

$$f(x,y) = \begin{cases} x+y, & 0 \leqslant x \leqslant 1, 0 \leqslant y \leqslant 1, \\ 0, & \text{其他}, \end{cases}$$

求 $\mathrm{Cov}(X,Y),\rho_{XY}$.

解 根据 (X,Y) 的概率密度和数学期望的定义,有

$$E(X) = \int_{-\infty}^{+\infty} x\left[\int_{-\infty}^{+\infty} f(x,y)\mathrm{d}y\right]\mathrm{d}x = \int_0^1\int_0^1 x(x+y)\mathrm{d}x\mathrm{d}y = \frac{7}{12}.$$

$$E(X^2) = \int_{-\infty}^{+\infty}\int_{-\infty}^{+\infty} x^2 f(x,y)\mathrm{d}x\mathrm{d}y = \int_0^1\int_0^1 x^2(x+y)\mathrm{d}x\mathrm{d}y = \frac{5}{12}.$$

同理,$E(Y) = \dfrac{7}{12}, E(Y^2) = \dfrac{5}{12}$. 又

$$E(XY) = \int_{-\infty}^{+\infty}\int_{-\infty}^{+\infty} xy f(x,y)\mathrm{d}x\mathrm{d}y = \int_0^1\int_0^1 xy(x+y)\mathrm{d}x\mathrm{d}y = \frac{1}{3},$$

则 $D(Y) = D(X) = E(X^2) - [E(X)]^2 = \dfrac{5}{12} - \left(\dfrac{7}{12}\right)^2 = \dfrac{11}{144}.$

根据协方差的计算公式,有

$$\mathrm{Cov}(X,Y) = E(XY) - E(X)E(Y) = \frac{1}{3} - \frac{7}{12} \times \frac{7}{12} = -\frac{1}{144}.$$

根据相关系数的定义,有

$$\rho_{XY} = \frac{\mathrm{Cov}(X,Y)}{\sqrt{D(X)}\sqrt{D(Y)}} = \frac{-\dfrac{1}{144}}{\dfrac{11}{144}} = -\frac{1}{11}.$$

以下给出相关系数 ρ_{XY} 的两个性质,并说明 ρ_{XY} 的含义.

考虑以 X 的线性函数 $a+bX$ 来近似表示 Y. 我们以均方误差

$$e = E\{[Y-(a+bX)]^2\} = E(Y^2) + b^2E(X^2) + a^2$$
$$- 2bE(XY) + 2abE(X) - 2aE(Y) \qquad (4.3.2)$$

来衡量 $a+bX$ 近似表示 Y 的好坏程度. e 的值越小表示 $a+bX$ 与 Y 的近似程度越好. 这样,我们就取 a,b 使 e 最小. 为此,将 e 分别关于 a,b 求偏导数,并令它们为零,得

$$\begin{cases} \dfrac{\partial e}{\partial a} = 2a + 2bE(X) - 2E(Y) = 0, \\[3mm] \dfrac{\partial e}{\partial b} = 2bE(X^2) - 2E(XY) + 2aE(X) = 0. \end{cases}$$

由此解得 $b_0 = \dfrac{\mathrm{Cov}(X,Y)}{D(X)}$, $a_0 = E(Y) - b_0E(X) = E(Y) - E(X)\dfrac{\mathrm{Cov}(X,Y)}{D(X)}$.

把 a_0, b_0 代入式(4.3.2),得

$$\min_{a,b} E\{[Y-(a+bX)]^2\} = E\{[Y-(a_0+b_0X)]^2\} = (1-\rho_{XY}^2)D(Y).$$

$$(4.3.3)$$

根据式(4.3.3),可以得到下述定理(证明从略).

定理 4.3.3 (1) $|\rho_{XY}| \leqslant 1$;(2) $|\rho_{XY}| = 1$ 的充分必要条件是,存在 a,b 使 $P\{Y = a+bX\} = 1$.

由式(4.3.3)知,均方误差 e 是 $|\rho_{XY}|$ 的严格单调减少函数,这样 ρ_{XY} 的含义就很明显了. 当 $|\rho_{XY}|$ 较大时,e 较小,表明 X 与 Y(就线性关系来说)联系较为紧密. 特别地,当 $|\rho_{XY}| = 1$ 时,由定理4.3.3的(2)知,X 与 Y 之间以概率1存在线性关系. 于是 ρ_{XY} 是一个用来表征 X 与 Y 之间线性关系紧密程度的量. 当 $|\rho_{XY}|$ 较大时,我们通常说 X 与 Y 线性相关的程度较好;当 $|\rho_{XY}|$ 较小时,我们说 X 与 Y 线性相关的程度较差.

4.3.2 独立性与不相关性

定义 4.3.2 当 $\rho_{XY} = 0$ 时,称 X 和 Y **不相关**.

图 4-1 不相关与独立的关系示意图

假设随机变量 X 和 Y 的相关系数 ρ_{XY} 存在,当 X 和 Y 相互独立时,根据数学期望的性质(4)及协方差的计算公式(4.3.1),知 $\text{Cov}(X,Y) = 0$,从而 $\rho_{XY} = 0$,即 X 和 Y 不相关. 反之,若 X 和 Y 不相关,X 和 Y 却不一定相互独立(见下面的例 4.3.3). 由此可见,"独立"必然导致"不相关",而"不相关"不一定导致"独立". 不相关与独立的关系示意图,如图 4-1 所示.

不过,从以下的例 4.3.4 可以看到,当 (X,Y) 是二维正态分布时,X 和 Y 不相关与 X 和 Y 相互独立是等价的.

例 4.3.3 设 (X,Y) 的分布律见表 4-3.

表 4-3 (X,Y) 的分布律

Y \ X	-2	-1	1	2	$P\{Y=j\}$
1	0	1/4	1/4	0	1/2
4	1/4	0	0	1/4	1/2
$P\{X=i\}$	1/4	1/4	1/4	1/4	1

根据表 4-3 易知 $E(X) = 0, E(Y) = 5/2, E(XY) = 0$,于是 $\rho_{XY} = 0$,即 X 和 Y 不相关,这表明 X 和 Y 不存在线性关系. 但 $P\{X=-2, Y=1\} = 0 \neq P\{X=-2\}P\{Y=1\}$,知 X 和 Y 不是相互独立的. 事实上,X 和 Y 具有关系 $Y = X^2$.

例 4.3.4 设 (X,Y) 服从二维正态分布,它的概率密度为

$$f(x,y) = \frac{1}{2\pi\sigma_1\sigma_2\sqrt{1-\rho^2}}\exp\left\{-\frac{1}{2(1-\rho^2)}\left[\frac{(x-\mu_1)^2}{\sigma_1^2}\right.\right.$$

$$\left.\left.-2\rho\frac{(x-\mu_1)(y-\mu_2)}{\sigma_1\sigma_2} + \frac{(y-\mu_2)^2}{\sigma_2^2}\right]\right\},$$

求 X 和 Y 的相关系数.

解 根据例 3.2.4,知道 (X,Y) 关于 X 和 Y 的边缘概率密度分别为

$$f_X(x) = \frac{1}{\sqrt{2\pi}\sigma_1}e^{-\frac{(x-\mu_1)^2}{2\sigma_1^2}}, \quad -\infty < x < +\infty,$$

$$f_Y(y) = \frac{1}{\sqrt{2\pi}\sigma_2} e^{-\frac{(y-\mu_2)^2}{2\sigma_2^2}}, \quad -\infty < y < +\infty,$$

所以，$E(X) = \mu_1, E(Y) = \mu_2, D(X) = \sigma_1^2, D(Y) = \sigma_2^2$.

根据本节习题 6,

$$\text{Cov}(X, Y) = \rho\sigma_1\sigma_2, \text{ 所以 } \rho_{XY} = \frac{\text{Cov}(X,Y)}{\sqrt{D(X)}\sqrt{D(Y)}} = \rho.$$

这说明，二维正态分布(X,Y)的概率密度中的参数 ρ 就是 X 与 Y 的相关系数，因而二维正态随机变量的分布完全可由 X 与 Y 各自的数学期望、方差以及它们的相关系数决定.

在第 3 章已经讲过，若(X,Y)服从二维正态分布，那么 X 与 Y 相互独立的充分必要条件为 $\rho = 0$. 由于 $\rho = \rho_{XY}$，所以对二维正态分布(X,Y)来说，X 与 Y 不相关和 X 与 Y 相互独立是等价的.

4.3.3 矩、协方差矩阵

定义 4.3.3 设 X 和 Y 是随机变量，若 $E(X^k)$ 存在$(k = 1, 2, \cdots)$，称它为 X 的 **k 阶原点矩**.

若 $E\{[X - E(X)]^k\}$ 存在$(k = 1, 2, \cdots)$，称它为 X 的 k 阶中心矩.

若 $E(X^k Y^l)$ 存在$(k, l = 1, 2, \cdots)$，称它为 X 和 Y 的 $k + l$ 阶混合矩.

若 $E\{[X - E(X)]^k [Y - E(Y)]^l\}$ 存在$(k, l = 1, 2, \cdots)$，称它为 X 和 Y 的 **$k + l$ 阶混合中心矩**.

显然，数学期望 $E(X)$ 是一阶原点矩，方差 $D(X)$ 是二阶中心矩，协方差 $\text{Cov}(X, Y)$ 是 X 和 Y 的二阶混合中心矩.

二维随机变量(X_1, X_2)有 4 个二阶中心矩（设它们都存在），分别记为

$$c_{11} = E\{[X_1 - E(X_1)]^2\}, \quad c_{12} = E\{[X_1 - E(X_1)][X_2 - E(X_2)]\},$$

$$c_{21} = E\{[X_2 - E(X_2)][X_1 - E(X_1)]\}, \quad c_{22} = E\{[X_2 - E(X_2)]^2\}.$$

将它们写成矩阵的形式

$$\begin{pmatrix} c_{11} & c_{12} \\ c_{21} & c_{22} \end{pmatrix},$$

称这个矩阵为随机变量(X_1, X_2)的**协方差矩阵**. 显然它是对称矩阵.

类似地，可以建立多维随机变量协方差矩阵的概念，这里从略.

习题 4.3

1. 已知 $D(X) = 25, D(Y) = 36, \rho = 0.4$，求 $D(X+Y)$ 及 $D(X-Y)$.

2. 已知随机变量 $X \sim N(1,3^2)$，$Y \sim N(0,4^2)$，且 X 和 Y 的相关系数 $\rho_{XY} = -\frac{1}{2}$，设 $Z = \frac{X}{3} + \frac{Y}{2}$.（1）求 Z 的数学期望 $E(Z)$ 和方差 $D(Z)$；（2）求 X 与 Z 的相关系数.

3. 已知 $Y = a + bX$，证明 $\rho_{XY} = \begin{cases} 1, & b > 0, \\ -1, & b < 0. \end{cases}$

4. 随机变量 (X,Y) 的概率密度为

$$f(x,y) = \begin{cases} 1, & |y| < x, 0 < x < 1, \\ 0, & \text{其他}. \end{cases}$$

习题 4.3.4 详解

试求 $E(X),E(Y),\mathrm{Cov}(X,Y)$.

5. 设二维随机变量 (X,Y) 的概率密度为

$$f(x,y) = \begin{cases} \dfrac{1}{\pi}, & x^2 + y^2 \leqslant 1, \\ 0, & \text{其他}, \end{cases}$$

证明 X 和 Y 是不相关的，且 X 和 Y 不是相互独立的.

6. 若 $(X,Y) \sim N(\mu_1, \mu_2; \sigma_1^2, \sigma_2^2; \rho)$，证明 $\mathrm{Cov}(X,Y) = \rho\sigma_1\sigma_2$.

复习题 4

1. 设随机变量 X 的概率密度为 $f(x) = \begin{cases} 2x, & 0 \leqslant x \leqslant 1, \\ 0, & \text{其他}. \end{cases}$ 求 $E(X),D(X)$.

复习题 4.9 详解

2. 设相互独立随机变量 X_1, X_2, X_3 的数学期望分别为 2,1,4，方差分别为 9,20,12. 求 $X_1 - 2X_2 + 5X_3$ 的数学期望和方差.

3. 某地方电视台在体育节目中插播广告有 3 种方案（10s、20s 和 40s）供业主选择，据一段时间内的统计，这 3 种方案被选择的可能性分别是 10%，30% 和 60%.（1）设 X 为业主随机选择的广告时间长度，求 $E(X)$，并说明 $E(X)$ 的含义.（2）假设该电视台在体育节目中插播 10s 广告售价是 4000 元，20s 广告售价是 6500 元，40s 广告售价是 8000 元. 若设 Y 为广告价格，请写出 Y 的概率分布，计算 $E(Y)$，并说明 $E(Y)$ 的含义.

4. 设某种商品的需求量 $X(t)$ 是服从区间 $[10,30]$ 上的均匀分布的随机变量，而经销商店进货数量为区间 $[10,30]$ 中的某一个数，商店每销售 1t 产品可获利 500 元，若供大于求，则削价处理，每处理 1t 商品亏损 100 元；若供不应求，则可从外部调剂供应，此时 1t 商品仅获利 300 元，为使商店获利期望值不少于 9280 元，试确定最小进货量.

5. 若抛 n 颗均匀骰子，求 n 颗骰子出现点数之和的数学期望与方差.

6. 设连续型随机变量 X 的概率密度为

$$f(x) = \begin{cases} ax, & 0 < x < 2, \\ cx + b, & 2 \leqslant x < 4, \\ 0, & \text{其他}. \end{cases}$$

已知 $E(X) = 2, P\{1 < X < 3\} = \dfrac{3}{4}$,求常数 a,b,c 的值.

7. 设电压(以 V 计) $X \sim N(0,9)$,将电压施加于一检波器,其输出电压为 $Y = 5X^2$,求输出电压 Y 的均值.

8. 设随机变量 X 服从参数为 λ 的泊松分布,且已知 $E[(X-1)(X-2)] = 1$,求 λ.

9. 设 X 为随机变量,C 为常数,证明 $D(X) < E(X-C)^2$,对于 $C \neq E(X)$(说明:由于 $D(X) = E[X-E(X)]^2$,上式表明 $E(X-C)^2$ 当 $C = E(X)$ 时取到最小).

10. 将一枚硬币重复掷 n 次,以 X 和 Y 分别表示正面向上和反面向上的次数,求 X 和 Y 的相关系数.

11. 设随机变量 (X,Y) 的分布律为

X \ Y	-1	0	1
-1	$\dfrac{1}{8}$	$\dfrac{1}{8}$	$\dfrac{1}{8}$
0	$\dfrac{1}{8}$	0	$\dfrac{1}{8}$
1	$\dfrac{1}{8}$	$\dfrac{1}{8}$	$\dfrac{1}{8}$

验证 X 与 Y 不相关,但 X 与 Y 不是相互独立的.

12. 游客乘电梯从底层到电视塔顶层观光,电梯于每个整点的第 5min,25min 和 55min 从底层起行. 假设一游客在早 8 点的第 Xmin 到达底层候梯处,且 X 在 $[0,60]$ 上均匀分布,求该游客等候时间的数学期望.

13. 设随机变量 (X,Y) 的概率密度为

$$f(x,y) = \begin{cases} 2, & 0 < x < 1, 0 < y < x, \\ 0, & \text{其他.} \end{cases}$$

复习题 4.13 详解

求:(1) $E(X), E(Y), E(XY)$;(2) $D(X), D(Y)$;(3) $\text{Cov}(X,Y)$;(4) ρ_{XY};(5) (X,Y) 的协方差矩阵.

14. 设随机变量 X 的分布律为 $P\left\{X = \dfrac{(-2)^k}{k}\right\} = \dfrac{1}{2^k}(k = 1,2,\cdots)$,试证明 X 的数学期望不存在.

15. 对于随机变量 X,Y,Z,已知 $E(X) = E(Y) = 1, E(Z) = -1, D(X) = D(Y) = D(Z) = 1, \rho_{XY} = 0, \rho_{YZ} = -\dfrac{1}{2}, \rho_{XZ} = \dfrac{1}{2}$,求 $E(X+Y+Z), D(X+Y+Z)$.

16. 假设随机变量 U 在区间 $[-2,2]$ 上服从均匀分布,随机变量

$$X = \begin{cases} -1, & U \leqslant -1, \\ 1, & \text{其他}; \end{cases} \qquad Y = \begin{cases} -1, & U \leqslant 1, \\ 1, & \text{其他.} \end{cases}$$

求:(1) X 和 Y 的联合分布律;(2) $D(X+Y)$.

第5章   大数定律及中心极限定理

在第 1 章中我们曾经提到过事件发生的频率具有稳定性,即随着试验次数的增加,事件发生的频率逐渐稳定于某个常数. 在实践中人们还认识到,测量值的算术平均值具有稳定性,这种稳定性就是我们将要讨论的大数定律的背景. 正态分布是概率论中的一个重要分布,它有着广泛的应用. 中心极限定理将阐明,原本不是正态分布的一般随机变量和的分布,在一定条件下可以渐近服从正态分布. 本章我们先介绍大数定律,然后再介绍中心极限定理.

5.1   大数定律

这里我们首先介绍切比雪夫不等式,然后介绍 3 个常用的大数定律——切比雪夫大数定律、伯努利大数定律和辛钦大数定律.

5.1.1   切比雪夫不等式

首先,引进切比雪夫(Chebyshev) 不等式,它是证明大数定律所需的预备知识,并且可以用来估算某些事件发生的概率.

定理 5.1.1(切比雪夫不等式)   设随机变量 X 具有数学期望 $E(X) = \mu$,方差 $D(X) = \sigma^2$,则对于任意的正数 ε,有

$$P\{\,|\,X - \mu\,| \geqslant \varepsilon\} \leqslant \frac{\sigma^2}{\varepsilon^2}. \tag{5.1.1}$$

证明   只对连续型随机变量的情形来证明. 设 X 是连续型随机变量,其概率密度为 $f(x)$,则有

$$P\{\,|\,X - \mu\,| \geqslant \varepsilon\} = \int_{|x-\mu| \geqslant \varepsilon} f(x)\mathrm{d}x \leqslant \int_{|x-\mu| \geqslant \varepsilon} \frac{|\,x - \mu\,|^2}{\varepsilon^2} f(x)\mathrm{d}x$$

$$\leqslant \frac{1}{\varepsilon^2} \int_{-\infty}^{+\infty} (x - \mu)^2 f(x)\mathrm{d}x = \frac{\sigma^2}{\varepsilon^2}.$$

式(5.1.1) 称为**切比雪夫不等式**. 式(5.1.1) 可以写成如下等价的形式

$$P\{\,|\,X - \mu\,| < \varepsilon\} \geqslant 1 - \frac{\sigma^2}{\varepsilon^2}. \tag{5.1.2}$$

式(5.1.2)表明,随机变量 X 的方差越小,事件 $\{\mid X-\mu\mid<\varepsilon\}$ 发生的概率越大,即 X 的取值基本上集中在它的数学期望 μ 附近.由此可见,方差刻画了随机变量取值的分散程度.

例 5.1.1 已知随机变量 X 的数学期望 $E(X)=\mu$,方差 $D(X)=\sigma^2$,当 $\varepsilon=2\sigma$ 和 $\varepsilon=3\sigma$ 时,用切比雪夫不等式求 $P\{\mid X-\mu\mid<\varepsilon\}$ 的值至少是多少.

解 根据切比雪夫不等式(5.1.2),当 $\varepsilon=2\sigma$ 和 $\varepsilon=3\sigma$ 时,分别有

$$P\{\mid X-\mu\mid<2\sigma\}\geqslant 1-\frac{\sigma^2}{(2\sigma)^2}=\frac{3}{4}=0.75,$$

$$P\{\mid X-\mu\mid<3\sigma\}\geqslant 1-\frac{\sigma^2}{(3\sigma)^2}=\frac{8}{9}\approx 0.8889.$$

从例 5.1.1 可以看出,当随机变量 X 的分布未知时,利用它的数学期望和方差可以知道 $P\{\mid X-\mu\mid<\varepsilon\}$ 的值至少是多少,从而可以粗略地估算某些事件发生的概率.但如果已知随机变量 $X\sim N(\mu,\sigma^2)$,根据例 2.3.4 知,

$$P\{\mid X-\mu\mid<2\sigma\}=0.9544,P\{\mid X-\mu\mid<3\sigma\}=0.9974.$$

5.1.2 3 个大数定律

定理 5.1.2(切比雪夫大数定律) 设随机变量 $X_1,X_2,\cdots,X_n,\cdots$ 相互独立,且具有相同的数学期望和方差:$E(X_k)=\mu,D(X_k)=\sigma^2(k=1,2,\cdots)$.作前 n 个随机变量的算术平均 $\overline{X}=\frac{1}{n}\sum_{k=1}^{n}X_k$,则对于任意的正数 ε,有

$$\lim_{n\to+\infty}P\{\mid\overline{X}-\mu\mid<\varepsilon\}=\lim_{n\to+\infty}P\left\{\left|\frac{1}{n}\sum_{k=1}^{n}X_k-\mu\right|<\varepsilon\right\}=1. \quad (5.1.3)$$

证明 由于 $E\left(\frac{1}{n}\sum_{k=1}^{n}X_k\right)=\frac{1}{n}\sum_{k=1}^{n}E(X_k)=\frac{1}{n}\cdot n\mu=\mu$,$D\left(\frac{1}{n}\sum_{k=1}^{n}X_k\right)=$
$\frac{1}{n^2}\sum_{k=1}^{n}D(X_k)=\frac{1}{n^2}\cdot n\sigma^2=\frac{\sigma^2}{n}$.根据切比雪夫不等式,有

$$P\left\{\left|\frac{1}{n}\sum_{k=1}^{n}X_k-\mu\right|<\varepsilon\right\}\geqslant 1-\frac{\sigma^2/n}{\varepsilon^2}.$$

在上式中令 $n\to+\infty$,并注意到概率不能大于 1,即得

$$\lim_{n\to\infty}P\left\{\left|\frac{1}{n}\sum_{k=1}^{n}X_k-\mu\right|<\varepsilon\right\}=1.$$

现在来解释一下式(5.1.3)的意义. $\left\{\left|\frac{1}{n}\sum_{k=1}^{n}X_k-\mu\right|<\varepsilon\right\}$ 是一个随机事件,

式(5.1.3)表明,当 $n \to +\infty$ 时,这个事件的概率趋于 1. 即,对于任意的正数 ε,当 n 充分大时,不等式 $\left| \dfrac{1}{n} \sum\limits_{k=1}^{n} X_k - \mu \right| < \varepsilon$ 成立的概率很大.

定理 5.1.2 表明,当 n 很大时,随机变量 $X_1, X_2, \cdots, X_n$ 的算术平均 $\overline{X} = \dfrac{1}{n} \sum\limits_{k=1}^{n} X_k$ 接近于数学期望 $E(X_1) = E(X_2) = \cdots = E(X_n) = \mu$. 这种接近是在概率意义下的接近. 通俗地说,在定理 5.1.2 的条件下,n 个随机变量的算术平均,当 n 无限增加时将几乎变成一个常数.

定义 5.1.1 设 $Y_1, Y_2, \cdots, Y_n, \cdots$ 是一个随机变量序列,a 是一个常数. 若对于任意的正数 ε,有

$$\lim_{n \to +\infty} P\{ \mid Y_n - a \mid < \varepsilon \} = 1,$$

则称序列 $Y_1, Y_2, \cdots, Y_n, \cdots$ **依概率收敛于** a. 记为 $Y_n \xrightarrow{P} a$.

依概率收敛的序列还有以下性质.

设 $X_n \xrightarrow{P} a, Y_n \xrightarrow{P} b$,又设函数 $g(x, y)$ 在点 (a, b) 处连续,则

$$g(X_n, Y_n) \xrightarrow{P} g(a, b).$$

这样,定理 5.1.2 用"依概率收敛"又可以叙述为

定理 5.1.2 设随机变量 $X_1, X_2, \cdots, X_n, \cdots$ 相互独立,且具有相同的数学期望和方差:$E(X_k) = \mu, D(X_k) = \sigma^2 (k = 1, 2, \cdots)$,则序列 $\overline{X}_n = \dfrac{1}{n} \sum\limits_{k=1}^{n} X_k$ 依概率收敛于 μ,即 $\overline{X}_n \xrightarrow{P} \mu$.

例 5.1.2 设随机变量 $X_1, X_2, \cdots, X_n, \cdots$ 相互独立,且 $X_i (i = 1, 2, \cdots)$ 的分布律如下表:

X_i	$-\sqrt{2}$	0	$\sqrt{2}$
p_i	$\dfrac{1}{4}$	$\dfrac{1}{2}$	$\dfrac{1}{4}$

问对随机变量序列 $X_1, X_2, \cdots, X_n, \cdots$ 可否使用切比雪夫大数定律?

解 由于随机变量 $X_1, X_2, \cdots, X_n, \cdots$ 相互独立,且 $E(X_i) = 0, D(X_i) = 1$,$i = 1, 2, \cdots$,因此,满足定理 5.1.2 的条件,可以使用切比雪夫大数定律.

定理 5.1.3(伯努利大数定律) 设 n_A 是 n 次独立重复试验中事件 A 发生的次数,p 是事件 A 在每次试验中发生的概率,则对于任意的正数 ε,有

$$\lim_{n \to +\infty} P\left\{ \left| \frac{n_A}{n} - p \right| < \varepsilon \right\} = 1, \tag{5.1.4}$$

或

$$\lim_{n \to +\infty} P\left\{ \left| \frac{n_A}{n} - p \right| \geqslant \varepsilon \right\} = 0. \tag{5.1.4}'$$

证明　由于 $n_A \sim B(n, p)$,根据例 4.2.6,有 $n_A = X_1 + X_2 + \cdots + X_n$,其中, $X_1, X_2, \cdots, X_n$ 相互独立,且都服从 $B(1, p)$. 因此,$E(X_k) = p, D(X_k) = p(1-p)$, $k = 1, 2, \cdots, n.$ 根据定理 5.1.2(切比雪夫大数定律),得

$$\lim_{n \to +\infty} P\left\{ \left| \frac{1}{n}(X_1 + X_2 + \cdots + X_n) - p \right| < \varepsilon \right\} = 1,$$

即

$$\lim_{n \to +\infty} P\left\{ \left| \frac{n_A}{n} - p \right| < \varepsilon \right\} = 1.$$

定理 5.1.3(伯努利大数定律)表明,事件 A 发生的频率 $\dfrac{n_A}{n}$ 依概率收敛于事件 A 发生的概率. 它揭示了"事件发生的频率具有稳定性". 因此,在实际问题的应用中,当试验的次数很大时,用事件的频率代替它的概率是合理的.

例 5.1.3　根据例 1.2.1 我们知道,抛一枚质地均匀的硬币出现正面的概率为 0.5. 以下分三种情况验证硬币出现正面的频率与概率的关系,三种情况下均进行 1000 组实验,每组实验次数即抛硬币的次数分别为 100,1000,10 000.

解　三种情况下均进行 1000 组实验,每组实验次数即抛硬币的次数分别为 100,1000,10 000,硬币出现正面的频率与概率的偏离情况见图 5-1 的(1)—(4).

从图 5-1 的(1)—(4)可以看出,硬币出现正面的频率与概率的偏离程度,随着抛硬币次数的增加(100 → 1000 → 10 000),频率与概率的偏离程度越来越小,即频率与概率越来越接近. 这就直观地验证了定理 5.1.3(伯努利大数定律).

说明:例 5.1.3 中三种情况下频率与概率偏离图的 MATLAB 程序,见本书附录 B 的例 B.2.3.

如果事件 A 的概率很小,根据伯努利大数定律,事件 A 发生的频率也是很小的,或者说 A 很少发生,即"概率很小的事件在个别试验中几乎不会发生",这一原理称为**小概率事件原理**(或**实际推断原理**),它的应用很广泛. 例如,如果在某种假设下一个事件发生的概率很小,可是它在一次试验中竟然发生了,我们根据小概率事件原理,有理由怀疑假设的正确性. 但应该注意,小概率事件与不可能事件是有区别的.

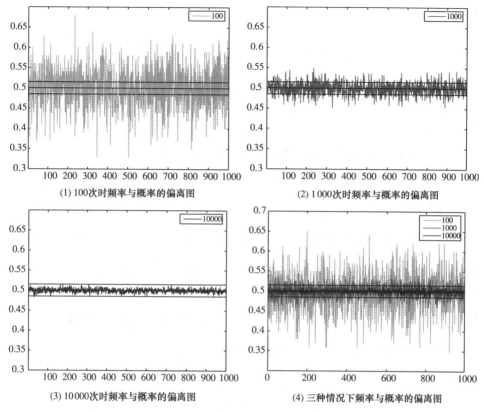

(1) 100次时频率与概率的偏离图

(2) 1000次时频率与概率的偏离图

(3) 10000次时频率与概率的偏离图

(4) 三种情况下频率与概率的偏离图

图 5-1　抛硬币问题中频率与概率的关系

定理 5.1.2 中要求随机变量 $X_1, X_2, \cdots, X_n, \cdots$ 的方差存在,但在这些随机变量相互独立且服从同一分布的场合,并不需要这一条件,我们有以下定理.

定理 5.1.4(辛钦大数定律)　设随机变量 $X_1, X_2, \cdots, X_n, \cdots$ 相互独立,服从同一分布,且具有数学期望 $E(X_k) = \mu(k = 1, 2, \cdots)$,则对于任意的正数 ε,有

$$\lim_{n \to +\infty} P\left\{ \left| \frac{1}{n} \sum_{k=1}^{n} X_k - \mu \right| < \varepsilon \right\} = 1.$$

定理 5.1.4 的证明从略. 定理 5.1.2(切比雪夫大数定律)是定理 5.1.4(辛钦大数定律)的特殊情形,定理 5.1.4 在应用中是很重要的.

*例 5.1.4**　设随机变量 $X_1, X_2, \cdots, X_n$ 相互独立同分布,都在 $(0,1)$ 区间上服从均匀分布,则 $\frac{1}{n} \sum_{k=1}^{n} \mathrm{e}^{-\frac{X_k^2}{2}}$ 依概率收敛于 $\int_0^1 \mathrm{e}^{-\frac{x^2}{2}} \mathrm{d}x$.

证明　由于随机变量 $X_1, X_2, \cdots, X_n$ 独立同分布,则随机变量 $\mathrm{e}^{-\frac{X_1^2}{2}}, \mathrm{e}^{-\frac{X_2^2}{2}}, \cdots,$ $\mathrm{e}^{-\frac{X_n^2}{2}}$ 也独立同分布. 因为 X_k 在 $(0,1)$ 上服从均匀分布,其概率密度函数为 $f(x) =$

$1(0 < x < 1)$,则

$$E(e^{-\frac{x_k^2}{2}}) = \int_{-\infty}^{+\infty} e^{-\frac{x^2}{2}} f(x)\, \mathrm{d}x = \int_0^1 e^{-\frac{x^2}{2}}\, \mathrm{d}x, \quad k = 1, 2, \cdots, n.$$

根据定理 5.1.4(辛钦大数定律),当 $n \to +\infty$ 时,$\dfrac{1}{n}\sum\limits_{k=1}^{n} e^{-\frac{x_k^2}{2}}$ 依概率收敛于 $\displaystyle\int_0^1 e^{-\frac{x^2}{2}}\, \mathrm{d}x$.

例 5.1.4 的结果在定积分的数值计算上是很有用的.

*例 5.1.5 用例 5.1.4 的结果计算 $\dfrac{1}{\sqrt{2\pi}}\displaystyle\int_0^1 e^{-\frac{x^2}{2}}\, \mathrm{d}x$(要求计算结果精确到小数点后六位数).

解 根据例 5.1.4 的结果,先在计算机上产生 n 个 $(0,1)$ 区间上的均匀分布的随机数 $x_k(k = 1, 2, \cdots, n)$,然后对每一个 x_k 计算 $e^{-\frac{x_k^2}{2}}$,最后得 $\dfrac{1}{\sqrt{2\pi}}\displaystyle\int_0^1 e^{-\frac{x^2}{2}}\, \mathrm{d}x \approx$ $\dfrac{1}{n}\left(\dfrac{1}{\sqrt{2\pi}}\sum\limits_{k=1}^{n} e^{-\frac{x_k^2}{2}}\right)$. 其精确值和 $n = 10\,000, 100\,000$ 时的模拟值见下表(其 MATLAB 程序,见本书附录 B 的例 B.2.10):

精确值	模拟值	
	$n = 10\,000$	$n = 100\,000$
0.341344	0.341329	0.341334

当然,由于 $\varphi(x) = \dfrac{1}{\sqrt{2\pi}} e^{-\frac{x^2}{2}}$ 是标准正态分布的概率密度函数,所以查标准正态分布表,得 $\dfrac{1}{\sqrt{2\pi}}\displaystyle\int_0^1 e^{-\frac{x^2}{2}}\, \mathrm{d}x = \Phi(1) - \Phi(0) = 0.8413 - 0.5000 = 0.3413$.

但是,一般的标准正态分布表都只有小数点后 4 位,有时可能精度不够.

由于可以通过线性变换将 (a, b) 区间上的定积分化为 $(0,1)$ 区间上的定积分,所以上述计算定积分的方法具有普遍意义. 这就是辛钦大数定律在蒙特卡洛(Monte Carlo)方法计算定积分方面的应用.

习题 5.1

1. 已知随机变量 X 的分布律为

X	1	2	3
p_k	0.2	0.3	0.5

试利用切比雪夫不等式估计事件$\{\,|\,X-E(X)\,|<1.5\}$的概率.

2. 设随机变量 X 的数学期望 $E(X)=75$,方差 $D(X)=5$,用切比雪夫不等式估计得 $P\{\,|\,X-75\,|\geqslant k\}\leqslant 0.05$. 求 k.

3. 设随机变量 X 的数学期望 $E(X)=100$,方差 $D(X)=10$,利用切比雪夫不等式估计 $P\{80<X<120\}$.

4. X 与 Y 的数学期望分别为 -2 和 2,方差分别为 1 和 4,而相关系数为 -0.5,试利用切比雪夫不等式估计 $P\{\,|\,X+Y\,|\geqslant 6\}$.

5. 设 $X_1,X_2,\cdots,X_n$ 相互独立,且都服从参数为 $\dfrac{1}{2}$ 的指数分布,证明当 $n\to+\infty$ 时,$Y_n=\dfrac{1}{n}\displaystyle\sum_{i=1}^{n}X_i^2$ 依概率收敛于 $\dfrac{1}{2}$.

6. 设在任意 n 次开关电路的实验中,假定在每次试验中开或关的概率各为 $\dfrac{1}{2}$,m 表示在这 n 次试验中遇到开电的次数,欲使开电频率 $\dfrac{m}{n}$ 与开电概率 p 的绝对误差小于 $\varepsilon=0.01$ 有 99% 以上的把握,试问实验次数 n 应该至少是多少?

7. 设 $\{X_n\},n=1,2,\cdots$ 为独立同分布随机变量序列,每个随机变量的方差为 $D(X_k)=\sigma^2$,证明 $\dfrac{1}{n}\displaystyle\sum_{k=1}^{n}\big[X_k-E(X_k)\big]^2$ 依概率收敛于 σ^2.

8. 将一枚均匀对称的骰子独立地重复抛掷 n 次,当 $n\to+\infty$ 时,应用大数定律求 n 次抛掷出点数的算术平均值 $\overline{X}_n$ 依概率收敛的极限.

习题 5.1.8 详解

5.2 中心极限定理

在概率论与数理统计中,正态分布是一个重要的分布. 在概率论中,将有关论证随机变量和的分布是正态分布的定理称为中心极限定理. 这里只介绍两个常用的中心极限定理——独立同分布中心极限定理、棣莫弗-拉普拉斯中心极限定理.

5.2.1 独立同分布中心极限定理

定理 5.2.1(独立同分布中心极限定理) 设随机变量 $X_1,X_2,\cdots,X_n,\cdots$ 相互独立,服从同一分布,且具有数学期望和方差:$E(X_k)=\mu,D(X_k)=\sigma^2>0(k=1,2,\cdots)$,则随机变量之和 $\displaystyle\sum_{k=1}^{n}X_k$ 的标准化随机变量

$$Y_n=\frac{\displaystyle\sum_{k=1}^{n}X_k-E\Big(\sum_{k=1}^{n}X_k\Big)}{\sqrt{D\Big(\displaystyle\sum_{k=1}^{n}X_k\Big)}}=\frac{\displaystyle\sum_{k=1}^{n}X_k-n\mu}{\sqrt{n}\sigma}$$

的分布函数 $F_n(x)$ 对于任意的 x 满足

$$\lim_{n \to +\infty} F_n(x) = \lim_{n \to +\infty} P\left\{ \frac{\sum\limits_{k=1}^{n} X_k - n\mu}{\sqrt{n}\sigma} \leqslant x \right\} = \int_{-\infty}^{x} \frac{1}{\sqrt{2\pi}} e^{-\frac{t^2}{2}} dt = \Phi(x).$$

独立同分布中心极限定理说明,具有数学期望 $E(X_k) = \mu$ 和方差 $D(X_k) = \sigma^2 > 0$ 的独立同分布的随机变量 $X_1, X_2, \cdots, X_n$ 之和 $\sum\limits_{k=1}^{n} X_k$ 的标准化变量,当 n 充分大时,有

$$Y_n = \frac{\sum\limits_{k=1}^{n} X_k - n\mu}{\sqrt{n}\sigma} \overset{\text{近似}}{\sim} N(0,1). \tag{5.2.1}$$

在一般情况下,很难求出 $\sum\limits_{k=1}^{n} X_k$ 的分布的确切形式.式(5.2.1)说明,当 n 充分大时,可以利用正态分布对 $\sum\limits_{k=1}^{n} X_k$ 进行理论分析或实际计算.

例 5.2.1 设 $\{X_i(i=1,2,\cdots)\}$ 是一些相互独立同分布的随机变量,且它们都服从参数为 λ 的泊松分布 $P(\lambda)$,可以证明(证明见:何书元《概率论与数理统计》中的"泊松分布的可加性")$\sum\limits_{i=1}^{n} X_i \sim P(n\lambda)$.当 $\lambda = 1$ 时,随着 n 的增加($n = 1, 2, 5, 10, 15, 20$),$\sum\limits_{i=1}^{n} X_i$ 将如何变化?$\sum\limits_{i=1}^{n} X_i$ 的标准化随机变量又将如何变化?

解 当 $n = 1, 2, 5, 10, 15, 20$ 和 $\lambda = 1$ 时,$\sum\limits_{i=1}^{n} X_i \sim P(n\lambda)$ 的分布律折线图如图 5-2 所示.

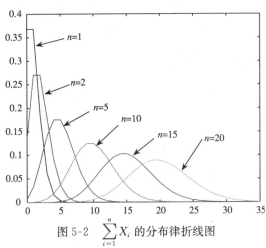

图 5-2 $\sum\limits_{i=1}^{n} X_i$ 的分布律折线图

从图 5-2 可以看出，$\sum\limits_{i=1}^{n} X_i$ 的分布律折线图，随着 n 的增加$(1 \rightarrow 2 \rightarrow 5 \rightarrow 10 \rightarrow$ $15 \rightarrow 20)$ 越来越接近正态分布密度函数的形状. 即当 n 较大时，$\sum\limits_{i=1}^{n} X_i$ 近似服从正态分布，因此 $\sum\limits_{i=1}^{n} X_i$ 的标准化随机变量近似服从标准正态分布. 这就直观地验证了定理 5.2.1(独立同分布中心极限定理).

说明：例 5.2.1 中分布律折线图的 MATLAB 程序，见本书附录 B 的例 B.2.4.

例 5.2.2 在一个超市中，结账柜台为顾客服务的时间(以 min 计)是相互独立的随机变量且服从相同的分布，均值为 1.5，方差为 1. (1) 求对 100 位顾客的总服务时间不超过 2h 的概率. (2) 要求总的服务时间不超过 1h 的概率大于 0.95，问至多能为多少位顾客服务？

解 (1) 设 $X_i(i = 1,2,\cdots,100)$ 表示为第 i 位顾客的服务时间. 根据题意，$X_1, X_2, \cdots, X_{100}$ 相互独立且服从相同的分布，根据定理 5.2.1，有

$$P\left\{\sum_{i=1}^{100} X_i \leqslant 120\right\} = P\left\{\frac{\sum\limits_{i=1}^{100} X_i - 100 \times 1.5}{\sqrt{100 \times 1}} \leqslant \frac{120 - 100 \times 1.5}{\sqrt{100 \times 1}}\right\}$$

$$\approx \Phi\left(\frac{120 - 150}{10}\right) = \Phi(-3)$$

$$= 0.0013.$$

由于所求出的概率比较小，在实际中可以认为为 100 位顾客服务的总时间不小于 2h 几乎是不可能的.

(2) 设 1h 内能为 N 位顾客服务，并设 $X_i(i = 1,2,\cdots,N)$ 表示为第 i 位顾客的服务时间. 根据题意，要确定最大的 N，使 $P\left\{\sum\limits_{i=1}^{N} X_i \leqslant 60\right\} > 0.95$.

根据定理 5.2.1，有

$$P\left\{\sum_{i=1}^{N} X_i \leqslant 60\right\} = P\left\{\frac{\sum\limits_{i=1}^{N} X_i - N \times 1.5}{\sqrt{N} \times 1} \leqslant \frac{60 - N \times 1.5}{\sqrt{N} \times 1}\right\}$$

$$\approx \Phi\left(\frac{60 - N \times 1.5}{\sqrt{N} \times 1}\right)$$

$$> 0.95.$$

查表得 $\dfrac{60 - N \times 1.5}{\sqrt{N} \times 1} > 1.645$，于是 $1.5N + 1.645\sqrt{N} - 60 < 0$，得 $\sqrt{N} <$

5.8,因此 $N < 33.64$.

由于 N 为正整数,所以取 $N = 33$,即最多只能为 33 位顾客服务,才能使总的服务时间不超过 1h 的概率大于 0.95.

5.2.2 棣莫弗 - 拉普拉斯中心极限定理

定理 5.2.2(De Moiver-Laplace 中心极限定理) 设随机变量 $Y_n(n = 1, 2, \cdots)$ 服从参数为 n 和 $p(0 < p < 1)$ 的二项分布,则对于任意的 x,有

$$\lim_{n \to +\infty} P\left\{\frac{Y_n - np}{\sqrt{np(1-p)}} \leqslant x\right\} = \int_{-\infty}^{x} \frac{1}{\sqrt{2\pi}} e^{-\frac{t^2}{2}} dt = \Phi(x). \qquad (5.2.2)$$

证明 根据例 4.2.6 知,可以将 Y_n 分解成 n 个相互独立、服从同一 0-1 分布的诸随机变量 $X_1, X_2, \cdots, X_n$ 的和,即 $Y_n = \sum_{k=1}^{n} X_k$. 其中,$X_k(k = 1, 2, \cdots, n)$ 的分布律为

$$P\{X_k = i\} = p^i(1-p)^{1-i}, \quad i = 0, 1.$$

由于 $E(X_k) = p, D(X_k) = p(1-p), k = 1, 2, \cdots, n$,根据定理 5.2.1,得

$$\lim_{n \to +\infty} P\left\{\frac{Y_n - np}{\sqrt{np(1-p)}} \leqslant x\right\} = \lim_{n \to +\infty} P\left\{\frac{\sum_{k=1}^{n} X_k - np}{\sqrt{np(1-p)}} \leqslant x\right\}$$

$$= \int_{-\infty}^{x} \frac{1}{\sqrt{2\pi}} e^{-\frac{t^2}{2}} dt$$

$$= \Phi(x).$$

定理 5.2.2 说明,当 n 充分大时,二项分布的标准化随机变量 $\dfrac{Y_n - np}{\sqrt{np(1-p)}}$ 近似服从标准正态分布. 即当 n 充分大时,有

$$\frac{Y_n - np}{\sqrt{np(1-p)}} \overset{近似}{\sim} N(0, 1).$$

这样,在实际中当 n 充分大时,可以利用式(5.2.2)来近似计算二项分布的概率.

例 5.2.3 设 $\{X_i (i = 1, 2, \cdots)\}$ 是一些相互独立同分布的随机变量,且它们都服从 0-1 分布 $B(1, p)$,根据例 4.2.6 我们知道 $\sum_{i=1}^{n} X_i$ 服从二项分布 $B(n, p)$. 随着 n 的增加($n = 2, 5, 10, 15, 20$),二项分布 $B(n, 0.5)$ 将如何变化?二项分布 $B(n,$

0.5) 的标准化随机变量又将如何变化?

解 当 $n=2,5,10,15,20$ 时,二项分布 $B(n,0.5)$ 的分布律折线图如图 5-3 所示.

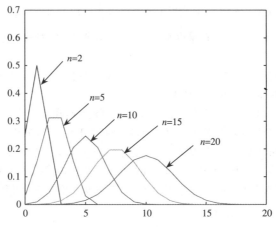

图 5-3 二项分布 $B(n,0.5)$ 的分布律折线图

从图 5-3 可以看出,二项分布 $B(n,0.5)$ 的分布律折线图随着 n 的增加($2 \rightarrow 5 \rightarrow 10 \rightarrow 15 \rightarrow 20$)越来越接近正态分布密度函数的形状. 即当 n 较大时,二项分布 $B(n,0.5)$ 近似服从正态分布,因此二项分布 $B(n,0.5)$ 的标准化随机变量近似服从标准正态分布. 这就直观地验证了定理 5.2.2(棣莫弗 - 拉普拉斯中心极限定理).

例 5.2.4 设在某保险公司的索赔户中,因被盗索赔者占 20%,求在 200 个索赔户中因被盗而索赔的户数在 25 到 55 的概率.

解 用 X_n 表示在 200 个索赔户中因被盗而索赔的户数,根据题意 $X_n \sim B(200,0.2)$,且 $E(X_n)=np=40,D(X_n)=np(1-p)=32=5.66^2$,根据定理 5.2.2(棣莫弗-拉普拉斯中心极限定理),所求的概率为

$$P\{25 \leqslant X_n \leqslant 55\} = P\left\{\frac{25-40}{5.66} \leqslant \frac{X_n-40}{5.66} \leqslant \frac{55-40}{5.66}\right\}$$

$$= P\left\{-2.65 \leqslant \frac{X_n-40}{5.66} \leqslant 2.65\right\} \approx \Phi(2.65) - \Phi(-2.65)$$

$$= 0.9920.$$

习题 5.2

1. 据以往经验,某种电器元件的寿命服从均值为 100h 的指数分布,现随机地取 16 只,设它们的寿命相互独立,求这 16 只元件的寿命的总和大于 1920h 的概率.

习题 5.2.4 详解

2. 一生产线生产的产品成箱包装,每箱的重量是随机的. 假设每箱平均重 50kg. 标准差为 5kg. 若用最大载重量为 5000kg 的汽车承运,试利用中心极限定理说明每辆车最多可以装多少箱,才能保障不超载的概率大于 0.977.

3. 设射击不断地独立进行,且每次射中的概率为 $\frac{1}{10}$. (1) 试求 500 次射击中射中的次数在区间 $(49,55)$ 之中的概率 p_1;(2) 问最少要射击多少次才能使射中的次数超过 50 次的概率大于已给正数 q_0?

4. 有一批建筑房屋所用的木柱,其中 80% 的长度不小于 3m. 现在从这批木柱中随机地取 100 根,求其中至少有 30 根短于 3m 的概率.

5. 一复杂的系统由 100 个相互独立起作用的部件所组成,在整个运行期间每个部件损坏的概率为 0.10. 为使整个系统起作用,至少必须有 85 个部件正常工作,求整个系统起作用的概率.

6. 某市保险公司开办 1 年人身保险业务,被保险人每年需交付保险费 160 元,若 1 年内发生重大人身事故,其本人或家属可获得 2 万元赔金. 已知该市人员 1 年内发生重大人身事故的概率为 0.005,现有 5000 人参加此项保险,求保险公司 1 年内从此项业务所得到的总收益在 20 万元到 40 万元之间的概率.

复习题 5

复习题 5.6 详解

1. 设随机变量序列 $\{X_n\}$,$n = 1,2,\cdots$ 的分布律为:对固定的 n,X_n 只取 $\frac{1}{n}$ 和 $n+1$ 这两个值,并且取这两个值的概率分别为 $P\left\{X_n = \frac{1}{n}\right\} = 1 - \frac{1}{n}$,$P\{X_n = n+1\} = \frac{1}{n}$,证明 $\{X_n\}$,$n = 1,2,\cdots$ 依概率收敛于 0.

2. 设 $X_1,X_2,\cdots,X_n,\cdots$ 相互独立,且都服从区间 $(1,15)$ 上的均匀分布,证明当 $n \to +\infty$ 时,$Y = \frac{1}{n}\sum_{k=1}^{n} X_k$ 依概率收敛于 8.

3. 一部件包括 10 部分,每部分的长度是一个随机变量,且它们相互独立,服从同一分布,其数学期望为 2mm,标准差为 0.05mm. 规定总长度为 (20 ± 0.1)mm 时产品合格,试求产品合格的概率.

4. 设各零部件的重量都是随机变量,且它们相互独立,服从相同的分布,其数学期望为 0.5kg,标准差为 0.1kg,问 5000 只零部件的总重量超过 2510kg 的概率是多少?

5. 一食品店有 3 种蛋糕出售,由于售出哪一种蛋糕是随机的,因而售出一只蛋糕的价格是一个随机变量,它取 1 元、1.2 元、1.5 元各值的概率分别为 0.3、0.2、0.5. 若某天售出 300 只蛋糕,(1) 求这天的收入至少 400 元的概率;(2) 求这天售出价格为 1.2 元的蛋糕多于 60 只的概率.

6. 某种电子器件的寿命(h)具有数学期望 μ(未知),方差 $\sigma^2 = 400$. 为了估计 μ,随机地取 n 只器件在时刻 $t = 0$ 投入测试(设测试是相互独立的)直到器件出现失效,测得其寿命为 $X_1,X_2,\cdots,X_n$,以 $\overline{X} = \frac{1}{n}\sum_{i=1}^{n} X_i$ 作为 μ 的估计. 为了使 $P\{|\overline{X} - \mu| < 1\} \geqslant 0.95$,问 n 至少为多少?

7. 在独立试验序列中,事件 A 在第 k 次试验中出现的概率为 p_k,且设 X 是前 n 次试验中事

件 A 出现的次数,证明 $\lim\limits_{n\to\infty} P\left\{\left|\dfrac{X}{n} - \dfrac{1}{n}\sum\limits_{k=1}^{n} p_k\right| < \varepsilon\right\} = 1.$

8. 随机地取两组学生,每组80人,分别在两个实验室里测量某种化合物的pH值,各人测量的结果是随机变量,它们相互独立,服从同一分布,数学期望为5,方差为0.3,以 $\bar{X}, \bar{Y}$ 分别表示第1组和第2组所得结果的算术平均,求:(1) $P\{4.9 < \bar{X} < 5.1\}$;(2) $P\{-0.1 < \bar{X} - \bar{Y} < 0.1\}$.

第6章   数理统计的基本概念

本书的前 5 章我们学习了概率论的内容,随后的 4 章是数理统计部分. 数理统计是具有广泛应用的一个数学分支,它以概率论为理论基础,根据试验或观察得到的数据来研究随机现象,对研究对象的客观规律性作出种种估计和判断.

数理统计的主要内容包括,如何收集、整理数据资料,如何对所得的数据资料进行分析、研究,从而对研究对象的性质、特性作出推断.

本章将介绍总体、随机样本、统计量等基本概念,并着重介绍几个常用的统计量及抽样分布.

6.1   基本概念

6.1.1   总体与样本

定义 6.1.1   把所研究对象的全体称为**总体**,总体中每个元素称为**个体**. 总体中所包含个体的个数称为总体的**容量**. 容量为有限的总体称为**有限总体**,容量为无限的总体称为**无限总体**.

例如,某大学一年级的男生是一个总体,其中的每一个男生是一个个体;某种手机中装配的锂电池是一个总体,每只锂电池是一个个体. 在实际问题中我们所研究的是总体中个体的某一个数量指标. 例如,对上述男生这一总体来说,我们只研究男生的身高这个数量指标. 又如,对于锂电池这个总体,我们只研究电池寿命这个数量指标.

例如,考察某天生产的某型号锂电池,总体的容量就是锂电池的个数,所以是有限总体. 当有限总体所含个体的数量很大时,可以认为它近似地是一个无限总体. 例如,考察全国正在使用的某种型号灯泡的寿命,总体的容量就是灯泡的个数,由于灯泡的个数很多,可以近似地认为是无限总体.

我们所要研究的个体的某一个数量指标(例如男生的身高),它对总体中不同的个体来说取不同的数值,即具有不确定性. 我们自总体中随机取一个个体,观察它的数量指标的值,这就是一个随机试验. 而数量指标 X 作为随机试验中被观察的量,它的取值随试验的结果而定,它是一个随机变量. 我们对总体的研究,就是对随机变量 X 的研究. X 的分布函数和数字特征,分别称为总体的分布函数和数字特征. 这样,一个总体对应于一个随机变量 X. 今后将不区分总体与相应的随机变量,

笼统地称为总体 X.

例如,我们检验自动生产线出来的零件是次品还是正品,用 1 表示产品为次品,用 0 表示产品为正品.设出现次品的概率为 p,那么总体是由一些具有数量指标为 1 和一些具有数量指标为 0 的个体所组成.这个总体对应于一个参数为 p 的 0-1 分布,我们就将它说成是 0-1 分布的总体.

要将一个总体的性质了解清楚,初看起来,最理想的办法是对每个个体逐一进行观察,但这在实际问题中往往是不现实的.例如,要研究一批电池的寿命,由于寿命试验是破坏性的,一旦我们获得了每个电池的寿命数据,这批电池已经全部报废了.因此,我们只能从这批电池中随机地抽取一部分进行寿命试验,并记录其结果,然后根据这些数据来推断这批电池的寿命情况.

在数理统计中,一般地,人们都是通过从总体中抽取一部分个体,根据获得的数据来对总体进行推断的.被抽出的部分个体叫做总体的一个样本.

所谓从总体中抽取一个个体,就是对总体 X 进行一次观察并记录其结果.我们在相同的条件下对总体 X 进行 n 次重复的、独立的观察,并将 n 次观察结果按试验的次序记为 $X_1, X_2, \cdots, X_n$.由于 $X_1, X_2, \cdots, X_n$ 是对随机变量 X 的观察结果,且各次观察是在相同的条件下独立进行的,所以有理由认为 $X_1, X_2, \cdots, X_n$ 是相互独立的,且都是与 X 具有相同分布的随机变量.

定义 6.1.2　设 X 是具有分布函数 F 的随机变量,若 $X_1, X_2, \cdots, X_n$ 是具有相同分布函数 F 的、相互独立的随机变量,则称 $X_1, X_2, \cdots, X_n$ 为从总体 X 得到的**容量为 n 的简单随机样本**,简称**样本**(sample),它们的观察值 $x_1, x_2, \cdots, x_n$ 称为**样本值**,又称为 X 的 n 个观察值.

应该注意的是,由于数理统计是通过从总体中抽取一部分个体组成的样本,并根据获得的样本数据来对总体进行推断的,所以这就决定了数理统计的方法是"归纳性"的,它区别于概率论的"演绎性".

由定义 6.1.2 可知,简单随机样本有以下两个重要性质.

若 $X_1, X_2, \cdots, X_n$ 为总体 X 的一个样本,则

(1) $X_1, X_2, \cdots, X_n$ 是相互独立的;

(2) $X_1, X_2, \cdots, X_n$ 与总体 X 具有相同的分布.

即它们的分布函数都是 F,所以 $(X_1, X_2, \cdots, X_n)$ 的分布函数为

$$F^*(x_1, x_2, \cdots, x_n) = \prod_{i=1}^{n} F(x_i).$$

又设 X 具有概率密度函数 f,则 $(X_1, X_2, \cdots, X_n)$ 的概率密度函数为

$$f^*(x_1, x_2, \cdots, x_n) = \prod_{i=1}^{n} f(x_i).$$

例 6.1.1 设总体 X 服从指数分布，其概率密度为

$$f(x) = \begin{cases} \dfrac{1}{\theta} \mathrm{e}^{-\frac{x}{\theta}}, & x > 0, \\ 0, & \text{其他}, \end{cases}$$

式中，$\theta > 0$ 为常数。$X_1, X_2, \cdots, X_{10}$ 为来自总体 X 的样本。（1）求 $X_1, X_2, \cdots, X_{10}$ 的联合概率密度；（2）设 $X_1, X_2, \cdots, X_{10}$ 分别为 10 块独立工作的电路板的寿命（以年记），求 10 块电路板的寿命都大于 2 的概率。

解 （1）$X_1, X_2, \cdots, X_{10}$ 的联合概率密度为

$$f^*(x_1, x_2, \cdots, x_{10}) = \begin{cases} \prod\limits_{i=1}^{10} \dfrac{1}{\theta} \mathrm{e}^{-\frac{x_i}{\theta}} = \dfrac{1}{\theta^{10}} \mathrm{e}^{\left(-\sum\limits_{i=1}^{10} \frac{x_i}{\theta}\right)}, & x_1, x_1, \cdots, x_{10} > 0, \\ 0, & \text{其他}. \end{cases}$$

（2）$P\{X_1 > 2\} P\{X_2 > 2\} \cdots P\{X_{10} > 2\} = [P\{X_1 > 2\}]^{10} = (\mathrm{e}^{-\frac{2}{\theta}})^{10}$
$$= \mathrm{e}^{-\frac{20}{\theta}}.$$

6.1.2 直方图

为了研究总体的分布性质，人们经常通过试验得到一些观察值，一般情况下得到的数据可能是杂乱无章的。为了利用这些数据进行统计分析，将这些数据加以整理，要借助于表格和图形对它们进行描述。本节我们将通过一个例子对随机变量 X 引进"频率直方图"，它能使我们对 X 的分布有一个粗略的了解。

例 6.1.2 我们来研究患某种疾病的 $21 \sim 44$ 岁男子的血压（单位：mmHg）这一总体 X。为此抽查了 63 个男子，测得的数据见表 6-1。

表 6-1 血压数据

100	130	120	138	110	110	115	134	120	122	110
120	115	162	130	130	110	147	122	120	131	110
138	124	122	126	120	130	142	110	128	120	124
110	119	132	125	131	117	112	148	108	107	117
121	130	119	121	132	118	126	117	98	115	123
141	129	140	120	96	141	106	114			

这些数据是杂乱无章的，先要将它们进行整理。在表 6-1 中，我们看到最大和最小观察值分别是 162 和 96。考虑到表 6-1 中的数据是将实测数据经四舍五入后得到的，所以取区间 $I = [95.5, 162.5]$ 使得所有实测数据都落在区间 I 上。将区间 I 等分为若干个小区间，小区间的个数与数据个数 n 有关，一般取为 $\sqrt{n}$ 左右为好。

本题中 $n = 63$，所以小区间的个数可取为 8，于是小区间的长度为 $(162.5 - 95.5)/8 = 8.375$，这个长度用起来不方便. 为此，将区间 I 的下限延伸至 90.5，上限延伸至 170.5. 这样小区间的长度调整为 $\Delta = (170.5 - 90.5)/8 = 10$，这里 Δ 叫做**组距**. 小区间的端点叫做**组限**. 在表 6-1 中数出落在每个小区间内的数据的个数（即频数）$r_i (i = 1, 2, \cdots, 8)$，算出数据落在各小区间内的频率 $\dfrac{r_i}{n} (n = 63, i = 1, 2, \cdots, 8)$，所得结果列在表 6-2 中.

表 6-2　　　　　　　　　　　　　频数数据

组限	频数 r_i	频率 $\dfrac{r_i}{n}$	累积频率
$90.5 \sim 100.5$	3	0.048	0.048
$100.5 \sim 110.5$	10	0.159	0.207
$110.5 \sim 120.5$	18	0.286	0.493
$120.5 \sim 130.5$	18	0.286	0.779
$130.5 \sim 140.5$	8	0.127	0.906
$140.5 \sim 150.5$	5	0.079	0.985
$150.5 \sim 160.5$	0	0	0.985
$160.5 \sim 170.5$	1	0.015	1

如图 6-1 所示，在每个小区间上作出以 $\dfrac{r_i/n}{\Delta}$ 为高，以小区间的长为底的小矩形，小矩形的面积就是 $\dfrac{r_i/n}{\Delta} \cdot \Delta = \dfrac{r_i}{n}$. 这样的图形叫做**频率直方图**，简称**直方图**（histogram）.

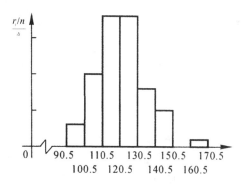

图 6-1　直方图

如果数据来自连续型总体 X，根据伯努利大数定律，频率接近于概率，因此，每个小区间上的小矩形的面积近似于以该小区间为底，以 X 的概率密度曲线为曲边的小曲边梯形的面积.从而,所得直方图顶部的阶梯形曲线近似于 X 的概率密度曲线(图 6-1).

由图 6-1 看到,此直方图顶部的阶梯形曲线两头低,中间高,有一个峰,且关于中心线比较对称,看来像是接近于正态分布的概率密度曲线.根据直方图可以大致看出总体的分布属于什么类型.从直方图还可以估计出 X 落在某一个小区间上的概率.例如,从图 6-1 上看到,有 57.2% 的人的血压在区间 $(110.5,130.5)$ 之内,血压高于 140.5 的仅有 9.4% 等.

6.1.3 统计量与样本矩

样本是统计推断的依据,但在实际问题中,往往不是直接使用样本本身,而是针对不同的问题构造适当的样本的函数,利用这种样本的函数来进行统计推断.

定义 6.1.3 设 $X_1,X_2,\cdots,X_n$ 是来自总体 X 的一个样本,$g(X_1,X_2,\cdots,X_n)$ 是 $X_1,X_2,\cdots,X_n$ 的函数,若 g 不含未知参数,则称 $g(X_1,X_2,\cdots,X_n)$ 是一个**统计量**.设 $x_1,x_2,\cdots,x_n$ 为 $X_1,X_2,\cdots,X_n$ 的样本观察值,则 $g(x_1,x_2,\cdots,x_n)$ 是统计量 $g(X_1,X_2,\cdots,X_n)$ 的**观察值**.

设 $X_1,X_2,\cdots,X_n$ 是来自总体 X 的一个样本,$x_1,x_2,\cdots,x_n$ 为样本观察值.以下给出几个常用的统计量的定义:

样本均值 $\overline{X}=\dfrac{1}{n}\sum\limits_{i=1}^{n}X_i$;

样本方差 $S^2=\dfrac{1}{n-1}\sum\limits_{i=1}^{n}(X_i-\overline{X})^2=\dfrac{1}{n-1}\left(\sum\limits_{i=1}^{n}X_i^2-n\overline{X}^2\right)$;

样本标准差 $S=\sqrt{S^2}=\sqrt{\dfrac{1}{n-1}\sum\limits_{i=1}^{n}(X_i-\overline{X})^2}$;

样本 k 阶原点矩 $A_k=\dfrac{1}{n}\sum\limits_{i=1}^{n}X_i^k,\quad k=1,2,\cdots$;

样本 k 阶中心矩 $B_k=\dfrac{1}{n}\sum\limits_{i=1}^{n}(X_i-\overline{X})^k,\quad k=1,2,\cdots$.

它们的观察值分别为:

$$\overline{x}=\frac{1}{n}\sum_{i=1}^{n}x_i;$$

$$s^2=\frac{1}{n-1}\sum_{i=1}^{n}(x_i-\overline{x})^2;$$

$$s=\sqrt{s^2}=\sqrt{\frac{1}{n-1}\sum_{i=1}^{n}(x_i-\overline{x})^2};$$

$$a_k = \frac{1}{n}\sum_{i=1}^{n} x_i^k, \quad k = 1,2,\cdots;$$

$$b_k = \frac{1}{n}\sum_{i=1}^{n} (x_i - \overline{x})^k, \quad k = 1,2,\cdots.$$

这些观察值仍分别称为样本均值、样本方差、样本标准差、样本 k 阶原点矩、样本 k 阶中心矩.

若总体 X 的 k 阶矩存在,记为 $E(X^k) = \mu_k$,则当 $n \rightarrow +\infty$ 时,$A_k \xrightarrow{P} \mu_k$,$k = 1,2,\cdots$. 这是因为 $X_1, X_2, \cdots, X_n$ 相互独立且与总体 X 同分布,所以 $X_1^k, X_2^k, \cdots, X_n^k$ 相互独立且与 X^k 同分布. 所以 $E(X_1^k) = E(X_2^k) = \cdots = E(X_n^k) = \mu_k$,根据第 5 章的辛钦大数定律(定理 5.1.4)知,$A_k = \frac{1}{n}\sum_{i=1}^{n} X_i^k \xrightarrow{P} \mu_k$,$k = 1,2,\cdots$. 根据第 5 章中关于依概率收敛的序列的性质知道 $g(A_1, A_2, \cdots, A_k) \xrightarrow{P} g(\mu_1, \mu_2, \cdots, \mu_k)$. 这一结果就是第 7 章中要介绍的矩估计法的理论根据.

例 6.1.3 设 $X_1, X_2, \cdots, X_n$ 是来自总体 X 的样本,且总体均值 $E(X) = \mu$,总体方差 $D(X) = \sigma^2$,求 $E(\overline{X}), D(\overline{X}), E(S^2)$.

解 根据样本的独立性、同分布性以及数学期望和方差的性质,有

$$E(\overline{X}) = E\left(\frac{1}{n}\sum_{i=1}^{n} X_i\right) = \frac{1}{n}\sum_{i=1}^{n} E(X_i) = \frac{1}{n} \cdot n \cdot \mu = \mu,$$

$$D(\overline{X}) = D\left(\frac{1}{n}\sum_{i=1}^{n} X_i\right) = \frac{1}{n^2}\sum_{i=1}^{n} D(X_i) = \frac{1}{n^2} \cdot n \cdot \sigma^2 = \frac{1}{n}\sigma^2,$$

$$E(S^2) = E\left[\frac{1}{n-1}\sum_{i=1}^{n} (X_i - \overline{X})^2\right] = E\left[\frac{1}{n-1}\left(\sum_{i=1}^{n} X_i^2 - n\overline{X}^2\right)\right]$$

$$= \frac{1}{n-1}\left[\sum_{i=1}^{n}(\sigma^2 + \mu^2) - n\left(\frac{\sigma^2}{n} + \mu^2\right)\right]$$

$$= \sigma^2.$$

例 6.1.4 从正态总体 $N(\mu, 25)$ 中抽取容量为 16 的样本,求样本均值 $\overline{X}$ 与总体均值 μ 之差的绝对值小于 2 的概率.

解 根据样本的性质知,$\overline{X} = \frac{1}{n}\sum_{i=1}^{n} X_i$ 是 n 个相互独立的正态随机变量的线性组合,则 $\overline{X}$ 服从正态分布. 根据例 6.1.3,有 $E(\overline{X}) = \mu, D(\overline{X}) = \frac{1}{n}\sigma^2 = \frac{25}{16}, \overline{X} \sim$

$$N\left(\mu,\frac{25}{16}\right), U = \frac{\overline{X}-\mu}{\sqrt{\frac{25}{16}}} \sim N(0,1), 则$$

$$P\{|\overline{X}-\mu|<2\} = P\left\{\frac{|\overline{X}-\mu|}{\sqrt{\frac{25}{16}}} < \frac{2}{\sqrt{\frac{25}{16}}}\right\} = P\{|U|<1.6\}$$

$$= \Phi(1.6) - \Phi(-1.6) = 2\Phi(1.6) - 1$$

$$= 0.8904.$$

习题 6.1

习题 6.1.9 详解

1. 设 $X_1,X_2,\cdots,X_n$ 是来自总体 X 的简单随机样本,那么 $X_1,X_2,\cdots,X_n$ 必满足( ). 请在以下(A),(B),(C),(D) 中选一个正确的.

    (A) 分布相同但不独立   (B) 独立同分布

    (C) 独立但分布不同   (D) 不能确定

2. 设 $X_1,X_2,\cdots,X_n$ 是来自正态总体 $N(\mu,\sigma^2)$ 的简单随机样本,其中 μ,σ^2 未知,那么以下不是统计量的是( ). 请在以下(A),(B),(C),(D) 中选一个正确的.

    (A) $\overline{X} = \frac{1}{n}\sum_{i=1}^{n} X_i$ (B) X_i

    (C) $S^2 = \frac{1}{n-1}\sum_{i=1}^{n}(X_i-\overline{X})^2$ (D) $\frac{1}{n}\sum_{i=1}^{n}(X_i-\mu)^2$

3. 设 $X_1,X_2,\cdots,X_n$ 是来自总体 X 的样本, X 的数学期望为 $E(X)$,而且 $\overline{X} = \frac{1}{n}\sum_{i=1}^{n} X_i$,则( ). 请在以下(A),(B),(C),(D) 中选一个正确的.

    (A) $E(\overline{X}) = E(X)$ (B) $\overline{X} = E(X)$

    (C) $\overline{X} = \frac{1}{n}E(X)$ (D) $\overline{X} = D(X)$

4. 设总体 $X \sim N(72,100)$,为使样本均值大于 70 的概率不小于 0.90,样本容量 n 至少应取多大?

5. 设总体容量为 10 的一组观察值为 1,2,4,3,3,4,5,6,4,8.试求样本均值和样本方差.

6. 设从某总体中抽取容量为 100 的样本,总体期望 $\mu=10$,标准差 $\sigma=20$,求样本均值 $\overline{X}$ 的期望和标准差.

7. 设 $X_1,X_2,\cdots,X_n$ 为 0-1 分布的一个样本,求 $E(\overline{X}),D(\overline{X}),E(S^2)$.

8. 设总体 $X \sim N(1,5^2),X_1,X_2,\cdots,X_{100}$ 是来自总体 X 的样本, $\overline{X}$ 为样本均值,若 $Y = a\overline{X}+b$ 服从正态分布 $N(0,1)$,试求 a 和 b 的值.

9. 某食品厂为加强质量管理,对某天生产的罐头抽查了 100 个(数据如下表),试画直方图.它是否近似服从正态分布?100 个罐头样品的净重数据(单位:g) 如下表:

342	340	348	346	343	342	346	341	344	348
346	346	340	344	342	344	345	340	344	344
343	344	342	343	345	339	350	337	345	349
336	348	344	345	332	342	342	340	350	343
347	340	344	353	340	340	356	346	345	346
340	339	342	352	342	350	348	344	350	335
340	338	345	345	349	336	342	338	343	343
341	347	341	347	344	339	347	348	343	347
346	344	345	350	341	338	343	339	343	346
342	339	343	350	341	346	341	345	344	342

6.2 3个重要分布与抽样定理

在数理统计中常用的重要分布,除正态分布外,还有 χ^2 分布、t 分布和 F 分布. 本节我们首先介绍来自正态总体的这 3 个重要分布,然后介绍正态总体下的几个抽样定理.

6.2.1 3个重要分布

定义 6.2.1 统计量的分布称为**抽样分布**.

下面介绍 3 个来自正态分布的常用统计量的分布.

6.2.1.1 χ^2 分布

定义 6.2.2 设 $X_1, X_2, \cdots, X_n$ 是来自总体 $N(0,1)$ 的样本,则称统计量

$$\chi^2 = X_1^2 + X_2^2 + \cdots + X_n^2$$

服从自由度为 n 的 χ^2 **分布**,记为 $\chi^2 \sim \chi^2(n)$.

此处,χ^2 分布的自由度是指独立的随机变量的个数.

自由度为 n 的 χ^2 分布的概率密度为

$$f(x) = \begin{cases} \dfrac{1}{2^{\frac{n}{2}} \Gamma\left(\dfrac{n}{2}\right)} x^{\frac{n}{2}-1} \mathrm{e}^{-\frac{x}{2}}, & x > 0, \\ 0, & x \leqslant 0. \end{cases}$$

式中,$\Gamma(a) = \displaystyle\int_0^{+\infty} x^{a-1} \mathrm{e}^{-x} \mathrm{d}x$ 是 Gamma 函数,概率密度 $f(x)$ 的图形如图 6-2 所示.

可以证明 χ^2 分布具有以下性质.

(1) 若 $X_1, X_2, \cdots, X_n$ 相互独立,都服从 $N(0,1)$,则 $X_1^2 + X_2^2 + \cdots + X_n^2 \sim$

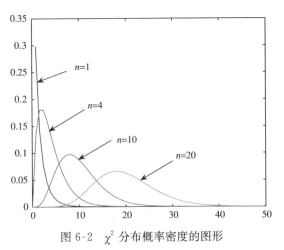

图 6-2 χ^2 分布概率密度的图形

$\chi^2(n)$. 反之,若 $X \sim \chi^2(n)$,则 X 可以分解为 n 个相互独立的标准正态随机变量的平方和.

(2) 若 $X \sim \chi^2(n)$,则有 $E(X) = n, D(X) = 2n$.

(3) χ^2 分布具有可加性. 设 $X \sim \chi^2(n_1)$,$Y \sim \chi^2(n_2)$,并且 X 和 Y 相互独立,则有 $X+Y \sim \chi^2(n_1 + n_2)$.

应该说明,对有限个相互独立的服从 χ^2 分布的随机变量,χ^2 分布的可加性也是成立的.

定义 6.2.3 若 $\chi^2 \sim \chi^2(n)$,对于给定的 α,$0 < \alpha < 1$,称满足条件

$$P\{\chi^2 > \chi_\alpha^2(n)\} = \int_{\chi_\alpha^2(n)}^{+\infty} f(x)\mathrm{d}x = \alpha$$

的点 $\chi_\alpha^2(n)$ 为 $\chi^2(n)$ 的上侧 α **分位点**,其中 $f(x)$ 为 χ^2 分布的概率密度,其图形如图 6-3 所示. 计算 $\chi_\alpha^2(n)$ 的 MATLAB 程序,见本书附录 B 的例 B.2.5 的(2).

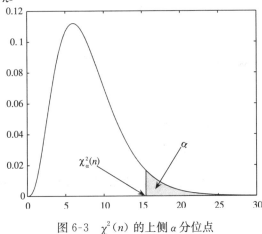

图 6-3 $\chi^2(n)$ 的上侧 α 分位点

对于不同的 α, n, $\chi_\alpha^2(n)$ 的值已编制成表供查用,见书末的附表 4——χ^2 分布表. 例如,$\alpha = 0.1$,$n = 25$,查 χ^2 分布表,得 $\chi_{0.1}^2(25) = 34.382$. 但该表只列到 $n = 45$ 为止,Fisher 曾证明,当 n 充分大时,近似地有 $\chi_\alpha^2(n) \approx \frac{1}{2}(z_\alpha + \sqrt{2n-1})^2$,其中 z_α 是标准正态分布的上侧 α 分位点. 因此,当 $n > 45$ 时,可以利用上述近似公式计算 $\chi_\alpha^2(n)$. 例如,$\chi_{0.05}^2(50) \approx \frac{1}{2}(1.645 + \sqrt{99})^2 = 67.221$(由更详细的表得 $\chi_{0.05}^2(50) = 67.505$).

例 6.2.1　设 $X_1, X_2, \cdots, X_{10}$ 是来自总体 $X \sim N(0, 0.3^2)$ 的样本,求 $P\left\{\sum_{i=1}^{10} X_i^2 > 1.44\right\}$.

解　由于 $X_1, X_2, \cdots, X_{10}$ 是来自总体 $X \sim N(0, 0.3^2)$ 的样本,则 $\dfrac{X_1}{0.3}, \dfrac{X_2}{0.3}$, $\cdots, \dfrac{X_{10}}{0.3}$ 都服从 $N(0,1)$.

根据 χ^2 分布的定义,有 $\sum_{i=1}^{10}\left(\dfrac{X_i}{0.3}\right)^2 \sim \chi^2(10)$,因此,有

$$P\left\{\sum_{i=1}^{10} X_i^2 > 1.44\right\} = P\left\{\sum_{i=1}^{10}\left(\frac{X_i}{0.3}\right)^2 > \frac{1.44}{0.3^2}\right\} = P\left\{\sum_{i=1}^{10}\left(\frac{X_i}{0.3}\right)^2 > 16\right\} = 0.1.$$

这是因为,当 $n = 10$,$\chi_\alpha^2(n) = 16$ 时,查 χ^2 分布表,得 $\alpha = 0.1$.

例 6.2.2　设 $X_1, X_2, \cdots, X_6$ 是来自总体 $X \sim N(0,1)$ 的样本,$Y = (X_1 + X_2 + X_3)^2 + (X_4 + X_5 + X_6)^2$,求常数 c,使 cY 服从 χ^2 分布.

解　由于 $X_1, X_2, \cdots, X_6$ 是来自总体 $X \sim N(0,1)$ 的样本,则有 $X_1 + X_2 + X_3 \sim N(0,3)$,所以 $\dfrac{X_1 + X_2 + X_3}{\sqrt{3}} \sim N(0,1)$.

同理,$X_4 + X_5 + X_6 \sim N(0,3)$,所以 $\dfrac{X_4 + X_5 + X_6}{\sqrt{3}} \sim N(0,1)$. 且 $X_1 + X_2 + X_3$ 和 $X_4 + X_5 + X_6$ 相互独立,根据 χ^2 分布的定义,

$$\left(\frac{X_1 + X_2 + X_3}{\sqrt{3}}\right)^2 + \left(\frac{X_4 + X_5 + X_6}{\sqrt{3}}\right)^2 \sim \chi^2(2),$$

于是,

$$\frac{1}{3}Y = \frac{1}{3}\left[(X_1 + x_2 + X_3)^2 + (X_4 + X_5 + X_6)^2\right] \sim \chi^2(2),$$

即当 $c = \dfrac{1}{3}$ 时,cY 服从 χ^2 分布.

6.2.1.2　t 分布

定义 6.2.4　设 $X \sim N(0,1)$,$Y \sim \chi^2(n)$,且 X,Y 相互独立,则称统计量

$$T = \frac{X}{\sqrt{Y/n}}$$

服从自由度为 n 的 t **分布**,记为 $T \sim t(n)$.

自由度为 n 的 t 分布的概率密度为

$$f(x) = \frac{\Gamma\left(\dfrac{n+1}{2}\right)}{\sqrt{n\pi}\,\Gamma\left(\dfrac{n}{2}\right)} \left(1 + \frac{x^2}{n}\right)^{-\frac{n+1}{2}}, \quad -\infty < x < +\infty.$$

图 6-4 是几个不同的自由度 n 对应的概率密度 $f(x)$ 的图形.

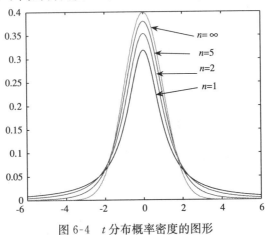

图 6-4 t 分布概率密度的图形

可以证明 t 分布具有以下性质:

(1) 若 $X \sim N(0,1)$,$Y \sim \chi^2(n)$,且 X, Y 相互独立,则 $T = \dfrac{X}{\sqrt{Y/n}} \sim t(n)$. 反之,若 $T \sim t(n)$,则有相互独立的 $X \sim N(0,1)$,$Y \sim \chi^2(n)$,使 $T = \dfrac{X}{\sqrt{Y/n}}$.

(2) t 分布与标准正态分布有如下关系:

$$\lim_{n \to +\infty} f_n(x) = \frac{1}{\sqrt{2\pi}} e^{-\frac{x^2}{2}} = \varphi(x),$$

式中,$f_n(x)$ 为自由度是 n 的 t 分布的概率密度,$\varphi(x)$ 为标准正态分布的概率密度. 这个性质说明 t 分布的极限分布是标准正态分布.

定义 6.2.5 若 $t \sim t(n)$,对于给定的 $\alpha, 0 < \alpha < 1$,称满足条件

$$P\{t > t_\alpha(n)\} = \int_{t_\alpha(n)}^{+\infty} f(x)\mathrm{d}x = \alpha$$

的点 $t_\alpha(n)$ 为 $t(n)$ 的上侧 α **分位点**,其中 $f(x)$ 为 t 分布的概率密度,其图形如图 6-5 所示.

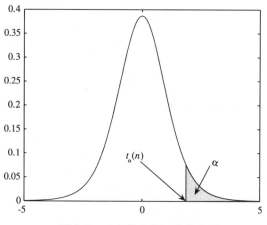

图 6-5　$t(n)$ 的上侧 α 分位点

t 分布的上侧 α 分位点的值,可以查书末附录 C 的附表 3——t 分布表.例如,对于 $\alpha = 0.05, n = 10$,查 t 分布表得 $t_{0.05}(10) = 1.8125$.计算 $t_\alpha(n)$ 的 MATLAB 程序,见附录 B 的例 B.2.5 的(3).

根据 t 分布的上侧 α 分位点的定义以及 t 分布的概率密度 $f(x)$ 的对称性,可知 $t_{1-\alpha}(n) = -t_\alpha(n)$.根据 t 分布与标准正态分布的关系,当 $n > 45$ 时,可以用近似公式 $t_\alpha(n) \approx z_\alpha$,其中 z_α 是标准正态分布的上侧 α 分位点.

例 6.2.3　设 $X_1, X_2, \cdots, X_5$ 是来自总体 $X \sim N(0,1)$ 的样本,求常数 c,使统计量 $\dfrac{c(X_1 + X_2)}{\sqrt{X_3^2 + X_4^2 + X_5^2}}$ 服从 t 分布.

解　由于 $X_1, X_2, \cdots, X_5$ 是来自总体 $X \sim N(0,1)$ 的样本,所以 $X_1 + X_2 \sim N(0,2), X_3^2 + X_4^2 + X_5^2 \sim \chi^2(3)$,且二者独立,根据 t 分布的定义,要使

$$\frac{c(X_1 + X_2)}{\sqrt{X_3^2 + X_4^2 + X_5^2}} = \frac{\dfrac{c}{\sqrt{3}}(X_1 + X_2)}{\sqrt{(X_3^2 + X_4^2 + X_5^2)/3}}$$

服从 t 分布,则有 $\dfrac{c}{\sqrt{3}}(X_1 + X_2) \sim N(0,1)$.

由于 $X_1 + X_2 \sim N(0,2)$,所以 $\dfrac{X_1 + X_2}{\sqrt{2}} \sim N(0,1)$,又 $\dfrac{c}{\sqrt{3}}(X_1 + X_2) \sim$

$N(0,1)$,则有 $\dfrac{c}{\sqrt{3}} = \dfrac{1}{\sqrt{2}}$,由此解得 $c = \sqrt{\dfrac{3}{2}}$.

即当 $c = \sqrt{\dfrac{3}{2}}$ 时,$\dfrac{c(X_1 + X_2)}{\sqrt{X_3^2 + X_4^2 + X_5^2}} \sim t(3)$.

6.2.1.3 F 分布

定义 6.2.6 设 $U \sim \chi^2(n_1), V \sim \chi^2(n_2)$,且 U, V 独立,则称统计量

$$F = \frac{U/n_1}{V/n_2}$$

服从自由度为 (n_1, n_2) 的 F **分布**,记为 $F \sim F(n_1, n_2)$. 其中,n_1 称为第一自由度,n_2 称为第二自由度. 其概率密度为

$$f(x) = \begin{cases} \dfrac{\Gamma\left(\dfrac{n_1 + n_2}{2}\right)\left(\dfrac{n_1}{n_2}\right)^{\frac{n_1}{2}} x^{\frac{n_1}{2} - 1}}{\Gamma\left(\dfrac{n_1}{2}\right)\Gamma\left(\dfrac{n_2}{2}\right)\left(1 + \dfrac{n_1}{n_2}x\right)^{\frac{n_1 + n_2}{2}}}, & x > 0, \\ 0, & x \leqslant 0. \end{cases}$$

对几个不同的自由度对应的概率密度的图形如图 6-6 所示.

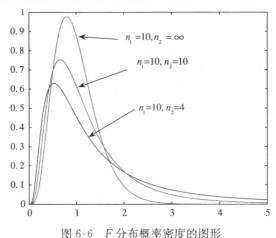

图 6-6 F 分布概率密度的图形

可以证明 F 分布具有以下性质.

(1) 若 $U \sim \chi^2(n_1), V \sim \chi^2(n_2)$,且 U, V 独立,则 $F = \dfrac{U/n_1}{V/n_2} \sim F(n_1, n_2)$. 反之,若 $F \sim F(n_1, n_2)$,则有相互独立的 $U \sim \chi^2(n_1), V \sim \chi^2(n_2)$,使 $F = \dfrac{U/n_1}{V/n_2}$.

(2) 由 F 分布的定义可知,若 $F \sim F(n_1, n_2)$,则 $\dfrac{1}{F} \sim F(n_2, n_1)$.

定义 6.2.7 若 $F \sim F(n_1, n_2)$,对于给定的 $\alpha, 0 < \alpha < 1$,称满足条件

$$P\{F > F_\alpha(n_1, n_2)\} = \int_{F_\alpha(n_1, n_2)}^{\infty} f(x)\mathrm{d}x = \alpha$$

的点 $F_\alpha(n_1, n_2)$ 为 $F(n_1, n_2)$ 分布的上侧 α **分位点**,其中 $f(x)$ 为 F 分布的概率密度,其图形如图 6-7 所示.

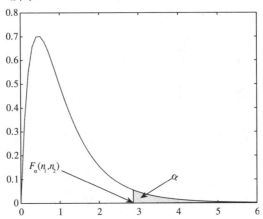

图 6-7 $F(n_1, n_2)$ 的上侧 α 分位点

F 分布的上侧 α 分位点的值,可以查书末的附录 C 附表 5——F 分布表. 例如,对于 $\alpha = 0.05, n_1 = 9, n_2 = 12$,查 F 分布表得 $F_{0.05}(9, 12) = 2.80$. 计算 $F_\alpha(n_1, n_2)$ 的 MATLAB 程序,见书末附录 B 的例 B.2.5 的(4).

F 分布的上侧 α 分位点,有如下重要的性质:

$$F_{1-\alpha}(n_1, n_2) = \frac{1}{F_\alpha(n_2, n_1)}.$$

例如,$F_{0.95}(12, 9) = \dfrac{1}{F_{0.05}(9, 12)} = \dfrac{1}{2.80} = 0.357.$

例 6.2.4 已知 $X \sim t(n)$,证明 $X^2 \sim F(1, n)$.

证明 由于 $X \sim t(n)$,按 t 分布的定义和性质,X 可以写成 $X = \dfrac{Z}{\sqrt{Y/n}}$ 的形式,其中 $Z \sim N(0, 1)$,$Y \sim \chi^2(n)$,且 Z 与 Y 相互独立.

于是,在 $X^2 = \dfrac{Z^2}{Y/n}$ 中,$Z^2 \sim \chi^2(1)$,$Y \sim \chi^2(n)$,且 Z^2 与 Y 相互独立. 按 F 分布的定义,有 $X^2 = \dfrac{Z^2}{Y/n} \sim F(1, n)$.

例 6.2.5 设 $X_1, X_2, \cdots, X_{15}$ 是来自总体 $N(0, \sigma^2)$ 的样本,确定

$$Y = \frac{X_1^2 + X_2^2 + \cdots + X_{10}^2}{2(X_{11}^2 + X_{12}^2 + \cdots + X_{15}^2)}$$

的分布.

解 由于 $X_1, X_2, \cdots, X_{15}$ 是来自总体 $N(0, \sigma^2)$ 的样本,所有 $X_i \sim N(0, \sigma^2)$,$i = 1, 2, \cdots, 15, \dfrac{X_i}{\sigma} \sim N(0, 1), i = 1, 2, \cdots, 15, \left(\dfrac{X_i}{\sigma}\right)^2 \sim \chi^2(1), i = 1, 2, \cdots, 15,$且它们相互独立. 根据 χ^2 分布的定义,有

$$\left(\frac{X_1}{\sigma}\right)^2 + \left(\frac{X_2}{\sigma}\right)^2 + \cdots + \left(\frac{X_{10}}{\sigma}\right)^2 \sim \chi^2(10),$$

$$\left(\frac{X_{11}}{\sigma}\right)^2 + \left(\frac{X_{12}}{\sigma}\right)^2 + \cdots + \left(\frac{X_{15}}{\sigma}\right)^2 \sim \chi^2(5),$$

而 $X_1^2 + X_2^2 + \cdots + X_{10}^2$ 和 $X_{11}^2 + X_{12}^2 + \cdots + X_{15}^2$ 相互独立,根据 F 分布的定义,有

$$Y = \frac{X_1^2 + X_2^2 + \cdots + X_{10}^2}{2(X_{11}^2 + X_{12}^2 + \cdots + X_{15}^2)} = \frac{\dfrac{X_1^2 + X_2^2 + \cdots + X_{10}^2}{10\sigma^2}}{\dfrac{X_{11}^2 + X_{12}^2 + \cdots + X_{15}^2}{5\sigma^2}} \sim F(10, 5).$$

6.2.2 正态总体下的抽样定理

设总体 X 的均值为 μ,方差为 σ^2,$X_1, X_2, \cdots, X_n$ 是来自总体 X 的一个样本,$\overline{X}$,S^2 为样本均值与样本方差,根据例 6.1.3 有 $E(\overline{X}) = \mu, D(\overline{X}) = \dfrac{\sigma^2}{n}, E(S^2) = \sigma^2$.

根据例 3.4.3 后面的说明,有限个相互独立的正态随机变量的线性组合仍然服从正态分布(正态分布的可加性),于是有,若 $X \sim N(\mu, \sigma^2)$,则 $\overline{X} = \dfrac{1}{n}\sum_{i=1}^{n} X_i$ 也服从正态分布. 综合以上所述,可以得到下面的定理:

定理 6.2.1 设 $X_1, X_2, \cdots, X_n$ 是来自正态总体 $N(\mu, \sigma^2)$ 的样本,$\overline{X}$ 是样本均值,则有 $\overline{X} \sim N\left(\mu, \dfrac{\sigma^2}{n}\right)$.

例 6.2.6 设 $X_1, X_2, \cdots, X_6$ 是来自总体 $X \sim N(52, 6)$ 的样本,求样本均值 $\overline{X}$ 落在 50.8 到 53.8 之间的概率.

解 由于 $X_1, X_2, \cdots, X_6$ 是来自总体 $X \sim N(52, 6)$ 的样本,根据定理 6.2.1,则 $\overline{X} \sim N(52, 6/6)$,于是 $Y = \overline{X} - 52 \sim N(0, 1)$,因此

$$P\{50.8 < \overline{X} < 53.8\} = P\{50.8 - 52 < \overline{X} - 52 < 53.8 - 52\}$$

$$= P\{-1.2 < Y < 1.8\} = \Phi(1.8) - [1 - \Phi(1.2)]$$

$$= 0.9641 - (1 - 0.8849)$$

$$= 0.8490.$$

对于正态总体 $N(\mu,\sigma^2)$ 的样本均值 $\overline{X}$ 与样本方差 S^2,有如下定理:

定理 6.2.2   设 $X_1,X_2,\cdots,X_n$ 是来自正态总体 $N(\mu,\sigma^2)$ 的样本,$\overline{X},S^2$ 分别为样本均值与样本方差,则有

(1) $\dfrac{(n-1)S^2}{\sigma^2} \sim \chi^2(n-1)$;

(2) $\overline{X}$ 与 S^2 独立.

定理 6.2.2 的证明,这里从略(其证明见:何书元《概率论与数理统计》).

定理 6.2.1 和定理 6.2.2 合在一起,称之为 Fisher 引理. 以下将要介绍的两个定理可以作为 Fisher 引理的两个推论.

定理 6.2.3   设 $X_1,X_2,\cdots,X_n$ 是来自正态总体 $N(\mu,\sigma^2)$ 的样本,$\overline{X},S^2$ 分别为样本均值与样本方差,则有

$$\frac{\overline{X}-\mu}{S/\sqrt{n}} \sim t(n-1).$$

证明   根据定理 6.2.1 和定理 6.2.2,有

$$\frac{\overline{X}-\mu}{\sigma/\sqrt{n}} \sim N(0,1), \quad \frac{(n-1)S^2}{\sigma^2} \sim \chi^2(n-1),$$

且二者独立. 根据 t 分布的定义,有

$$\frac{\dfrac{\overline{X}-\mu}{\sigma/\sqrt{n}}}{\sqrt{\dfrac{(n-1)S^2}{\sigma^2(n-1)}}} = \frac{\overline{X}-\mu}{S/\sqrt{n}} \sim t(n-1).$$

对于两个正态总体的样本均值与样本方差,有以下定理:

定理 6.2.4   设 $X_1,X_2,\cdots,X_{n_1}$ 和 $Y_1,Y_2,\cdots,Y_{n_2}$ 分别是来自正态总体 $N(\mu_1,\sigma_1^2)$ 和 $N(\mu_2,\sigma_2^2)$ 的样本,且两个样本相互独立. 设 $\overline{X} = \dfrac{1}{n_1}\sum\limits_{i=1}^{n_1}X_i$ 和 $\overline{Y} = \dfrac{1}{n_2}\sum\limits_{i=1}^{n_2}Y_i$ 分别是这两个样本的均值;$S_1^2 = \dfrac{1}{n_1-1}\sum\limits_{i=1}^{n_1}(X_i-\overline{X})^2$ 和 $S_2^2 = \dfrac{1}{n_2-1}\sum\limits_{i=1}^{n_2}(Y_i-\overline{Y})^2$ 分别是这两个样本的方差,则有

(1) $\dfrac{S_1^2/S_2^2}{\sigma_1^2/\sigma_2^2} \sim F(n_1-1,n_2-1)$;

(2) 当 $\sigma_1^2 = \sigma_2^2 = \sigma^2$ 时,

$$\frac{(\overline{X} - \overline{Y}) - (\mu_1 - \mu_2)}{S_w \sqrt{\dfrac{1}{n_1} + \dfrac{1}{n_2}}} \sim t(n_1 + n_2 - 2),$$

式中,$S_w^2 = \dfrac{(n_1 - 1)S_1^2 + (n_2 - 1)S_2^2}{n_1 + n_2 - 2}$.

证明 (1) 根据定理 6.2.2,有

$$\frac{(n_1 - 1)S_1^2}{\sigma_1^2} \sim \chi^2(n_1 - 1), \quad \frac{(n_2 - 1)S_2^2}{\sigma_2^2} \sim \chi^2(n_2 - 1).$$

由于两个样本相互独立,所以 S_1^2 和 S_2^2 独立,由 F 分布的定义,有

$$\frac{\dfrac{(n_1 - 1)S_1^2}{\sigma_1^2(n_1 - 1)}}{\dfrac{(n_2 - 1)S_2^2}{\sigma_2^2(n_2 - 1)}} = \frac{S_1^2/S_2^2}{\sigma_1^2/\sigma_2^2} \sim F(n_1 - 1, n_2 - 1),$$

即 $\dfrac{S_1^2/S_2^2}{\sigma_1^2/\sigma_2^2} \sim F(n_1 - 1, n_2 - 1)$.

(2) 根据定理 6.2.1,知 $\overline{X} - \overline{Y} \sim N\left(\mu_1 - \mu_2, \dfrac{\sigma^2}{n_1} + \dfrac{\sigma^2}{n_2}\right)$,则

$$U = \frac{(\overline{X} - \overline{Y}) - (\mu_1 - \mu_2)}{\sigma \sqrt{\dfrac{1}{n_1} + \dfrac{1}{n_2}}} \sim N(0, 1).$$

又 $\dfrac{(n_1 - 1)S_1^2}{\sigma^2} \sim \chi^2(n_1 - 1), \dfrac{(n_2 - 1)S_2^2}{\sigma^2} \sim \chi^2(n_2 - 1)$,且它们相互独立,根据 χ^2 分布的可加性,有

$$V = \frac{(n_1 - 1)S_1^2}{\sigma^2} + \frac{(n_2 - 1)S_2^2}{\sigma^2} \sim \chi^2(n_1 + n_2 - 2).$$

可以证明 U 和 V 相互独立,根据 t 分布的定义,有

$$\frac{U}{\sqrt{V/(n_1 + n_2 - 2)}} = \frac{(\overline{X} - \overline{Y}) - (\mu_1 - \mu_2)}{S_w \sqrt{\dfrac{1}{n_1} + \dfrac{1}{n_2}}} \sim t(n_1 + n_2 - 2).$$

式中,$S_w^2 = \dfrac{(n_1 - 1)S_1^2 + (n_2 - 1)S_2^2}{n_1 + n_2 - 2}$.

本节给出的 3 个重要分布和 4 个抽样定理,在以下几章中起着重要的作用.

例 6.2.7 设 $X_1, X_2, \cdots, X_{10}$ 是来自总体 $X \sim N(\mu, 4)$ 的样本,求样本方差 S^2 大于 2.622 的概率.

解　根据定理 6.2.2,得 $\dfrac{(10-1)S^2}{4} \sim \chi^2(10-1)$,根据题意,所求概率为

$$P\{S^2 > 2.622\} = P\left\{\frac{9}{4}S^2 > \frac{9}{4} \times 2.622\right\} = P\left\{\frac{9}{4}S^2 > 5.8995\right\}.$$

查表得 $\chi^2_{0.75}(9) = 5.899$,由上侧 α 分位点的意义,有
$$P\{S^2 > 2.622\} \approx 0.75.$$

例 6.2.8　设两个正态总体 X,Y 的方差分别为 $\sigma_1^2 = 12, \sigma_2^2 = 18$,在总体 X,Y 中分别抽取容量为 $n_1 = 61, n_2 = 31$ 的样本,且两个样本相互独立,样本方差分别为 S_1^2, S_2^2,求 $P\left\{\dfrac{S_1^2}{S_2^2} > 1.16\right\}$.

解　根据定理 6.2.4,得 $\dfrac{S_1^2/S_2^2}{\sigma_1^2/\sigma_2^2} = \dfrac{S_1^2/S_2^2}{12/18} \sim F(60,30)$,因此

$$P\left\{\frac{S_1^2}{S_2^2} > 1.16\right\} = P\left\{\frac{S_1^2/S_2^2}{\sigma_1^2/\sigma_2^2} > \frac{1.16}{12/18}\right\} = P\left\{\frac{S_1^2/S_2^2}{\sigma_1^2/\sigma_2^2} > 1.74\right\}.$$

查表知 $F_{0.05}(60,30) = 1.74$,根据上侧 α 分位点的意义,有
$$P\left\{\frac{S_1^2}{S_2^2} > 1.16\right\} = 0.05.$$

习题 6.2

习题 6.2.5 详解

1. 在总体 $N(52, 6.3^2)$ 中随机抽一容量为 36 的样本,求样本均值 $\overline{X}$ 落在 50.8 到 53.8 之间的概率.

2. 设 X_1, X_2, X_3, X_4 是来自总体 $X \sim N(0, 2^2)$ 的简单随机样本,求统计量 $Z = \dfrac{1}{20}(X_1 - 2X_2)^2 + \dfrac{1}{100}(3X_3 - 4X_4)^2$ 服从哪种分布,自由度是多少?

3. 设在总体 $N(\mu, \sigma^2)$ 中抽取一容量为 16 的样本,μ, σ^2 均为未知,求 $P\left\{\dfrac{S^2}{\sigma^2} \leqslant 2.041\right\}$,其中 S^2 为样本方差.

4. 设总体 $X \sim N(\mu, \sigma^2)$,已知样本容量 $n = 16$,样本方差 $s^2 = 5.3333$,求 $P\{|\overline{X} - \mu| < 0.5\}$.

5. 设总体 $X \sim N(20, 3)$,从 X 中分别抽取容量为 10 和 15 的两个相互独立的样本,求两样本均值之差的绝对值大于 0.3 的概率.

6. 设总体 $X \sim N(10, 2^2)$,$X_1, X_2, \cdots, X_n$ 是来自 X 的样本,样本平均数满足以下关系式 $P\{9.02 \leqslant \overline{X} \leqslant 10.98\} = 0.95$,试求样本容量的大小.

7. 设 $X_1, X_2, \cdots, X_9$ 和 $Y_1, Y_2, \cdots, Y_9$ 是来自同一个总体 $X \sim N(0, 9)$ 的两个独立样本,确

定 $Z = \dfrac{\sum\limits_{i=1}^{9} X_i}{\sqrt{\sum\limits_{i=1}^{9} Y_i^2}}$ 的分布.

复习题 6

复习题 6.9 详解

1. 查标准正态分布表和 t 分布表,(1) 求 $z_{0.01}, z_{0.99}, t_{0.25}(20), t_{0.75}(20)$;(2) 已知 $P\{|t(4)| < \lambda\} = 0.99$,求 λ.

2. 查 χ^2 分布表和 F 分布表,(1) 求 $\chi^2_{0.1}(25), F_{0.1}(15,10), F_{0.9}(10,15)$;(2) 已知 $P\{\chi^2(15) < \lambda\} = 0.95$,求 λ.

3. 设总体 $X \sim N(\mu, \sigma^2)$,$X_1, X_2, \cdots, X_n (n > 1)$ 是来自 X 的一个简单随机样本,$\overline{X}$ 为样本均值,试问 $X_n, 2X_n - X, X_1 + X_2 + \cdots + X_n$ 分别服从何种分布?

4. 设总体 $X \sim B(1, p)$,$X_1, X_2, \cdots, X_n$ 是来自 X 的样本.(1) 求 $(X_1, X_2, \cdots, X_n)$ 的分布律;(2) 求 $\sum\limits_{i=1}^{n} X_i$ 的分布律;(3) 求 $E(\overline{X}), D(\overline{X}), E(S^2)$.

5. 设总体 X 服从 $N(\mu, 0.5)$.(1) 如果要以 99.7% 的概率保证 $|\overline{X} - \mu| < 0.1$,试问样本容量 n 应取多少?(2) 如果要以 95.4% 的概率保证 $|\overline{X} - \mu| < 0.1$,试问样本容量 n 应取多少?(3) 对(1) 和(2) 的结果你有何看法?

6. 设 X_1, X_2 为来自正态总体 $X \sim N(0, \sigma^2)$ 的样本,试求 $\dfrac{(X_1 + X_2)^2}{(X_1 - X_2)^2}$ 的分布.

7. 设随机变量 X 和 Y 相互独立,且都服从正态分布 $N(0, 3^2)$,而 $X_1, X_2, \cdots, X_9$ 和 $Y_1, Y_2, \cdots, Y_9$ 分别来自正态总体 X 和 Y 的简单随机样本,试求统计量 $T = \dfrac{(X_1 + X_2 + \cdots + X_9)}{\sqrt{(Y_1^2 + Y_2^2 + \cdots + Y_9^2)}}$ 服从哪种分布,自由度是多少?

8. 设总体 $X \sim N(\mu, \sigma^2)$,$\overline{X}$ 与 S^2 是 $X_1, X_2, \cdots, X_n$ 的样本均值和样本方差,又设 $X_{n+1} \sim N(\mu, \sigma^2)$ 且与样本 $X_1, X_2, \cdots, X_n$ 独立,求统计量 $T = \dfrac{X_{n+1} - \overline{X}}{S} \sqrt{\dfrac{n}{n+1}}$ 的分布.

9. 设 $X_1, X_2, \cdots, X_n$ 是取自总体 $X \sim N(\mu, \sigma^2)$ 的一个样本,$\overline{X}$ 和 S^2 分别为样本均值和样本方差,若 $n = 17$,求 $P\{\overline{X} > \mu + KS\} = 0.95$ 中的 K 值.

补充阅读

"数理统计" 发展简史

相对于其他许多数学分支而言,数理统计是一个比较年轻的数学分支.多数人认为它的形成是在 20 世纪 40 年代克拉美(Carmer) 的著作《统计学的数学方法》问世之时,它使得 1945 年以前的 25 年间英、美统计学家在统计学方面的工作与法、俄数学家在概率论方面的工作结合起来,从而形成数理统计这门学科.它是以对随机现象观测所取得的资料为出发点,以概率论为基础来研究随机现象的一门学科,它有很多分支,但其基本内容为采集样本和统计推断两大部分.发展到今天的现代数理统计学,又经历了各种历史变迁.

统计的早期开端大约是在公元前1世纪初的人口普查计算中,这是统计性质的工作,但还不能算作是现代意义下的统计学.到了18世纪,统计才开始向一门独立的学科发展,用于描述表征一个状态的条件的一些特征,这是由于受到概率论的影响.

高斯从描述天文观测的误差而引进正态分布,并使用最小二乘法作为估计方法,是近代数理统计学发展初期的重大事件,18世纪到19世纪初期的这些贡献,对社会发展有很大的影响.例如,用正态分布描述观测数据后来被广泛地用到生物学中,其应用是如此普遍,以至在19世纪相当长的时期内,包括高尔顿(Galton)在内的一些学者,认为这个分布可用于描述几乎是一切常见的数据.直到现在,有关正态分布的统计方法,仍占据着常用统计方法中很重要的一部分.最小二乘法方面的工作,在20世纪初以来,又经过了一些学者的发展,如今成了数理统计学中的主要方法之一.

从高斯到20世纪初这一段时间,统计学理论发展不快,但仍有若干工作对后世产生了很大的影响.其中,如贝叶斯(Bayes)在1763年发表的《论有关机遇问题的求解》,提出了进行统计推断的方法论方面的一种见解,在这个时期中逐步发展成统计学中的贝叶斯学派(如今,这个学派的影响愈来愈大).现在我们所理解的统计推断程序,最早的是贝叶斯方法,高斯和拉普拉斯应用贝叶斯定理讨论了参数的估计法,那时使用的符号和术语,至今仍然沿用.再如前面提到的高尔顿在回归方面的先驱性工作,也是这个时期中的主要发展,他在遗传研究中为了弄清父子两辈特征的相关关系,揭示了统计方法在生物学研究中的应用,他引进回归直线、相关系数的概念,创始了回归分析.

数理统计学发展史上极重要的一个时期是从19世纪到第二次世界大战结束.现在,多数人倾向于把现代数理统计学的起点和达到成熟定为这个时期的始末.这确是数理统计学蓬勃发展的一个时期,许多重要的基本观点、方法,统计学中主要的分支学科,都是在这个时期建立和发展起来的.以费歇尔(Fisher)和皮尔逊(Pearson)为首的英国统计学派,在这个时期起了主导作用,特别是费歇尔.

继高尔顿之后,皮尔逊进一步发展了回归与相关的理论,成功地创建了生物统计学,并得到了"总体"的概念,1891年之后,皮尔逊潜心研究区分物种时用的数据的分布理论,提出了"概率"和"相关"的概念.接着,又提出标准差、正态曲线、平均变差、均方根误差等一系列数理统计基本术语.皮尔逊致力于大样本理论的研究,他发现不少生物方面的数据有显著的偏态,不适合用正态分布去刻画,为此他提出了后来以他的名字命名的分布族,为估计这个分布族中的参数,他提出了"矩法".为考察实际数据与这族分布的拟合分布优劣问题,他引进了著名"χ^2 检验法",并在理论上研究了其性质.这个检验法是假设检验最早、最典型的方法,他在理论分布完全给定的情况下求出了检验统计量的极限分布.1901 年,他创办了《生物统计学》杂志,使数理统计有了自己的阵地,这是 20 世纪初数学的重大收获之一.

1908 年,皮尔逊的学生戈赛特(Gosset)发现了精确分布,创始了"精确样本理论".他署名"Student"在《生物统计学》上发表文章,改进了皮尔逊的方法.他的发现不仅不再依靠近似计算,而且能用所谓小样本进行统计推断.现在"Student 分布"已成为数理统计学中的常用工具,"Student 氏"也是一个常见的术语.

英国实验遗传学家兼统计学家费歇尔,是将数理统计作为一门数学学科的奠基者,他开创的试验设计法,凭借随机化的手段成功地把概率模型带进了实验领域,并建立了方差分析法来分析这种模型.费歇尔的试验设计,既把实践带入理论的视野内,又促进了实践的进展,从而大量地节省了人力、物力,试验设计这个主题,后来为众多数学家所发展.费歇尔还引进了显著性检验的概念,成为假设检验理论的先驱.他考察了估计的精度与样本所具有的信息之间的关系而得到信息量概念,他对测量数据中的信息,压缩数据而不损失信息,以及对一个模型的参数估计等贡献了完善的理论概念,他把一致性、有效性和充分性作为参数估计量应具备的基本性质.同时还在 1912 年提出了极大似然法,这是应用上最广的一种估计法.他在 20 年代的工作,奠定了参数估计的理论基础.关于 χ^2 检验,费歇尔 1924 年解决了理论分布包含有限个参数情况,基于此方法的列表检验,在应用上有重要意义.费歇尔在一般的统计思想方面也作出过重要的贡献,他提出的"信任推断法",在统计学界引起了相当大的兴趣和争论,费歇尔给出了许多现代统计学的基础概念,思考方法十分直观,他造就了一个学派,在纯粹数学和应用数学方面都建树卓越.

这个时期作出重要贡献的统计学家中,还应提到奈曼(Neyman)和皮尔逊.他们在从 1928 年开始的一系列重要工作中,发展了假设检验的系列理论.奈曼-皮尔逊假设检验理论提出和精确化了一些重要概念.该理论对后世也产生了巨大影响,它是现今统计教科书中不可缺少的一个组成部分,奈曼还创立了系统的置信区间估计理论,早在奈曼工作之前,区间估计就已是一种常用形式,奈曼从 1934 年开始的一系列工作,把区间估计理论置于柯尔莫哥洛夫概率论公理体系的基础之上,因而奠定了严格的理论基础,而且他还把求区间估计的问题表达为一种数学上的最优解问题,这个理论与奈曼-皮尔逊假设检验理论,对于数理统计形成为一门严格的数学分支起了重大作用.

以费歇尔为代表人物的英国成为数理统计研究的中心时,美国在二次世界大战中发展亦快,有三个统计研究组在投弹问题上进行了 9 项研究,其中最有成效的哥伦比亚大学研究小组在理论和实践上都有重大建树,而最为著名的是首先系统地研究了"序贯分析",它被称为"30年代最有威力"的统计思想."序贯分析"系统理论的创始人是著名统计学家沃德(Wald).他是原籍罗马尼亚的英国统计学家,他于1934年系统发展了早在20年代就受到注意的序贯分析法.沃德在统计方法中引进的"停止规则"的数学描述,是序贯分析的概念基础,并已证明是现代概率论与数理统计学中最富于成果的概念之一.

从二战后到现在,是统计学发展的第三个时期,这是一个在前一段发展的基础上,随着生产和科技的普遍进步,而使这个学科得到飞速发展的一个时期,同时,也出现了不少有待解决的大问题.这一时期的发展可总结如下:

一是在应用上愈来愈广泛,统计学的发展一开始就是应实际的要求,并与实际密切结合的.在二战前,已在生物、农业、医学、社会、经济等方面有不少应用,在工业和科技方面也有一些应用,而后一方面在战后得到了特别引人注目的进展.例如,归到"统计质量管理"名目下的众多的统计方法,在大规模工业生产中的应用得到了很大的成功,目前已被认为是不可缺少的.统计学应用的广泛性,也可以从下述情况得到印证:统计学已成为高等学校中许多专业必修的内容;统计学专业的毕业生的人数,以及从事统计学的应用、教学和研究工作的人数的大幅度的增长;有关统计学的著作和期刊杂志的数量的显著增长.

二是统计学理论也取得重大进展.理论上的成就,综合起来大致有两个主要方面:一方面是沃德提出的"统计决策理论",另一方面就是大样本理论.

沃德是20世纪对统计学面貌的改观有重大影响的少数几个统计学家之一.1950年,他发表了题为《统计决策函数》的著作,正式提出了"统计决策理论".沃德本来的想法,是要把统计学的各分支都统一在"人与大自然的博弈"这个模式下,以便作出统一处理.不过,往后的发展表明,他最初的设想并未取得很大的成功,但却有着两方面的重要影响:一是沃德把统计推断的后果与经济上的得失联系起来,这使统计方法更直接用到经济性决策的领域;二是沃德理论中所引进的许多概念和问题的新提法,丰富了以往的统计理论.

贝叶斯统计学派的基本思想,源自于英国学者贝叶斯(Bayes)的一项工作,发表于他去世后的1763年,后面的学者把它发展为一整套关于统计推断的系统理论.信奉这种理论的统计学者,就组成了贝叶斯学派.这个理论在两个方面与传统理论(即基于概率的频率解释的那个理论)有根本的区别:一是否定概率的频率的解释,这涉及与此有关的大量统计概念,而提倡给概率以"主观上的相信程度"这样的解释;二是"先验分布"的使用,先验分布被理解为在抽样前对推断对象的知识的概括.按照贝叶斯学派的观点,样本的作用在于且仅在于对先验分布作修改,而过渡到"后验分布"——其中综合了先验分布中的信息与样本中包含的信息.近几十年来其信奉者愈来愈多,二者之间的争论,是战后时期统计学的一个重要特点. 在这种争论中, 提出了不少问题促使人们进行研究, 其中有的是很根本性的. 贝叶斯学派与沃德统计决策理论的联系在于: 这二者的结合, 产生 "贝叶斯决策理论", 它构成了统计决策理论在实际应用上的主要内容.

三是电子计算机的应用对统计学的影响. 这主要在以下几个方面. 首先, 一些需要大量计算的统计方法, 过去因计算工具不行而无法使用, 有了计算机, 这一切都不成问题. 在战后, 统计学应用愈来愈广泛, 这在相当程度上要归功于计算机, 特别是对高维数据的情况. 其次, 按传统数理统计学理论, 一个统计方法效果如何, 甚至一个统计方法如何付诸实施, 都有赖于决定某些统计量的分布, 而这常常是极困难的. 有了计算机, 就提供了一个新的途径: 模拟. 为了把一个统计方法与其他方法比较, 可以选择若干组在应用上有代表性的条件, 在这些条件下, 通过模拟去比较两个方法的性能如何, 然后作出综合分析, 这避开了理论上难以解决的难题, 有极大的实用意义.

第 7 章　　参数估计

根据样本所包含的信息来建立关于总体的各种结论,这就是统计推断(statistical inference).统计推断的基本问题可以分为两大类,一类是估计问题,另一类是假设检验问题.本章将讨论总体参数的点估计和区间估计问题.设总体 X 的分布函数的形式已知,但它的一个或者多个参数未知,借助总体 X 的样本来估计总体未知参数的值的问题,称为参数估计(parameter estimation)问题.

7.1　　点估计

设 $X_1, X_2, \cdots, X_n$ 是总体 $X \sim F(x, \theta)$ 的一个样本,其中,$F(x, \theta)$ 的形式为已知,θ 为待估参数,$x_1, x_2, \cdots, x_n$ 是相应的样本观察值.点估计问题就是要构造一个适当的统计量 $\hat{\theta}(X_1, X_2, \cdots, X_n)$,用它的观察值 $\hat{\theta}(x_1, x_2, \cdots, x_n)$ 作为未知参数 θ 的近似值.我们称 $\hat{\theta}(X_1, X_2, \cdots, X_n)$ 为 θ 的**估计量**,$\hat{\theta}(x_1, x_2, \cdots, x_n)$ 为 θ 的**估计值**.

注意,估计量 $\hat{\theta}(X_1, X_2, \cdots, X_n)$ 是一个随机变量,是样本的函数,是一个统计量,对不同的样本观察值,θ 的估计值 $\hat{\theta}(x_1, x_2, \cdots, x_n)$ 一般是不同的.

例 7.1.1　在某烟花、爆竹制造厂,一天中发生着火现象的次数 X 是一个随机变量,它服从以 λ 为参数的泊松分布.现在有以下的样本观察值 1,1,0,2,1,1,2,3,1,0,试估计参数 λ.

解　由于 $X \sim P(\lambda)$,所以有 $E(X) = \lambda$.根据大数定律知道,当 n 较大时,样本均值 $\overline{X} = \dfrac{1}{n} \sum\limits_{i=1}^{n} X_i$ 依概率收敛于总体均值 $E(X)$.我们自然想到用样本均值 $\overline{X}$ 的观察值 $\overline{x} = \dfrac{1}{n} \sum\limits_{i=1}^{n} x_i$ 来估计总体均值 $E(X) = \lambda$.由于 $\overline{x} = \dfrac{1}{10} \sum\limits_{i=1}^{10} x_i = \dfrac{12}{10} = 1.2$,于是用 $\overline{x} = 1.2$ 作为参数 λ 的估计值.

以下介绍两种常用的构造估计量的方法,矩估计法和极大似然估计法.

7.1.1　　矩估计法

设 X 为连续型随机变量,其概率密度为 $f(x; \theta_1, \theta_2, \cdots, \theta_k)$,或 X 为离散型随机变量,其分布律为 $P\{X = x\} = p(x; \theta_1, \theta_2, \cdots, \theta_k)$,其中,$\theta_1, \theta_2, \cdots, \theta_k$ 为待估参数,$X_1, X_2, \cdots, X_n$ 是总体 X 的一个样本.假设总体 X 的前 k 阶矩存在,即对 X 为连续型随机变量,有

$$\mu_l = E(X^l) = \int_{-\infty}^{+\infty} x^l f(x;\theta_1,\theta_2,\cdots,\theta_k) \mathrm{d}x,$$

对 X 为离散型随机变量,有

$$\mu_l = E(X^l) = \sum_{x \in R_X} x^l p(x;\theta_1,\theta_2,\cdots,\theta_k),$$

$l = 1,2,\cdots,k$. 其中,R_X 是 x 可能取值的范围.

基于样本矩 $A_l = \dfrac{1}{n}\sum_{i=1}^{n} X_i^l$ 依概率收敛于相应的总体矩 $\mu_l(l = 1,2,\cdots,k)$,样本矩的连续函数依概率收敛于相应的总体矩的连续函数(见 6.1.3 节内容),我们就用样本矩作为相应的总体矩的估计量. 这种估计方法称为**矩估计法**.

矩估计法的具体做法如下,设

$$\begin{cases} \mu_1 = \mu_1(\theta_1,\cdots,\theta_k), \\ \mu_2 = \mu_2(\theta_1,\cdots,\theta_k), \\ \quad\vdots \\ \mu_k = \mu_k(\theta_1,\cdots,\theta_k), \end{cases}$$

这是一个包含 k 个未知参数 $\theta_1,\theta_2,\cdots,\theta_k$ 的联立方程组. 一般来说可以从中解出 θ_1,$\theta_2,\cdots,\theta_k$,得到

$$\begin{cases} \theta_1 = \theta_1(\mu_1,\cdots,\mu_k), \\ \theta_2 = \theta_2(\mu_1,\cdots,\mu_k), \\ \quad\vdots \\ \theta_k = \theta_k(\mu_1,\cdots,\mu_k), \end{cases}$$

用 A_i 分别代替上式中的 $\mu_i(i = 1,2,\cdots,k)$,即以 $\hat{\theta}_i = \theta_i(A_1,\cdots,A_k)$ 分别作为 $\theta_i(i = 1,2,\cdots,k)$ 的估计量,这种估计量称为**矩估计量**. 矩估计量的观察值称为**矩估计值**.

例 7.1.2 设 X 在 $[0,\theta]$ 上服从均匀分布,θ 为未知参数. $X_1,X_2,\cdots,X_n$ 是总体 X 的一个样本,求 θ 的矩估计量.

解 由于 X 在 $[0,\theta]$ 上服从均匀分布,所以总体 X 的一阶矩为 $\mu_1 = E(X) = \dfrac{\theta}{2}$,又样本的一阶矩为 $A_1 = \dfrac{1}{n}\sum_{i=1}^{n} X_i = \overline{X}$,令 $A_1 = \mu_1$,则 $\overline{X} = \dfrac{\theta}{2}$,因此 θ 的矩估计量为 $\hat{\theta} = 2\overline{X}$.

例 7.1.3 设总体 X 服从参数为 θ 的指数分布,其概率密度为

$$f(x) = \begin{cases} \dfrac{1}{\theta}\mathrm{e}^{-\frac{x}{\theta}}, & x > 0, \\ 0, & \text{其他}, \end{cases}$$

式中,$\theta > 0$,$X_1, X_2, \cdots, X_n$ 是总体 X 的一个样本,求 θ 的矩估计量.

解 根据例 4.1.3 知总体 X 的一阶矩为 $E(X) = \theta$,从而得到方程 $\theta = \frac{1}{n}\sum_{i=1}^{n} X_i$. 因此,$\theta$ 的矩估计量为 $\hat{\theta} = \frac{1}{n}\sum_{i=1}^{n} X_i = \overline{X}$.

例 7.1.4 设总体 X 的均值 μ 和方差 σ^2 都存在,且 $\sigma^2 > 0$,但 μ 和 σ^2 均为未知. $X_1, X_2, \cdots, X_n$ 是总体 X 的一个样本,求 μ 和 σ^2 的矩估计量.

解 由于总体 X 的一阶、二阶矩分别为 $\mu_1 = E(X) = \mu$,$\mu_2 = E(X^2) = D(X) + [E(X)]^2 = \sigma^2 + \mu^2$,解得

$$\begin{cases} \mu = \mu_1, \\ \sigma^2 = \mu_2 - \mu_1^2. \end{cases}$$

用 A_i 分别代替上式中的 $\mu_i (i = 1, 2)$,得到 μ 和 σ^2 的矩估计量分别为

$$\hat{\mu} = A_1 = \overline{X},$$

$$\hat{\sigma}^2 = A_2 - A_1^2 = \frac{1}{n}\sum_{i=1}^{n} X_i^2 - \overline{X}^2 = \frac{1}{n}\sum_{i=1}^{n}(X_i - \overline{X})^2.$$

这个结果表明,总体 X 的均值 μ 和方差 σ^2 的矩估计量的表达式与总体具体服从什么分布无关,即无论总体 X 服从什么分布,只要均值和方差存在,则例7.1.4 的结论都是成立的.

例如,$X \sim N(\mu, \sigma^2)$,μ 和 σ^2 未知,根据例 7.1.4,μ 和 σ^2 的矩估计量分别为 $\hat{\mu} = \overline{X}$,$\hat{\sigma}^2 = \frac{1}{n}\sum_{i=1}^{n}(X_i - \overline{X})^2$.

参数的矩估计法在估计总体的均值、方差等数字特征时,不必知道总体的分布类型,非常直观、简便,这是矩估计法的优点. 但矩估计法也存在不足,在总体分布类型已知的情况下,矩估计法没有充分利用总体分布所提供的信息,因此可能导致它的精度比其他估计法低.

7.1.2 极大似然估计法

若总体 X 为离散型随机变量,其分布律 $P\{X = x\} = p(x; \theta)$ 的形式为已知,θ 为待估参数,$\theta \in \Theta$,Θ 为 θ 的可能取值范围. $X_1, X_2, \cdots, X_n$ 是总体 X 的一个样本,则 $X_1, X_2, \cdots, X_n$ 的联合分布律为 $\prod_{i=1}^{n} p(x_i; \theta)$. 设 $x_1, x_2, \cdots, x_n$ 是相应于 $X_1, X_2, \cdots, X_n$ 的样本观察值,易知样本 $X_1, X_2, \cdots, X_n$ 取到观察值 $x_1, x_2, \cdots, x_n$ 的概率,即事件 $\{X_1 = x_1, X_2 = x_2, \cdots, X_n = x_n\}$ 发生的概率为

$$L(\theta) = L(x_1, x_2, \cdots, x_n; \theta) = \prod_{i=1}^{n} p(x_i; \theta), \quad \theta \in \Theta.$$

$L(\theta)$ 称为样本的**似然函数**.

关于极大似然估计法,有以下直观想法:固定样本观察值 $x_1, x_2, \cdots, x_n$,在 θ 的可能取值范围 Θ 内挑选使似然函数 $L(x_1, x_2, \cdots, x_n; \theta)$ 达到最大的参数值 $\hat{\theta}$. 作为 θ 的估计值,即取 $\hat{\theta}$ 使

$$L(x_1, x_2, \cdots, x_n; \hat{\theta}) = \max_{\theta \in \Theta} L(x_1, x_2, \cdots, x_n; \theta).$$

这样得到的 $\hat{\theta}$ 与 $x_1, x_2, \cdots, x_n$ 有关,记为 $\hat{\theta}(x_1, x_2, \cdots, x_n)$,称为参数 θ 的**极大似然估计值**,而相应的统计量 $\hat{\theta}(X_1, X_2, \cdots, X_n)$ 称为参数 θ 的**极大似然估计量**.

若总体 X 为连续型随机变量,其概率密度 $f(x; \theta)$ 的形式为已知,θ 为待估参数,$\theta \in \Theta$(Θ 为 θ 的可能取值范围),$X_1, X_2, \cdots, X_n$ 是总体 X 的一个样本,则 $X_1, X_2, \cdots, X_n$ 的联合概率密度为 $\prod_{i=1}^{n} f(x_i; \theta)$. 设 $x_1, x_2, \cdots, x_n$ 是相应于 $X_1, X_2, \cdots, X_n$ 的样本观察值. 易知随机点 $(X_1, X_2, \cdots, X_n)$ 落在点 $(x_1, x_2, \cdots, x_n)$ 的邻域内(边长分别为 $dx_1, dx_2, \cdots, dx_n$ 的 n 维立方体)的概率近似地为 $\prod_{i=1}^{n} f(x_i; \theta) dx_i$.

与离散型的情形一样,取 θ 的估计值 $\hat{\theta}$ 使 $\prod_{i=1}^{n} f(x_i; \theta) dx_i$ 取到最大值,但因子 $\prod_{i=1}^{n} dx_i$ 不随 θ 变化,因此考虑函数

$$L(\theta) = L(x_1, x_2, \cdots, x_n; \theta) = \prod_{i=1}^{n} f(x_i; \theta)$$

的最大值. 这里 $L(\theta)$ 称为样本的**似然函数**. 若

$$L(x_1, x_2, \cdots, x_n; \hat{\theta}) = \max_{\theta \in \Theta} L(x_1, x_2, \cdots, x_n; \theta),$$

称 $\hat{\theta}(x_1, x_2, \cdots, x_n)$ 为参数 θ 的**极大似然估计值**,而相应的统计量 $\hat{\theta}(X_1, X_2, \cdots, X_n)$ 称为参数 θ 的**极大似然估计量**.

这样,确定极大似然估计量的问题就归结为求极大值的问题了. 由于 $L(\theta)$ 与 $\ln L(\theta)$ 在同一个 θ 处取到极值,所以在很多情况下,θ 的极大似然估计 $\hat{\theta}$ 也可以从方程 $\dfrac{d \ln L(\theta)}{d\theta} = 0$ 求得,此方程称为**似然方程**.

例 7.1.5 设 $X_1, X_2, \cdots, X_n$ 是来自总体 $X \sim P(\lambda)$ 的样本,求参数 λ 的极大似然估计量.

解 由于 $X \sim P(\lambda)$,则 X 的分布律为 $P\{X = x\} = \dfrac{\lambda^x e^{-\lambda}}{x!}, x = 0, 1, 2, \cdots$. 设

$x_1, x_2 \cdots, x_n$ 是相应于样本 $X_1, X_2, \cdots, X_n$ 的样本观察值,于是似然函数为

$$L(\lambda) = \prod_{i=1}^{n} \left(\frac{\lambda^{X_i} e^{-\lambda}}{x_i!} \right) = \frac{e^{-n\lambda} \lambda^{\sum_{i=1}^{n} x_i}}{\prod_{i=1}^{n} x_i!}$$

而 $\ln L(\lambda) = -n\lambda + \left(\sum_{i=1}^{n} x_i \right) \ln\lambda - \ln\left(\prod_{i=1}^{n} x_i! \right)$,令

$$0 = \frac{d[\ln L(\lambda)]}{d\lambda} = -n + \frac{1}{\lambda} \sum_{i=1}^{n} x_i,$$

解得 λ 的极大似然估计值为 $\hat{\lambda} = \frac{1}{n} \sum_{i=1}^{n} x_i = \bar{x}$. 因此 λ 的极大似然估计量为 $\hat{\lambda} = \bar{X}$.

用 MATLAB 软件产生容量 $n = 50$ 时 $P(\lambda)$ ($\lambda = 5$) 的随机样本 $x_1, x_2, \cdots, x_{50}$,在此基础上可得参数 λ 的极大似然估计值(其 MATLAB 程序见附录 B 中的例 B2.12)为 $\hat{\lambda} = 5.013\,7$.

$n = 50$ 时样本的似然函数 $L(\lambda)$ 和对数似然函数 $\ln L(\lambda)$ 的图形分别如图 7-1 和图 7-2 所示.

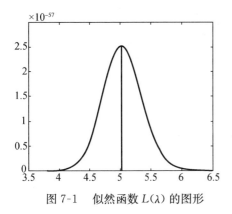

图 7-1　似然函数 $L(\lambda)$ 的图形　　　　图 7-2　对数似然函数 $\ln L(\lambda)$ 的图形

从图 7-1 和图 7-2 可以看出,似然函数 $L(\lambda)$ 和对数似然函数 $\ln L(\lambda)$ 的最大值点都在 5 附近(5.0137).

例 7.1.6　设 $X_1, X_2, \cdots, X_n$ 是来自总体 X 的样本,X 服从参数为 θ 的指数分布,其概率密度函数为 $f(x) = \frac{1}{\theta} e^{-\frac{x}{\theta}}$,$\theta > 0, x > 0$. 求参数 θ 的极大似然估计量.

解　设 $x_1, x_2, \cdots, x_n$ 是相应于 $X_1, X_2, \cdots, X_n$ 的样本观察值,则似然函数为

$L(\theta) = \prod_{i=1}^{n} \left(\frac{1}{\theta} e^{-\frac{x_i}{\theta}} \right) = \frac{1}{\theta^n} e^{-\frac{1}{\theta} \sum_{i=1}^{n} x_i}$. 因此,$\ln L(\theta) = -n\ln\theta - \frac{1}{\theta} \sum_{i=1}^{n} x_i$,似然方程为

$$\frac{\mathrm{dln}L(\theta)}{\mathrm{d}\theta} = -\frac{n}{\theta} + \frac{1}{\theta^2}\sum_{i=1}^{n} x_i = 0.$$ 由此得参数 θ 的极大似然估计量为 $\hat{\theta} = \frac{1}{n}\sum_{i=1}^{n} X_i = \overline{X}.$

从例 7.1.6 和例 7.1.3 可以看出,对参数为 θ 的指数分布,其极大似然估计量与矩估计量是相同的.

极大似然估计法也适用于分布函数中含有多个未知参数 $\theta_1,\theta_2,\cdots,\theta_k$ 的情况. 这时,似然函数是这些未知参数的函数. 令

$$\frac{\partial}{\partial \theta_i}L = 0, \quad i = 1,2,\cdots,k,$$

或

$$\frac{\partial}{\partial \theta_i}\ln L = 0, \quad i = 1,2,\cdots,k.$$

解上述方程组,一般可以得到未知参数 $\theta_1,\theta_2,\cdots,\theta_k$ 的极大似然估计值 $\hat{\theta}_1,\hat{\theta}_2,\cdots,\hat{\theta}_k$.

例 7.1.7 设 $X \sim N(\mu,\sigma^2)$, μ 和 σ^2 未知,$x_1,x_2,\cdots,x_n$ 是相应于 $X_1,X_2,\cdots,X_n$ 的样本观察值,求 μ 和 σ^2 的极大似然估计量.

解 X 的概率密度为

$$f(x;\mu,\sigma^2) = \frac{1}{\sqrt{2\pi}\sigma}\exp\left[-\frac{(x-\mu)^2}{2\sigma^2}\right], \quad -\infty < x < +\infty.$$

似然函数为

$$L(\mu,\sigma^2) = \prod_{i=1}^{n}\frac{1}{\sqrt{2\pi}\sigma}\exp\left[-\frac{(x_i-\mu)^2}{2\sigma^2}\right]$$

$$= (2\pi)^{-\frac{n}{2}}(\sigma^2)^{-\frac{n}{2}}\exp\left[-\frac{\sum_{i=1}^{n}(x_i-\mu)^2}{2\sigma^2}\right].$$

于是,$\ln L = -\frac{n}{2}\ln(2\pi) - \frac{n}{2}\ln\sigma^2 - \frac{\sum_{i=1}^{n}(x_i-\mu)^2}{2\sigma^2}$. 令

$$\begin{cases} \dfrac{\partial}{\partial \mu}\ln L = \dfrac{1}{\sigma^2}\left(\sum_{i=1}^{n} x_i - n\mu\right) = 0, \\[2mm] \dfrac{\partial}{\partial \sigma^2}\ln L = -\dfrac{n}{2\sigma^2} + \dfrac{1}{2(\sigma^2)^2}\sum_{i=1}^{n}(x_i-\mu)^2 = 0, \end{cases}$$

解得 $\hat{\mu} = \dfrac{1}{n}\sum_{i=1}^{n} x_i = \bar{x}, \hat{\sigma}^2 = \dfrac{1}{n}\sum_{i=1}^{n}(x_i - \bar{x})^2$. 因此，$\mu$ 和 σ^2 的极大似然估计量为 $\hat{\mu}$ $= \dfrac{1}{n}\sum_{i=1}^{n} X_i = \bar{X}, \hat{\sigma}^2 = \dfrac{1}{n}\sum_{i=1}^{n}(X_i - \bar{X})^2$.

这个结果与 $N(\mu, \sigma^2)$ 中 μ 和 σ^2 的矩估计量(见例 7.1.4 后面的说明)相同.

例 7.1.8　设 $X_1, X_2, \cdots, X_n$ 是来自总体 X 的样本，X 在 $[0, \theta]$ 上服从均匀分布，θ 为未知参数. $x_1, x_2, \cdots, x_n$ 是相应于 $X_1, X_2, \cdots, X_n$ 的样本观察值，求 θ 的极大似然估计值和极大似然估计量.

解　根据题意，总体 X 的概率密度函数和样本的似然函数分别为

$$f(x; \theta) = \begin{cases} \dfrac{1}{\theta}, & 0 < x \leqslant \theta, \\ 0, & \text{其他.} \end{cases} \qquad L(\theta) = \begin{cases} \dfrac{1}{\theta^n}, & 0 < x_1, x_2, \cdots, x_n \leqslant \theta, \\ 0, & \text{其他.} \end{cases}$$

记 $x_{(n)} = \max\{x_1, x_2, \cdots, x_n\}$，由于 $x_1, x_2, \cdots, x_n \leqslant \theta$，相当于 $x_{(n)} \leqslant \theta$，于是似然函数相当于

$$L(\theta) = \begin{cases} \dfrac{1}{\theta^n}, & \theta \geqslant x_{(n)}, \\ 0, & \theta < x_{(n)}. \end{cases}$$

当 $\theta \geqslant x_{(n)}$ 时，$\ln L(\theta) = -n\ln\theta$，则 $\dfrac{\mathrm{d}\ln L(\theta)}{\mathrm{d}\theta} = -\dfrac{n}{\theta} \neq 0$，所以不能用求解似然方程来直接得到 $L(\theta)$ 的最大值点.

当 $\theta \geqslant x_{(n)}$ 时，$L(\theta)$ 随 θ 的增加而减小，为了使 $L(\theta)$ 达到最大，θ 必须尽量小，但 θ 又不能小于 $x_{(n)}$. 这个界限就在 $\hat{\theta} = x_{(n)}$ 处：当 $\theta \geqslant \hat{\theta}$ 时，$L(\theta) = \dfrac{1}{\theta^n} > 0$；当 $\theta < \hat{\theta}$ 时，$L(\theta) = 0$. 因此唯一使 $L(\theta)$ 达到最大的 θ 值是 $\hat{\theta} = x_{(n)}$，所以 θ 的极大似然估计值为 $\hat{\theta} = x_{(n)} = \max\{x_1, x_2, \cdots, x_n\}$，$\theta$ 的极大似然估计量为 $\hat{\theta} = \max\{X_1, X_2, \cdots, X_n\}$.

注意，例 7.1.8 中 θ 的极大似然估计量与例 7.1.2 中 θ 的矩估计量是不同的.

设 $\hat{\theta}$ 为 $f(x; \theta)$ 中参数 θ 的极大似然估计，并且函数 $g = g(\theta)$ 具有单值反函数 $\theta = \theta(g)$，则 $\hat{g} = g(\hat{\theta})$ 是 $g(\theta)$ 的极大似然估计. 这个性质称为极大似然估计的**不变性**.

例如，在例 7.1.7 中 σ^2 的极大似然估计量为 $\hat{\sigma}^2 = \dfrac{1}{n}\sum_{i=1}^{n}(X_i - \bar{X})^2$. 根据极大似然估计的不变性，则标准差 σ 的极大似然估计量为 $\hat{\sigma} = \sqrt{\hat{\sigma}^2} = \sqrt{\dfrac{1}{n}\sum_{i=1}^{n}(X_i - \bar{X})^2}$.

习题 7.1

1. 随机地取 8 只活塞环，测得它们的直径(以 mm 计)如下表：

| 74.001 | 74.005 | 74.003 | 74.001 |
| 74.000 | 73.998 | 74.006 | 74.002 |

试求总体均值 μ 及方差 σ^2 的矩估计值,并求样本方差的观察值 s^2.

习题 7.1.6 详解

2. 设总体 $X \sim B(1, p)$,$X_1, X_2, \cdots, X_n$ 是来自总体 X 的样本,求总体均值 μ 及方差 σ^2 的矩估计量和矩估计值.

3. 设 $X_1, X_2, \cdots, X_n$ 为总体的一个样本,$x_1, x_2, \cdots, x_n$ 为相应的样本值,总体的概率密度

$$f(x) = \begin{cases} \sqrt{\theta} x^{\sqrt{\theta}-1}, & 0 < x < 1, \\ 0, & \text{其他}, \end{cases}$$ 式中,$\theta > 0$,求:(1) 未知参数 θ 矩估计量和矩估计值;(2) 未知参数 θ 极大似然估计值和估计量.

4. 设 $X_1, X_2, \cdots, X_n$ 为总体的一个样本,$x_1, x_2, \cdots, x_n$ 为一相应的样本值,总体的分布律 $P\{X = x\} = C_m^x p^x (1-p)^{m-x}$,$x = 0, 1, 2, \cdots, m$,其中 $0 < p < 1$,p 为未知参数.求:(1) 参数 p 的矩估计量和矩估计值;(2) 参数 p 的极大似然估计值和估计量.

5. 一地质学家为研究密歇根湖湖滩地区的岩石成分,随机地自该地区取 100 个样品,每个样品有 10 块石子,记录了每个样品中属石灰石的石子数.假设这 100 次观察相互独立,并且由过去经验知,它们都服从参数为 $n = 10$,p 的二项分布,p 是这地区一块石子是石灰石的概率,求 p 的极大似然估计值.该地质学家所得的数据如下:

样品中属石灰石的石子数 i	0	1	2	3	4	5	6	7	8	9	10
观察到 i 块石灰石样品个数	0	1	6	7	23	26	21	12	3	1	0

6. 若 $X \sim N(\mu, \sigma^2)$,试用容量为 n 的样本,分别就 (1) σ^2 已知;(2) μ, σ^2 均未知两种情况求出使 $P\{X > A\} = 0.05$ 的点 A 的极大似然估计量.

7. 设 $X \sim B(1, p)$,$X_1, X_2, \cdots, X_n$ 是总体 X 的一个样本,求参数 p 的极大似然估计量.

7.2 估计量的评选标准

对于总体 X 的同一个参数,由于采用不同的估计方法,可能会产生多个不同估计量. 例如,总体 X 在 $[0, \theta]$ 上服从均匀分布,对同一个参数 θ,在例 7.1.8 中 θ 极大似然估计量与例 7.1.2 中 θ 的矩估计量是不同的. 这就提出了一个问题,当总体 X 的同一个参数存在不同估计量时,究竟采用哪一个估计量更好呢?这就涉及用什么样的标准来评价估计量的问题. 以下给出几个常用的标准:无偏性、有效性和一致性.

7.2.1 无偏性

定义 7.2.1 设 $X_1, X_2, \cdots, X_n$ 是总体 X 的一个样本,$\theta \in \Theta$,若估计量 $\hat{\theta} =$

$\hat{\theta}(X_1, X_2, \cdots, X_n)$ 的数学期望 $E(\hat{\theta})$ 存在,且对任意的 $\theta \in \Theta$,有 $E(\hat{\theta}) = \theta$,则称 $\hat{\theta}$ 为 θ 的**无偏估计量**.

$E(\hat{\theta}) - \theta$ 称为以 $\hat{\theta}$ 作为 θ 的估计的系统误差. 无偏估计的实际意义就是无系统误差.

例如,设总体 X 的均值 μ 和方差 σ^2 均未知,根据例 6.1.3 知,$E(\overline{X}) = \mu$,$E(S^2) = \sigma^2$. 这就是说,不论总体服从什么分布,样本均值 $\overline{X}$ 是总体均值的无偏估计量;样本方差 $S^2 = \dfrac{1}{n-1}\sum_{i=1}^{n}(X_i - \overline{X})^2$ 是总体方差 σ^2 的无偏估计量,而估计量 $\dfrac{1}{n}\sum_{i=1}^{n}(X_i - \overline{X})^2$ 不是总体方差 σ^2 的无偏估计量.

例 7.2.1 设 X 在 $[0, \theta]$ 上服从均匀分布,θ 为未知参数. 问 θ 的估计量 $\hat{\theta} = 2\overline{X}$ 是否为 θ 的无偏估计量.

解 由于 $X_1, X_2, \cdots, X_n$ 是总体 X 的样本,所以它们与总体 X 同分布,于是 $E(X_i) = \dfrac{\theta}{2}(i = 1, 2, \cdots, n)$.

根据数学期望的性质,有

$$E(\hat{\theta}) = 2E(\overline{X}) = 2E\left(\frac{1}{n}\sum_{i=1}^{n}X_i\right) = \frac{2}{n}\sum_{i=1}^{n}E(X_i) = \frac{2}{n} \cdot n \cdot \frac{\theta}{2} = \theta.$$

因此,估计量 $\hat{\theta} = 2\overline{X}$ 是 θ 的无偏估计量.

例 7.2.2 设总体 X 的 k 阶矩 $\mu_k = E(X^k)$ 存在$(k \geqslant 1)$,又设 $X_1, X_2, \cdots, X_n$ 是 X 的一个样本. 证明不论总体服从什么分布,样本的 k 阶矩 $A_k = \dfrac{1}{n}\sum_{i=1}^{n}X_i^k$ 是总体 k 阶矩 μ_k 的无偏估计量.

证明 由于 $X_1, X_2, \cdots, X_n$ 与总体 X 同分布,所以 $E(X_i^k) = E(X^k) = \mu_k$,$i = 1, 2, \cdots, n$,即 $E(A_k) = \dfrac{1}{n}\sum_{i=1}^{n}E(X_i^k) = \mu_k$,因此 A_k 是 μ_k 的无偏估计量.

例 7.2.3 设从均值 μ,方差 $\sigma^2 > 0$ 的总体中,分别抽取容量为 n_1 和 n_2 的两个独立样本,$\overline{X}_1$ 和 $\overline{X}_2$ 分别为两个样本均值. 试证明,对于任意的常数 $a, b(a + b = 1)$,$Y = a\overline{X}_1 + b\overline{X}_2$ 都是 μ 的无偏估计量,并确定常数 a, b 使 $D(Y)$ 达到最小.

解 (1) 由于 $E(Y) = aE(\overline{X}_1) + bE(\overline{X}_2) = (a + b)\mu = \mu$,所以对于任意的常数 $a, b(a + b = 1)$,$Y = a\overline{X}_1 + b\overline{X}_2$ 都是 μ 的无偏估计量.

(2) $D(Y) = a^2 D(\overline{X}_1) + b^2 D(\overline{X}_1) = \left(\dfrac{a^2}{n_1} + \dfrac{b^2}{n_2}\right)\sigma^2$,以下在 $a + b = 1$ 时,求 a 和 b 使 $D(Y)$ 达到最小. 以下给出两种解法.

方法 1 由于 $a+b=1$，所以 $b=1-a$，则 $D(Y)=\left[\dfrac{a^2}{n_1}+\dfrac{(1-a)^2}{n_2}\right]\sigma^2$.

令 $\dfrac{\mathrm{d}D(Y)}{\mathrm{d}a}=\left[\dfrac{2a}{n_1}-\dfrac{2(1-a)}{n_2}\right]\sigma^2=0$，得 $a=\dfrac{n_1}{n_1+n_2},b=1-a=\dfrac{n_2}{n_1+n_2}$. 由于 $\dfrac{\mathrm{d}^2D(Y)}{\mathrm{d}a^2}=\left(\dfrac{2}{n_1}+\dfrac{2}{n_2}\right)\sigma^2>0$，所以当 $a=\dfrac{n_1}{n_1+n_2},b=\dfrac{n_2}{n_1+n_2}$ 时，$D(Y)$ 达到最小.

方法 2 用拉格朗日法，作辅助函数 $L(a,b)=\dfrac{a^2}{n_1}\sigma^2+\dfrac{b^2}{n_2}\sigma^2+\lambda(a+b-1)$.

令 $0=\dfrac{\partial L(a,b)}{\partial a}=\dfrac{2a\sigma^2}{n_1}+\lambda,\ 0=\dfrac{\partial L(a,b)}{\partial b}=\dfrac{2b\sigma^2}{n_2}+\lambda$，则有 $2\sigma^2\left(\dfrac{a}{n_1}-\dfrac{b}{n_2}\right)=0$，由于 $\sigma^2>0$，有 $2\sigma^2 n_1 n_2\neq 0$，所以 $n_2 a-n_1 b=0$，又 $a+b=1$，于是 $1=a+b=\dfrac{n_1}{n_2}b+b=\dfrac{n_1+n_2}{n_2}b$，因此，$b=\dfrac{n_2}{n_1+n_2},a=\dfrac{n_1}{n_1+n_2}$.

7.2.2　有效性与一致性

现在来比较参数 θ 的两个无偏估计量 $\hat{\theta}_1$ 和 $\hat{\theta}_2$，如果在样本容量相同的情况下，$\hat{\theta}_1$ 的观察值比 $\hat{\theta}_2$ 更密集在真值 θ 的附近，我们就认为 $\hat{\theta}_1$ 比 $\hat{\theta}_2$ 理想. 由于方差是随机变量的取值与其数学期望的偏离程度的度量，所以无偏估计量以方差小者为好，这就引出了有效性这个概念.

定义 7.2.2 设 $\hat{\theta}_1=\hat{\theta}_1(X_1,X_2,\cdots,X_n)$ 和 $\hat{\theta}_2=\hat{\theta}_2(X_1,X_2,\cdots,X_n)$ 都是 θ 的无偏估计量，若对于任意的 $\theta\in\Theta$，有 $D(\hat{\theta}_1)<D(\hat{\theta}_2)$，则称 $\hat{\theta}_1$ 比 $\hat{\theta}_2$ **有效**.

例 7.2.4 设 $X_1,X_2,\cdots,X_n$ 是总体 X 的样本，且总体均值 $E(X)=\mu$ 和方差 $D(X)=\sigma^2$ 存在，证明当 $n>1$ 时，μ 的无偏估计量 $\overline{X}$ 比 μ 的无偏估计量 X_1 有效.

证明 由于 $D(X_1)=D(X)=\sigma^2,D(\overline{X})=\dfrac{\sigma^2}{n}$，所以当 $n>1$ 时，$D(X_1)=\sigma^2>D(\overline{X})=\dfrac{\sigma^2}{n}$，即 $\overline{X}$ 比 X_1 有效.

无偏性和有效性都是在样本容量 n 固定的前提下给出的. 我们自然希望随着样本容量的增大，一个估计量的值稳定于待估参数的真值. 这样，估计量又有下述一致性的要求.

定义 7.2.3 设 $\hat{\theta}(X_1,X_2,\cdots,X_n)$ 为参数 θ 的估计量，当 $n\to+\infty$ 时，$\hat{\theta}(X_1,X_2,\cdots,X_n)$ 依概率收敛于 θ，则称 $\hat{\theta}$ 为 θ 的**一致性估计量**（或相合估计量），有时也简称为一致估计量.

即，对于任意的 $\varepsilon>0$，有

$$\lim_{n \to +\infty} P\{|\hat{\theta} - \theta| < \varepsilon\} = 1,$$

则称 $\hat{\theta}$ 为 θ 的一致估计量.

例 7.2.5 设 $X_1, X_2, \cdots, X_n$ 是来自总体 X 的样本, $\overline{X}$ 是样本均值, 证明: $\overline{X}$ 是总体均值 $E(X)$ 的一致估计量.

证明 根据定理 5.1.2(切比雪夫大数定律), 在 $\overline{X} \xrightarrow{P} E(X)$, 即样本均值 $\overline{X}$ 依概率收敛于总体均值 $E(X)$.

根据一致估计量的定义, 样本均值 $\overline{X}$ 是总体均值 $E(X)$ 的一致估计量.

习题 7.2

1. 从某种产品中抽取 10 件, 测得直径: 12.13, 12.03, 12.06, 12.08, 12.07, 12.06, 12.01, 12.03, 12.16, 12.28(单位: mm). 求产品直径方差的一个无偏估计值.

2. 设总体 X 的数学期望为 μ, $X_1, X_2, \cdots, X_n$ 是来自 X 的样本, a_1,

习题 7.2.2 详解

$a_2, \cdots, a_n$ 是任意常数, 验证 $\dfrac{\sum\limits_{i=1}^{n} a_i X_i}{\sum\limits_{i=1}^{n} a_i}$ (其中 $\sum\limits_{i=1}^{n} a_i \neq 0$) 是 μ 的无偏估计量.

3. $X_1, X_2, \cdots, X_n$ 是来自总体 X 的一个样本, 设总体 X 的数学期望 $E(X) = \mu$, 方差 $D(X) = \sigma^2$, $\overline{X}, S^2$ 是样本均值和样本方差, 试确定常数 c 使 $(\overline{X})^2 - cS^2$ 是 μ^2 的无偏估计.

4. 设 X_1, X_2 是取自总体 $N(\mu, 1)$ 的一个容量为 2 的样本, 证明下列 3 个估计量均为 μ 的无偏估计:

$$\hat{\mu}_1 = \frac{2}{3}X_1 + \frac{1}{3}X_2, \quad \hat{\mu}_2 = \frac{1}{4}X_1 + \frac{3}{4}X_2, \quad \hat{\mu}_3 = \frac{1}{2}(X_1 + X_2),$$

并指出哪一个估计量最有效?

5. 设 $\hat{\theta}_1, \hat{\theta}_2$ 是参数 θ 的两个相互独立的无偏估计量, 且 $D(\hat{\theta}_1) = 2D(\hat{\theta}_2)$. 试求常数 k_1, k_2 满足什么条件, 才能使 $k_1\hat{\theta}_1 + k_2\hat{\theta}_2$ 是 θ 的无偏估计量, 并且求常数 k_1, k_2 使它在所有这种形式的估计量中方差达到最小.

7.3 区间估计

7.3.1 区间估计的定义

对于一个未知参数, 人们只知道它的点估计有时还不能满意, 还希望给出未知参数的一个范围, 并希望知道这个范围包含参数真值的可信程度. 为此, 引进区间估计的有关概念.

定义 7.3.1 设总体 X 的分布函数 $F(x;\theta)$ 含有一个未知参数 θ,对于给定值 $\alpha(0<\alpha<1)$,若由样本 $X_1,X_2,\cdots,X_n$ 确定的两个统计量 $\underline{\theta}=\underline{\theta}(X_1,X_2,\cdots,X_n)$ 和 $\bar{\theta}=\bar{\theta}(X_1,X_2,\cdots,X_n)$,对于 $\theta\in\Theta$ 满足

$$P\{\underline{\theta}<\theta<\bar{\theta}\}=1-\alpha, \tag{7.3.1}$$

则称 $(\underline{\theta},\bar{\theta})$ 为 θ 的置信水平为 $1-\alpha$ 的**置信区间**,$\underline{\theta}$ 和 $\bar{\theta}$ 分别称为置信水平为 $1-\alpha$ 的双侧置信区间的**置信下限**和**置信上限**,$1-\alpha$ 称为**置信水平**.

式(7.3.1)的含义如下:若反复抽样多次(各次得到的样本的容量都相等),每个样本观察值确定一个区间 $(\underline{\theta},\bar{\theta})$,每个这样的区间要么包含 θ 的真值,要么不包含 θ 的真值,按伯努利大数定律,在这么多区间中,包含 θ 真值的约占 $100(1-\alpha)/100$,不包含 θ 真值的约占 $100\alpha/100$.例如,若 $\alpha=0.05$,反复抽样 100 次,得到 100 个区间中,其中不包含 θ 真值的约 5 个.在例 7.3.1 后面,将结合具体问题给出解释.

例 7.3.1 设 $X\sim N(\mu,\sigma^2)$,σ^2 为已知,$X_1,X_2,\cdots,X_n$ 是来自 X 的样本,求 μ 的置信水平为 $1-\alpha$ 的置信区间.

解 由于 $\bar{X}$ 为 μ 的无偏估计量,且有

$$\frac{\bar{X}-\mu}{\sigma/\sqrt{n}}\sim N(0,1). \tag{7.3.2}$$

按标准正态分布的上侧 α 分位点的定义,有

$$P\left\{\left|\frac{\bar{X}-\mu}{\sigma/\sqrt{n}}\right|<z_{\frac{\alpha}{2}}\right\}=1-\alpha,$$

$$P\left\{\bar{X}-\frac{\sigma}{\sqrt{n}}z_{\frac{\alpha}{2}}<\mu<\bar{X}+\frac{\sigma}{\sqrt{n}}z_{\frac{\alpha}{2}}\right\}=1-\alpha.$$

按定义 7.3.1,我们就得到了 μ 的置信水平为 $1-\alpha$ 的置信区间

$$\left(\bar{X}-\frac{\sigma}{\sqrt{n}}z_{\frac{\alpha}{2}},\bar{X}+\frac{\sigma}{\sqrt{n}}z_{\frac{\alpha}{2}}\right). \tag{7.3.3}$$

如果取 $\alpha=0.05$,即 $1-\alpha=0.95$,查表得 $z_{\frac{\alpha}{2}}=z_{0.025}=1.96$.若 $\sigma=1,n=16$,于是得到一个 μ 的置信水平为 0.95 的置信区间

$$\left(\bar{X}-\frac{1}{\sqrt{16}}\times1.96,\bar{X}+\frac{1}{\sqrt{16}}\times1.96\right).$$

如果 $\bar{x}=5.20$,代入得一个区间 $(4.71,5.69)$.

若 $\mu=5.25,\sigma=1$,可以用随机模拟法产生 100 组 $N(5.25,1)$ 的随机样本,每

组样本包含 50 个观察值,现在画出 100 个 $\mu = 5.25$ 的置信水平为 $1-\alpha = 0.95$ 的置信区间,如图 7-3 所示.

同样,若 $\mu = 5.25$,$\sigma = 1$,可以用随机模拟法产生 100 组 $N(5.25,1)$ 的随机样本,每组样本包含 50 个观察值,现在画出 100 个 $\mu = 5.25$ 的置信水平为 $1-\alpha = 0.90$ 的置信区间,如图 7-4 所示.

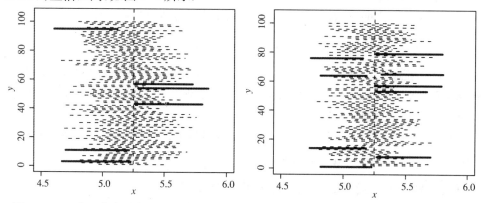

图 7-3　100 个置信水平为 0.95 的置信区间　　图 7-4　100 个置信水平为 0.90 的置信区间

从图 7-3 可以看出,100 个区间中有 94 个包含参数真值 5.25,另有 6 个区间不包含参数真值. 这就是置信水平为 $1-\alpha = 0.95$ 的置信区间的一个解释.

从图 7-4 可以看出,100 个区间中有 91 个包含参数真值 5.25,另有 9 个区间不包含参数真值. 这就是置信水平为 $1-\alpha = 0.90$ 的置信区间的一个解释.

然而,置信水平为 $1-\alpha$ 的置信区间并不是唯一的. 如对以上的例 7.3.1,若给定 $\alpha = 0.05$,则

$$P\left\{-z_{0.04} < \frac{\overline{X}-\mu}{\sigma/\sqrt{n}} < z_{0.01}\right\} = 0.95.$$

这样,我们又得到了 μ 的另一个置信水平为 $1-\alpha$ 的置信区间

$$\left(\overline{X} - \frac{\sigma}{\sqrt{n}}z_{0.01}, \overline{X} + \frac{\sigma}{\sqrt{n}}z_{0.04}\right). \qquad (7.3.4)$$

在式 (7.3.3) 中,令 $\alpha = 0.05$,再比较由式 (7.3.4) 给出的 μ 的置信水平为 0.95 的置信区间的长度.

由式 (7.3.3) 给出的置信区间的长度为 $2\dfrac{\sigma}{\sqrt{n}}z_{0.025} = 3.92 \times \dfrac{\sigma}{\sqrt{n}}$.

由式 (7.3.4) 给出的置信区间的长度为 $\dfrac{\sigma}{\sqrt{n}}(z_{0.04} + z_{0.01}) = 4.08 \times \dfrac{\sigma}{\sqrt{n}}$.

显然,$3.92 \times \dfrac{\sigma}{\sqrt{n}} < 4.08 \times \dfrac{\sigma}{\sqrt{n}}$,即由式 (7.3.3) 给出的区间比由式 (7.3.4) 给

出的区间短. 当然,对于同一个置信水平,区间的长度越短越好.

通过以上的例子,可以看到寻找未知参数 θ 的置信区间的具体做法如下:

(1) 寻找一个样本 $X_1, X_2, \cdots, X_n$ 的函数 $W = W(X_1, X_2, \cdots, X_n; \theta)$,它包含待估参数 θ,而不包含其他未知参数,并且 W 的分布已知且不依赖任何未知参数(当然不依赖于待估参数 θ).

(2) 对于给定的置信水平 $1-\alpha$,定出两个常数 a, b,使

$$P\{a < W(X_1, X_2, \cdots, X_n; \theta) < b\} = 1-\alpha.$$

(3) 若能从 $a < W(X_1, X_2, \cdots, X_n; \theta) < b$ 得到等价的不等式 $\underline{\theta} < \theta < \bar{\theta}$,其中 $\underline{\theta} = \underline{\theta}(X_1, X_2, \cdots, X_n), \bar{\theta} = \bar{\theta}(X_1, X_2, \cdots, X_n)$ 都是统计量,那么 $(\underline{\theta}, \bar{\theta})$ 就是 θ 的置信水平为 $1-\alpha$ 的置信区间.

函数 $W(X_1, X_2, \cdots, X_n; \theta)$ 的构造,通常从 θ 的点估计着手. 常用的正态总体参数的置信区间可以用上述步骤推得.

7.3.2　单个正态总体均值与方差的置信区间

7.3.2.1　均值 μ 的置信区间

设已给定置信水平为 $1-\alpha$,并设 $X_1, X_2, \cdots, X_n$ 是总体 $N(\mu, \sigma^2)$ 的样本,$\bar{X}, S^2$ 分别为样本均值和样本方差.

(1) σ^2 为已知

此时,由例 7.3.1 已经给出了 μ 的置信水平为 $1-\alpha$ 的置信区间为

$$\left(\bar{X} - \frac{\sigma}{\sqrt{n}} z_{\frac{\alpha}{2}}, \bar{X} + \frac{\sigma}{\sqrt{n}} z_{\frac{\alpha}{2}} \right).$$

(2) σ^2 为未知

此时,不能由式(7.3.3)给出区间估计,因其含有未知参数 σ. 考虑到 S^2 是 σ^2 的无偏估计,将式(7.3.2)中的 σ 换成 $S = \sqrt{S^2}$,根据定理 6.2.3 知

$$\frac{\bar{X} - \mu}{S/\sqrt{n}} \sim t(n-1). \tag{7.3.5}$$

并且式(7.3.5)的右边不依赖于任何未知参数,按 t 分布的上侧 α 分位点的定义,有

$$P\left\{ \left| \frac{\bar{X} - \mu}{S/\sqrt{n}} \right| < t_{\frac{\alpha}{2}}(n-1) \right\} = 1-\alpha,$$

$$P\left\{ \bar{X} - \frac{S}{\sqrt{n}} t_{\frac{\alpha}{2}}(n-1) < \mu < \bar{X} + \frac{S}{\sqrt{n}} t_{\frac{\alpha}{2}}(n-1) \right\} = 1-\alpha.$$

这样,我们就得到了 μ 的置信水平为 $1-\alpha$ 的置信区间

$$\left(\overline{X} - \frac{S}{\sqrt{n}} t_{\frac{\alpha}{2}}(n-1), \overline{X} + \frac{S}{\sqrt{n}} t_{\frac{\alpha}{2}}(n-1) \right). \tag{7.3.6}$$

例 7.3.2 设有一大批产品,现从中随机抽取 16 个,其质量如下:506,508, 499,503,504,510,497,512,514,505,493,496,506,502,509,496(单位:g).设该产品的质量服从正态分布,求总体均值 μ 的置信水平为 0.95 的置信区间.

解 这里 $1-\alpha = 0.95, \frac{\alpha}{2} = 0.025, n-1 = 15, t_{0.025}(15) = 2.1315$,由所给数据算得 $\overline{x} = 503.75, s = 6.2022$. 根据式(7.3.6)得 μ 的置信水平为 0.95 的置信区间为

$$\left(503.75 - \frac{6.2022}{\sqrt{16}} \times 2.1315, \quad 503.75 + \frac{6.2022}{\sqrt{16}} \times 2.1315 \right) = (500.4, 507.1).$$

7.3.2.2 方差 σ^2 的置信区间(μ 未知的情形)

由于 S^2 是 σ^2 的无偏估计,根据定理 6.2.2 知,$\dfrac{(n-1)S^2}{\sigma^2} \sim \chi^2(n-1)$.

并且上式的右边不依赖于任何未知参数,按 χ^2 分布的上侧 α 分位点的定义,有

$$P\left\{ \chi^2_{1-\alpha/2}(n-1) < \frac{(n-1)S^2}{\sigma^2} < \chi^2_{\frac{\alpha}{2}}(n-1) \right\} = 1-\alpha,$$

即

$$P\left\{ \frac{(n-1)S^2}{\chi^2_{\frac{\alpha}{2}}(n-1)} < \sigma^2 < \frac{(n-1)S^2}{\chi^2_{1-\alpha/2}(n-1)} \right\} = 1-\alpha.$$

这样,我们就得到了 σ^2 的置信水平为 $1-\alpha$ 的置信区间

$$\left(\frac{(n-1)S^2}{\chi^2_{\frac{\alpha}{2}}(n-1)}, \frac{(n-1)S^2}{\chi^2_{1-\alpha/2}(n-1)} \right), \tag{7.3.7}$$

σ 的置信水平为 $1-\alpha$ 的置信区间为

$$\left(\frac{\sqrt{(n-1)}\, S}{\sqrt{\chi^2_{\frac{\alpha}{2}}(n-1)}}, \frac{\sqrt{(n-1)}\, S}{\sqrt{\chi^2_{1-\alpha/2}(n-1)}} \right). \tag{7.3.8}$$

例 7.3.3 求例 7.3.2 中标准差 σ 的置信水平为 0.95 的置信区间.

解 根据例 7.3.2 知,$\overline{x} = 503, s = 6.2022, 1-\alpha = 0.95, \alpha/2 = 0.025, n-1 = 15$,查表得 $\chi^2_{0.025}(15) = 27.448, \chi^2_{0.975}(15) = 6.262$. 根据式(7.3.8)得 σ 的置信水平为 0.95 的置信区间为(4.58, 9.60).

一个正态总体均值和方差的置信区间,见表 7-1.

表 7-1   一个正态总体均值和方差的置信区间(置信水平为 $1-\alpha$)

参数	W 的分布	置信区间
μ (σ^2 已知)	$Z = \dfrac{\overline{X}-\mu}{\sigma/\sqrt{n}} \sim N(0,1)$	$\left(\overline{X} - \dfrac{\sigma}{\sqrt{n}}z_{\frac{\alpha}{2}},\ \overline{X} + \dfrac{\sigma}{\sqrt{n}}z_{\frac{\alpha}{2}}\right)$
μ (σ^2 未知)	$t = \dfrac{\overline{X}-\mu}{S/\sqrt{n}} \sim t(n-1)$	$\left(\overline{X} - \dfrac{S}{\sqrt{n}}t_{\frac{\alpha}{2}}(n-1),\ \overline{X} + \dfrac{S}{\sqrt{n}}t_{\frac{\alpha}{2}}(n-1)\right)$
σ^2 (μ 未知)	$\chi^2 = \dfrac{(n-1)S^2}{\sigma^2} \sim \chi^2(n-1)$	$\left(\dfrac{(n-1)S^2}{\chi^2_{\frac{\alpha}{2}}(n-1)},\ \dfrac{(n-1)S^2}{\chi^2_{1-\alpha/2}(n-1)}\right)$

7.3.3   两个正态总体均值之差与方差之比的置信区间

设已给定置信水平为 $1-\alpha$,并设 $X_1, X_2, \cdots, X_{n_1}$ 和 $Y_1, Y_2, \cdots, Y_{n_2}$ 分别是两个正态总体 $N(\mu_1, \sigma_1^2), N(\mu_2, \sigma_2^2)$ 的样本,且这两个样本相互独立. $\overline{X}, \overline{Y}$ 分别为两个样本的均值,S_1^2, S_2^2 分别为两个样本的方差.

7.3.3.1   两个总体均值之差 $\mu_1 - \mu_2$ 的置信区间

(1) σ_1^2, σ_2^2 均为已知

由于 $\overline{X}, \overline{Y}$ 分别为 μ_1, μ_2 的无偏估计,所以 $\overline{X} - \overline{Y}$ 为 $\mu_1 - \mu_2$ 的无偏估计. 由 $\overline{X}, \overline{Y}$ 的独立性以及 $\overline{X} \sim N(\mu_1, \sigma_1^2/n_1), \overline{Y} \sim N(\mu_2, \sigma_2^2/n_2)$ 得

$$\overline{X} - \overline{Y} \sim N(\mu_1 - \mu_2, \sigma_1^2/n_1 + \sigma_2^2/n_2),$$

$$\frac{(\overline{X} - \overline{Y}) - (\mu_1 - \mu_2)}{\sqrt{\dfrac{\sigma_1^2}{n_1} + \dfrac{\sigma_2^2}{n_2}}} \sim N(0,1).$$

与一个总体均值的置信区间类似,得 $\mu_1 - \mu_2$ 的置信水平为 $1-\alpha$ 的置信区间

$$\left(\overline{X} - \overline{Y} - z_{\frac{\alpha}{2}}\sqrt{\frac{\sigma_1^2}{n_1} + \frac{\sigma_2^2}{n_2}},\ \overline{X} - \overline{Y} + z_{\frac{\alpha}{2}}\sqrt{\frac{\sigma_1^2}{n_1} + \frac{\sigma_2^2}{n_2}}\right). \qquad (7.3.9)$$

(2) $\sigma_1^2 = \sigma_2^2 = \sigma^2$,但 σ^2 为未知

此时,根据定理 6.2.4 知

$$\frac{(\overline{X} - \overline{Y}) - (\mu_1 - \mu_2)}{S_w\sqrt{\dfrac{1}{n_1} + \dfrac{1}{n_2}}} \sim t(n_1 + n_2 - 2),$$

由此得 $\mu_1 - \mu_2$ 的置信水平为 $1-\alpha$ 的置信区间

$$\left(\overline{X} - \overline{Y} - t_{\frac{\alpha}{2}}(n_1 + n_2 - 2)S_w\sqrt{\frac{1}{n_1} + \frac{1}{n_2}},\right.$$

$$\left.\overline{X} - \overline{Y} + t_{\frac{\alpha}{2}}(n_1 + n_2 - 2)S_w\sqrt{\frac{1}{n_1} + \frac{1}{n_2}}\right), \qquad (7.3.10)$$

式中,$S_w^2 = \dfrac{(n_1-1)S_1^2 + (n_2-1)S_2^2}{n_1 + n_2 - 2}$,$S_w = \sqrt{S_w^2}$.

例 7.3.4 2003 年某地区分行业调查职工平均工资情况,已知体育、卫生、社会福利事业单位职工工资(单位:元)$X \sim N(\mu_1, 218^2)$;文教、艺术、广播事业单位职工工资(单位:元)$Y \sim N(\mu_2, 227^2)$. 从总体 X 中调查 25 人,得到平均工资为 1286 元,从总体 Y 中调查 30 人,得到平均工资为 1272 元,求这两大行业职工平均工资之差的置信水平为 0.99 的置信区间.

解 按实际情况,可以认为分别来自两个总体的样本是相互独立的. 又两个总体的方差已知,根据式(7.3.9)可得总体均值之差 $\mu_1 - \mu_2$ 的置信水平为 0.99 的置信区间.

已知 $1-\alpha = 0.99, \alpha/2 = 0.005, z_{0.005} = 2.576, n_1 = 25, n_2 = 30, \sigma_1^2 = 218^2,$ $\sigma_2^2 = 227^2, \overline{x} = 1286, \overline{y} = 1272$,代入式(7.3.9),得 $\mu_1 - \mu_2$ 的置信水平为 0.99 的置信区间为

$$\left(\overline{x} - \overline{y} - z_{\frac{\alpha}{2}}\sqrt{\frac{\sigma_1^2}{n_1} + \frac{\sigma_2^2}{n_2}}, \overline{x} - \overline{y} + z_{\frac{\alpha}{2}}\sqrt{\frac{\sigma_1^2}{n_1} + \frac{\sigma_2^2}{n_2}}\right) = (-140.96, 168.96).$$

由于这个置信区间包含 0,在实际中我们就可以认为这两大行业职工平均工资没有显著差异.

例 7.3.5 为比较 Ⅰ,Ⅱ 两种型号步枪子弹的枪口速度,随机地取 Ⅰ 型子弹 10 发,得到枪口速度的平均值为 $\overline{x}_1 = 500\text{m/s}$,标准差 $s_1 = 1.10\text{m/s}$,随机地取 Ⅱ 型子弹 20 发,得到枪口速度的平均值为 $\overline{x}_2 = 496\text{m/s}$,标准差 $s_2 = 1.20\text{m/s}$. 假设两总体都服从正态分布,且由生产过程可以认为方差相等. 求两总体均值差 $\mu_1 - \mu_2$ 的置信水平为 0.95 的置信区间.

解 按实际情况,可以认为分别来自两个总体的样本是相互独立的. 又假设两个总体的方差相等,根据式(7.3.10)可得总体均值之差 $\mu_1 - \mu_2$ 的置信水平为 0.95 的置信区间.

已知 $1-\alpha = 0.95, \alpha/2 = 0.025, n_1 = 10, n_2 = 20, n_1 + n_2 - 2 = 28, t_{0.025}(28) = 2.0484, s_w = 1.1688$,代入式(7.3.10),得 $\mu_1 - \mu_2$ 的置信水平为 0.95 的置信区间为

$$\left(\bar{x}_1 - \bar{x}_2 - t_{\frac{\alpha}{2}}(n_1 + n_2 - 2)s_w\sqrt{\frac{1}{n_1} + \frac{1}{n_2}}\,,\right.$$

$$\left.\bar{x}_1 - \bar{x}_2 + t_{\frac{\alpha}{2}}(n_1 + n_2 - 2)s_w\sqrt{\frac{1}{n_1} + \frac{1}{n_2}}\right) = (3.07, 4.93).$$

由于这个置信区间的下限大于零,在实际中我们可以认为 μ_1 比 μ_2 大.

7.3.3.2 两个总体方差之比 σ_1^2/σ_2^2 的置信区间(μ_1, μ_2 未知情形)

此时根据定理 6.2.4 知

$$\frac{S_1^2/S_2^2}{\sigma_1^2/\sigma_2^2} \sim F(n_1 - 1, n_2 - 1),$$

并且 $F(n_1 - 1, n_2 - 1)$ 不依赖于任何参数,由此得

$$P\left\{F_{1-\alpha/2}(n_1 - 1, n_2 - 1) < \frac{S_1^2/S_2^2}{\sigma_1^2/\sigma_2^2} < F_{\frac{\alpha}{2}}(n_1 - 1, n_2 - 1)\right\} = 1 - \alpha,$$

$$P\left\{\frac{S_1^2}{S_2^2}\frac{1}{F_{\frac{\alpha}{2}}(n_1 - 1, n_2 - 1)} < \frac{\sigma_1^2}{\sigma_2^2} < \frac{S_1^2}{S_2^2}\frac{1}{F_{1-\alpha/2}(n_1 - 1, n_2 - 1)}\right\} = 1 - \alpha.$$

于是,得 σ_1^2/σ_2^2 置信水平为 $1 - \alpha$ 的置信区间为

$$\left(\frac{S_1^2}{S_2^2}\frac{1}{F_{\frac{\alpha}{2}}(n_1 - 1, n_2 - 1)}, \frac{S_1^2}{S_2^2}\frac{1}{F_{1-\alpha/2}(n_1 - 1, n_2 - 1)}\right). \tag{7.3.11}$$

例 7.3.6 研究机器 A 和机器 B 生产的钢管的内径,随机抽取机器 A 生产的钢管 18 根,测得样本方差 $s_1^2 = 0.34\text{mm}^2$;抽取机器 B 生产的钢管 13 根,测得样本方差 $s_2^2 = 0.29\text{mm}^2$. 设两个样本独立,且由机器 A 和机器 B 生产的钢管的内径分别服从正态分布 $N(\mu_1, \sigma_1^2)$,$N(\mu_2, \sigma_2^2)$ ($\mu_1, \mu_2, \sigma_1^2, \sigma_2^2$ 未知). 试求方差之比 σ_1^2/σ_2^2 的置信水平为 0.9 的置信区间.

解 现在 $n_1 = 18, n_2 = 13, s_1^2 = 0.34, s_2^2 = 0.29, \alpha = 0.10, F_{1-\alpha/2}(n_1 - 1, n_2 - 1)$

$= F_{0.95}(17, 12) = \dfrac{1}{F_{0.05}(12, 17)} = \dfrac{1}{2.38}, F_{\frac{\alpha}{2}}(n_1 - 1, n_2 - 1) = F_{0.05}(17, 12) =$

2.59,代入式 (7.3.11) 得 σ_1^2/σ_2^2 置信水平为 0.9 的置信区间为

$$\left(\frac{s_1^2}{s_2^2}\frac{1}{F_{\frac{\alpha}{2}}(n_1 - 1, n_2 - 1)}, \frac{s_1^2}{s_2^2}\frac{1}{F_{1-\alpha/2}(n_1 - 1, n_2 - 1)}\right) = (0.45, 2.79).$$

由于 σ_1^2/σ_2^2 的置信区间包含 1,在实际问题中我们可以认为 σ_1^2 和 σ_2^2 没有显著差别.

两个正态总体均值之差和方差之比的置信区间,见表 7-2.

表 7-2　　　两个正态总体均值之差和方差之比的置信区间(置信水平为 $1-\alpha$)

参数	W 的分布	置信区间
$\mu_1-\mu_2$ (σ_1^2,σ_2^2 已知)	$Z=\dfrac{(\overline{X}-\overline{Y})-(\mu_1-\mu_2)}{\sqrt{\dfrac{\sigma_1^2}{n_1}+\dfrac{\sigma_2^2}{n_2}}}$ $\sim N(0,1)$	$\left(\overline{X}-\overline{Y}-z_{\frac{\alpha}{2}}\sqrt{\dfrac{\sigma_1^2}{n_1}+\dfrac{\sigma_2^2}{n_2}}\,,\ \overline{X}-\overline{Y}+z_{\frac{\alpha}{2}}\sqrt{\dfrac{\sigma_1^2}{n_1}+\dfrac{\sigma_2^2}{n_2}}\,\right)$
$\mu_1-\mu_2$ ($\sigma_1^2=\sigma_2^2$, σ_1^2,σ^2 未知)	$t=\dfrac{(\overline{X}-\overline{Y})-(\mu_1-\mu_2)}{S_w\sqrt{\dfrac{1}{n_1}+\dfrac{1}{n_2}}}$ $\sim t(n_1+n_2-2)$	$\left(\overline{X}-\overline{Y}-t_{\frac{\alpha}{2}}(n_1+n_2-2)S'\,,\ \overline{X}-\overline{Y}+t_{\frac{\alpha}{2}}(n_1+n_2-2)S'\,\right),$ 这里 $S'=S_w\sqrt{\dfrac{1}{n_1}+\dfrac{1}{n_2}}$
$\dfrac{\sigma_1^2}{\sigma_2^2}$ (μ_1,μ_2 未知)	$F=\dfrac{S_1^2/S_2^2}{\sigma_1^2/\sigma_2^2}$ $\sim F(n_1-1,n_2-1)$	$\left(\dfrac{S_1^2}{S_2^2}\dfrac{1}{F_{\frac{\alpha}{2}}(n_1-1,n_2-1)}\,,\ \dfrac{S_1^2}{S_2^2}\dfrac{1}{F_{1-\alpha/2}(n_1-1,n_2-1)}\,\right)$

习题 7.3

习题 7.3.5 详解

1. 设某种清漆的 9 个样品其干燥时间(以 h 计)分别为 $6.0,5.7,5.8,$ $6.5,7.0,6.3,5.6,6.1,5.0.$ 设干燥时间总体服从正态分布 $N(\mu,\sigma^2)$,求总体均值 μ 的置信水平为 0.95 的置信区间,(1)若由以往经验知总体标准差 $\sigma=0.6$;(2)若 σ 为未知.

2. 已知一批产品的某一数量指标 $X\sim N(\mu,0.25)$,试问至少应抽取容量为多少的样本才能使样本均值与总体期望的误差不大于 0.1(置信水平为 95%).

3. 随机地取某种炮弹 9 发做试验,得炮口速度的样本标准差 $s=11(\mathrm{m/s})$.设炮口速度服从正态分布.求这种炮弹的炮口速度的标准差 σ 的置信水平为 0.95 的置信区间.

4. 设有 60 个某种木材的样本,其含水率的资料经整理后得下表:

分组 /%	$8\sim9$	$9\sim10$	$10\sim11$	$11\sim12$	$12\sim13$
组中值 x	8.5	9.5	10.5	11.5	12.5
频数 f	4	5	8	10	12
分组 /%	$13\sim14$	$14\sim15$	$15\sim16$	$16\sim17$	
组中值 x	13.5	14.5	15.5	16.5	
频数 f	9	7	3	2	

假定该种木材的含水率服从正态分布 $N(\mu,\sigma^2)$.试以 95% 的置信水平求该木材平均含水率

的置信区间.

5. 某香烟厂向化验室送去两批烟草,化验室从两批烟草中各随机地抽取质量相同的5例进行化验,测得尼古丁的毫克数为 A:24,27,26,21,24;B:27,28,23,31,26;假设烟草中尼古丁的含量服从正态分布 $N_A(\mu_1,5)$ 及 $N_B(\mu_2,8)$,且它们相互独立,取置信水平为0.95,求两种烟草的尼古丁平均含量 $\mu_1-\mu_2$ 的置信区间.

6. 设两位化验员 A,B 独立地对某种聚合物含氯量用相同的方法各做10次测定,其测定值的样本方差依次为 $s_A^2=0.54189,s_B^2=0.6065$,设 σ_A^2,σ_B^2 分别为 A,B 所测定的测定值总体的方差.设总体均为正态的,且两样本独立.求方差比 σ_A^2/σ_B^2 的置信水平为 0.95 的置信区间.

复习题 7

1. 设总体 X 的分布律如下表:

X_i	0	1	2	3
p_k	θ^2	$2\theta(1-\theta)$	θ^2	$1-2\theta$

其中,$\theta(0<\theta<\dfrac{1}{2})$ 是未知参数,利用总体 X 的如下样本值3,1,3,0,3,1,2,3,求 θ 的矩估计值和极大似然估计值.

2. 设总体 X 的概率密度 $f(x)=\begin{cases}(\theta+1)x^{\theta}, & 0<x<1,\\ 0, & \text{其他},\end{cases}$

式中,$\theta>-1$ 是未知参数,$X_1,X_2,\cdots,X_n$ 是来自总体 X 的一个容量为 n 的简单随机样本,分别用矩估计法和极大似然估计法求 θ 的估计值和估计量.

复习题 7.2 详解

3. (1) 设 $X_1,X_2,\cdots,X_n$ 是来自总体 X 的一个样本,且 $X\sim P(\lambda)$(参数为 λ 的泊松分布),试求未知参数 λ 的极大似然估计量及矩估计量,并求 $P\{X=0\}$ 的极大似然估计值;(2) 某铁路局证实一个扳道员在 5 年内所引起的严重事故的次数服从泊松分布.求一个扳道员在 5 年内未引起严重事故的概率 p 的极大似然估计值.下表中,r 表示一扳道员在 5 年中引起严重事故的次数,s 表示观察到的扳道员人数.

r	0	1	2	3	4	5
s	44	42	21	9	4	2

4. 若 $X_1,X_2,\cdots,X_n$ 是总体 X 的一个样本.试证明(1) $\sum_{i=1}^{n}a_iX_i(a_i>0,i=1,2,\cdots,n,\sum_{i=1}^{n}a_i=1)$ 是 $E(X)$ 的无偏估计量;(2) 在 $E(X)$ 的所有形式 $\sum_{i=1}^{n}a_iX_i$ 的无偏估计量中,$\bar{X}$ 为有效的估计.

5. 设 X_1,X_2,X_3,X_4 是来自均值为 θ 的指数分布总体的样本,其中 θ 未知.设有估计量 $T_1=\dfrac{1}{6}(X_1+X_2)+\dfrac{1}{3}(X_3+X_4),T_2=(X_1+2X_2+3X_3+4X_4)/5,T_3=(X_1+X_2+X_3+X_4)/4.$

(1) 指出 T_1, T_2, T_3 中哪几个是 θ 的无偏估计量;(2) 在上述 θ 的无偏估计中指出哪一个较有效.

6. 设有来自正态总体 $X \sim N(\mu, 0.9^2)$ 容量为 9 的简单随机样本,测得样本均值 $\overline{x} = 5$,求未知参数 μ 的置信水平为 0.95 的置信区间.

7. 若某枣树产量服从正态分布,产量方差为 400kg^2. 现随机抽 9 株,产量(单位:kg)为:112,131,98,105,115,121,90,110,125,求这批枣树每株平均产量的置信水平为 0.95 的置信区间.

8. 随机地从一批钢珠中抽出 16 颗,测量它们的直径(单位:mm),并求得其样本均值 $\overline{x} = 32.15$,样本方差 $s^2 = 0.52^2$,假设钢珠直径服从正态分布 $N(\mu, \sigma^2)$,试求置信水平为 95% 时 μ 的置信区间和置信水平为 90% 的 σ^2 的置信区间.

9. 为了比较 A,B 两种灯泡的寿命,从 A 型号灯泡中随机抽取 80 只,测得平均寿命 $\overline{x} = 2000(\text{h})$,样本标准差 $s_1 = 80(\text{h})$;从 B 型号灯泡中随机抽取 100 只,测得平均寿命 $\overline{y} = 1900(\text{h})$,样本标准差 $s_2 = 100(\text{h})$.假设两种型号的灯泡寿命均服从正态分布,A 型号的灯泡寿命 $X \sim N(\mu_1, \sigma_1^2)$,B 型号的灯泡寿命 $Y \sim N(\mu_2, \sigma_2^2)$,且相互独立.求置信水平为 0.90 时两个总体方差比 σ_1^2 / σ_2^2 的置信区间.

10. 某灯泡厂某天生产了一批灯泡,从中抽取了 10 个进行寿命试验,得数据如下(单位:h)1050,1100,1080,1120,1200,1250,1040,1130,1300,1200.问该天生产的灯泡平均寿命大约多少?若知道该天生产灯泡寿命的方差是 8,试利用切比雪夫不等式估计出灯泡平均寿命的置信区间($\alpha = 0.05$).

11. 设 $\hat{\theta}$ 是参数 θ 的无偏估计,且有 $D(\hat{\theta}) > 0$,试证 $\hat{\theta}^2 = (\hat{\theta})^2$ 不是 θ^2 的无偏估计.

12. 试证明均匀分布

$$f(x) = \begin{cases} \dfrac{1}{\theta}, & 0 < x \leqslant \theta, \\ 0, & \text{其他} \end{cases}$$

中未知参数 θ 的极大似然估计不是无偏的.

13. 设 X 在 $[0, \theta]$ 上服从均匀分布,θ 为未知参数,$X_1, X_2, \cdots, X_n$ 是总体 X 的一个样本.试比较参数 θ 的两个无偏估计量 $\hat{\theta}_1 = 2\overline{X}$ 与 $\hat{\theta}_2 = \dfrac{n+1}{n}\max\{X_1, X_2, \cdots, X_n\}$ 的有效性.

第8章　假设检验

统计推断的另一类重要问题是假设检验(hypothesis testing). 在总体分布类型未知或虽然知道其分布类型但含有未知参数时,为推断总体的某些特征,提出某些关于总体的假设. 我们需要根据样本所提供的信息并应用适当的统计量,对提出的假设作出是接受还是拒绝的决策. 假设检验包括:参数假设检验和非参数假设检验. 参数假设检验是对总体分布函数中的未知参数而提出的假设进行检验,非参数假设检验是对总体分布函数形式或类型的假设进行检验.

8.1　假设检验的基本思想与步骤

8.1.1　假设检验的基本思想

先结合一个例子,来说明假设检验的基本思想和做法.

例 8.1.1　根据以往经验知道,某自动包装机在正常的情况下包装的袋装某食品的重量 X 服从正态分布,其均值为 $0.5(\text{kg})$,标准差为 0.015. 某天开工后为检查此包装机是否正常,随机地抽取它所包装的 9 袋食品,测得其净重量为:0.497,$0.506,0.518,0.524,0.498,0.511,0.520,0.515,0.512$. 问是否可以认为此包装机正常?

以 μ,σ 分别表示总体 X 的均值和标准差,由于长期实践表明标准差比较稳定,我们就设 $\sigma = 0.015$. 于是 $X \sim N(\mu, 0.015^2)$,这里 μ 未知. 问题是根据样本观察值来判断 $\mu = 0.5$ 还是 $\mu \neq 0.5$. 为此,我们提出两个相互对立的假设

$$H_0 : \mu = \mu_0 (= 0.5), \quad H_1 : \mu \neq \mu_0.$$

然后,我们要给出一个合理的法则,根据这个法则,利用已知样本作出决策——是接受假设 H_0(即拒绝 H_1),还是拒绝 H_0(即接受 H_1). 如果作出接受 H_0,则认为 $\mu = 0.5$,即认为包装机工作正常,否则,认为包装机工作不正常.

由于要检验的假设涉及总体均值 μ,所以首先想到能否借助样本均值 $\overline{X}$ 这个统计量来进行判断. 由于 $\overline{X}$ 是 μ 的无偏估计,$\overline{X}$ 的观察值 $\overline{x}$ 在一定程度上反映了 μ 的大小. 因此,如果假设 H_0 为真,则 $\overline{x}$ 与 μ_0 的偏差 $|\overline{x} - \mu_0|$ 一般不应太大. 如果 $|\overline{x} - \mu_0|$ 过分大,我们就怀疑 H_0 的正确性,而拒绝 H_0,考虑到当 H_0 为真时,$Z = \dfrac{\overline{X} - \mu_0}{\sigma/\sqrt{n}} \sim N(0,1)$. 而衡量 $|\overline{x} - \mu_0|$ 的小大归结为 $\dfrac{|\overline{x} - \mu_0|}{\sigma/\sqrt{n}}$ 的大小(σ 为已知).

基于上面的想法,我们可以适当地选取一个正数 k,使当观察值 $\bar{x}$ 满足 $\dfrac{|\bar{x}-\mu_0|}{\sigma/\sqrt{n}} \geqslant k$ 时,就拒绝 H_0;反之,若 $\dfrac{|\bar{x}-\mu_0|}{\sigma/\sqrt{n}} < k$ 时,就不能拒绝 H_0.

然而,由于作出决策的依据是样本,当实际上 H_0 为真时,仍然可以作出拒绝 H_0 的决策(这种可能性是无法消除的),这是一种错误,犯这种错误的概率记为 $P\{$当 H_0 为真时拒绝 $H_0\}$.

由于无法消除犯这种错误的可能性,自然希望能够将犯这种错误的概率控制在一定的限度之内,即给出一个较小的数 $\alpha(0 < \alpha < 1)$,使犯这种错误的概率不超过 α,即

$$P\{\text{当 } H_0 \text{ 为真时拒绝 } H_0\} \leqslant \alpha. \tag{8.1.1}$$

为了确定常数 k,我们考虑统计量 $\dfrac{\overline{X}-\mu_0}{\sigma/\sqrt{n}}$.由于只考虑犯错误的概率最大为 α,令式 (8.1.1) 的右边取等号,即令 $P\{$当 H_0 为真时拒绝 $H_0\}=$ $P\left\{\dfrac{|\overline{X}-\mu_0|}{\sigma/\sqrt{n}} \geqslant k\right\}=\alpha$.

由于当 H_0 为真时,$\dfrac{\overline{X}-\mu_0}{\sigma/\sqrt{n}} \sim N(0,1)$,根据标准正态分布的分位点的定义知 $k=z_{\frac{\alpha}{2}}$.因此,当 $\dfrac{|\bar{x}-\mu_0|}{\sigma/\sqrt{n}} \geqslant k=z_{\frac{\alpha}{2}}$ 时,就拒绝 H_0;反之,若 $\dfrac{|\bar{x}-\mu_0|}{\sigma/\sqrt{n}} < k=z_{\frac{\alpha}{2}}$ 时,就不能拒绝 H_0.

例如,在例 8.1.1 中,取 $\alpha=0.05$ 时,有 $k=z_{\frac{\alpha}{2}}=1.96$.又已知 $n=9$,$\sigma=0.015$,再由样本算得 $\bar{x}=0.511$,则有 $\dfrac{|\bar{x}-\mu_0|}{\sigma/\sqrt{n}}=2.2>1.96$,于是就拒绝 H_0,认为包装机工作不正常.

通常取 $\alpha=0.01,0.05$ 等,因此,当 H_0 为真时(即 $\mu=\mu_0$ 时),$\left\{\dfrac{|\overline{X}-\mu_0|}{\sigma/\sqrt{n}} \geqslant z_{\frac{\alpha}{2}}\right\}$ 是小概率事件,根据实际推断原理就可以认为,如果 H_0 为真,则由一次试验得到的观察值 $\bar{x}$ 满足不等式 $\dfrac{|\bar{x}-\mu_0|}{\sigma/\sqrt{n}} \geqslant z_{\frac{\alpha}{2}}$ 几乎是不可能的.现在在一次试验中竟然出现了满足 $\dfrac{|\bar{x}-\mu_0|}{\sigma/\sqrt{n}} \geqslant z_{\frac{\alpha}{2}}$ 的 $\bar{x}$,则我们有理由怀疑原来的假设 H_0 的正确性,因此拒绝 H_0.

若出现 $\dfrac{|\bar{x}-\mu_0|}{\sigma/\sqrt{n}} < z_{\frac{\alpha}{2}}$,此时我们没有理由拒绝 H_0,因此只能"接受"H_0.

应该注意,这里的"接受"H_0并非真正意义下的接受H_0,而是在没有理由拒绝H_0时,只能说"拒绝H_0"的证据不足,或者说冒一定的风险接受H_0.今后若无特别说明,本书中的"接受"H_0均是以上这种意义.

在例 8.1.1 的做法中,称 α 为**显著性水平**,统计量 $Z = \dfrac{\overline{X} - \mu_0}{\sigma/\sqrt{n}}$ 称为**检验统计量**.

前面的假设检验问题通常可以叙述成:在显著性水平 α 下,检验假设

$$H_0 : \mu = \mu_0, \quad H_1 : \mu \neq \mu_0. \tag{8.1.2}$$

H_0 称为**原假设**或**零假设**(null hypothesis),H_1 称为**备择假设**(alternative hypothesis),即在原假设被拒绝后可供选择的假设.

当检验统计量取某个区域 C 中的值时,我们就拒绝 H_0,则称区域 C 为**拒绝域**(它的余集称为"接受域"),拒绝域的边界称为**临界点**. 如在例 8.1.1 中,拒绝域为 $|z| \geqslant z_{\frac{\alpha}{2}}$,而 $z = -z_{\frac{\alpha}{2}}$ 和 $z = z_{\frac{\alpha}{2}}$ 为临界点.

上述利用 Z 检验统计量得到的检验法,称为 Z **检验法**.

假设检验是运用"证明某个事物的正确性不如否定其对立面容易"的逻辑思想,通过数据和模型的矛盾来否定假设. 值得注意的是,一般在假设检验中,原假设是受到保护的.

8.1.2 两类错误与假设检验的步骤

由于检验法则是根据样本作出的,总有可能作出错误的决策. 在假设 H_0 实际为真时,可能犯拒绝 H_0 的错误,称这类"弃真"的错误为**第一类错误**. 当 H_0 实际不真时,可能接受 H_0,称这类"取伪"的错误为**第二类错误**.

检验的两类错误,具体情况见表 8-1.

表 8-1 检验的两类错误

判断情况	H_0 为真	H_0 不真
拒绝 H_0	第一类错误	判断正确
不拒绝 H_0	判断正确	第二类错误

形如式(8.1.2)中的备择假设 H_1,表示 μ 可能大于 μ_0,也可能小于 μ_0,称为**双边备择假设**,而称形如式(8.1.2)的假设检验为**双边假设检验**.

有时,我们只关心总体均值是否增大,例如,试验新工艺以提高材料的强度. 这时,所考虑的总体的均值应该越大越好. 如果我们能判断在新工艺下总体均值较以往正常生产的大,则可以考虑采用新工艺. 此时,我们需要检验假设:

$$H_0 : \mu \leqslant \mu_0, \quad H_1 : \mu > \mu_0. \tag{8.1.3}$$

形如式(8.1.3)的假设检验,称为**右边检验**.

$$H_0 : \mu \geqslant \mu_0, \quad H_1 : \mu < \mu_0. \tag{8.1.4}$$

形如式(8.1.4)的假设检验,称为**左边检验**.

以下来讨论单边检验(右边检验和左边检验)的拒绝域.

设总体 $X \sim N(\mu, \sigma^2)$,σ 为已知,$X_1, X_2, \cdots, X_n$ 是来自 X 的样本.给定显著性水平 α,我们求检验问题 $H_0 : \mu \leqslant \mu_0, H_1 : \mu > \mu_0$ 的拒绝域.

由于 H_0 中的全部 μ 都比 H_1 中的 μ 要小,当 H_1 为真时,观察值 $\bar{x}$ 往往偏大,因此,拒绝域的形式为 $\bar{x} \geqslant k$(k 为某个正的常数).

下面来确定常数 k,其做法与例8.1.1类似.

$$P\{\text{当 } H_0 \text{ 为真时拒绝 } H_0\} = P_{\mu \in H_0}\{\overline{X} \geqslant k\} = P_{\mu \leqslant \mu_0}\left\{ \frac{\overline{X} - \mu_0}{\sigma/\sqrt{n}} \geqslant \frac{k - \mu_0}{\sigma/\sqrt{n}} \right\}$$

$$\leqslant P_{\mu \leqslant \mu_0}\left\{ \frac{\overline{X} - \mu}{\sigma/\sqrt{n}} \geqslant \frac{k - \mu_0}{\sigma/\sqrt{n}} \right\}.$$

上式不等号成立是由于 $\mu \leqslant \mu_0$,$\dfrac{\overline{X} - \mu}{\sigma/\sqrt{n}} \geqslant \dfrac{\overline{X} - \mu_0}{\sigma/\sqrt{n}}$,事件 $\left\{ \dfrac{\overline{X} - \mu_0}{\sigma/\sqrt{n}} \geqslant \dfrac{k - \mu_0}{\sigma/\sqrt{n}} \right\} \subset$

$\left\{ \dfrac{\overline{X} - \mu}{\sigma/\sqrt{n}} \geqslant \dfrac{k - \mu_0}{\sigma/\sqrt{n}} \right\}$. 要控制 $P\{\text{当 } H_0 \text{ 为真时拒绝 } H_0\} \leqslant \alpha$,只需令

$P_{\mu \leqslant \mu_0}\left\{ \dfrac{\overline{X} - \mu}{\sigma/\sqrt{n}} \geqslant \dfrac{k - \mu_0}{\sigma/\sqrt{n}} \right\} = \alpha.$

由于 $\dfrac{\overline{X} - \mu}{\sigma/\sqrt{n}} \sim N(0,1)$,知 $\dfrac{k - \mu_0}{\sigma/\sqrt{n}} = z_\alpha$,于是 $k = \mu_0 + \dfrac{\sigma}{\sqrt{n}} z_\alpha$,因此,检验假设

(8.1.3)的拒绝域可以设定为 $\bar{x} \geqslant \mu_0 + \dfrac{\sigma}{\sqrt{n}} z_\alpha$,即 $z = \dfrac{\bar{x} - \mu_0}{\sigma/\sqrt{n}} \geqslant z_\alpha$.

类似地,左边检验问题 $H_0 : \mu \geqslant \mu_0, H_1 : \mu < \mu_0$ 的拒绝域为

$$z = \frac{\bar{x} - \mu_0}{\sigma/\sqrt{n}} \leqslant -z_\alpha.$$

例 8.1.2 微波炉在炉门关闭时的辐射量是一个重要的质量指标.某厂该质量指标服从正态分布 $N(\mu, \sigma^2)$,长期以来 $\sigma^2 = 0.1^2$,且均值都符合不超过0.12的要求.为了检查近期产品的质量,抽查了 25 台,测得样本均值为 $\bar{x} = 0.1203$,问在显著性水平 $\alpha = 0.05$ 时,炉门关闭时的辐射量是否升高了?

解 按题意需检验假设

$$H_0 : \mu \leqslant 0.12, \quad H_1 : \mu > 0.12,$$

这是右边检验问题,其拒绝域为 $\dfrac{\bar{x} - 0.12}{\sigma/\sqrt{n}} \geqslant z_{0.05} = 1.645.$

而现在 $z = \dfrac{\bar{x} - 0.12}{\sigma/\sqrt{n}} = \dfrac{0.1203 - 0.12}{0.1/\sqrt{25}} = 0.015 < 1.645 = z_{0.05}$,即 z(根据样本算出的结果)没有落在拒绝域中,所以在显著性水平 $\alpha = 0.05$ 下,不能拒绝 H_0,即可以认为当前生产的微波炉在炉门关闭时的辐射量无明显升高.

例 8.1.3 某厂产品需要玻璃纸做包装,按规定供应商提供的玻璃纸的横向延伸率(是一个质量指标)不应低于 65(单位). 已知该指标服从正态分布 $N(\mu, \sigma^2)$,且长期以来稳定地有 $\sigma = 5.5$. 从近期来货中抽查了 100 个样品,测得样本均值为 $\bar{x} = 55.06$,问在显著性水平 $\alpha = 0.05$ 时能否接受这批玻璃纸?

解 若不接受这批玻璃纸,需要退货,这要慎重. 因此,按题意需检验假设

$$H_0: \mu \geqslant 65, \quad H_1: \mu < 65.$$

这是左边检验问题,其拒绝域为 $\dfrac{\bar{x} - 65}{\sigma/\sqrt{n}} \leqslant -z_{0.05} = -1.645.$

而现在 $z = \dfrac{\bar{x} - 65}{\sigma/\sqrt{n}} = \dfrac{55.06 - 65}{5.5/\sqrt{100}} = -18.073 < -1.645 = -z_{0.05}$,即 z(根据样本算出的结果)落在拒绝域中,因此在显著性水平 $\alpha = 0.05$ 下,拒绝 H_0,即不能接受这批玻璃纸.

综上所述,可得处理参数的假设检验问题的步骤如下:
(1) 根据实际问题的要求,提出原假设 H_0 和备择假设 H_1;
(2) 给定显著性水平 α 和样本容量 n;
(3) 确定检验统计量和拒绝域的形式;
(4) 按 $P\{$当 H_0 为真时拒绝 $H_0\} \leqslant \alpha$ 求出拒绝域;
(5) 取样,根据样本观察值作出决策,是接受 H_0 还是拒绝 H_0.

*8.1.3 检验的 p-值

假设检验的结论通常是简单的. 在给定的显著性水平下,不是拒绝原假设就是接受原假设. 然而,有时也会出现这样的情况:在一个较大的显著性水平(比如 $\alpha = 0.05$)下得到拒绝原假设的结论,而在一个较小的显著性水平(比如 $\alpha = 0.01$)下却得到相反的结论. 这种情况在理论上很容易解释:因为显著性水平变小后导致检验的拒绝域变小,于是原来落在拒绝域中的观测值就可能落在接受域,这种情况会在一些应用中带来麻烦. 比如,这时一个人主张选择显著性水平 $\alpha = 0.05$,而另一个人主张选择显著性水平 $\alpha = 0.01$,则第一个人的结论是拒绝原假设,而另一个人的结论是接受原假设,我们该如何处理这个问题呢?下面先看一个例子.

例 8.1.4 一支香烟中的尼古丁的含量服从正态分布 $N(\mu, 1)$,质量标准规定 μ 不能超过 1.5mg. 现从某厂生产的香烟中随机抽取 20 支,测得其中平均每支香烟

中的尼古丁含量为 $\bar{x} = 1.97\text{mg}$,问该厂生产的香烟尼古丁含量是否符合质量标准的规定?

解 我们需要检验假设

$$H_0 : \mu \leqslant 1.5, \quad H_1 : \mu > 1.5.$$

由于标准差已知,故采用 Z 检验法,根据已知数据,得

$$z = \frac{\bar{x} - \mu_0}{\sigma/\sqrt{n}} = \frac{1.97 - 1.5}{1/\sqrt{20}} = 2.10.$$

这是右边检验问题,对一些显著性水平,相应的拒绝域和检验结论见表 8-2.

表 8-2 不同的显著性水平对应的拒绝域和检验结论

显著性水平	拒绝域	$z = 2.10$ 对应的结论
$\alpha = 0.05$	$z = z_\alpha \geqslant 1.645$	拒绝 H_0
$\alpha = 0.025$	$z = z_\alpha \geqslant 1.96$	拒绝 H_0
$\alpha = 0.01$	$z = z_\alpha \geqslant 2.33$	接受 H_0
$\alpha = 0.005$	$z = z_\alpha \geqslant 2.58$	接受 H_0

从表 8-2 我们看到,对于不同的显著性水平,α 有不同的结论.

现在换一个角度来看,在 $\mu = 1.5$ 时,$Z = \dfrac{\overline{X} - \mu}{\sigma/\sqrt{n}} \sim N(0,1)$. 由此可得 $P\{Z \geqslant 2.10\} = 1 - P\{Z < 2.10\} = 1 - \Phi(2.10) = 0.0179$,若以 0.0179 为基准来看上述检验问题,可得:

(1) 当 $\alpha < 0.0179$ 时,$z_\alpha > 2.10$,于是 2.10 就不落在 $\{z \geqslant z_\alpha\}$,此时应接受 H_0;

(2) 当 $\alpha \geqslant 0.0179$ 时,$z_\alpha \leqslant 2.10$,于是 2.10 就落在 $\{z \geqslant z_\alpha\}$,此时应拒绝 H_0.

由此可以看出,0.0179 就是能用观察值做出"拒绝 H_0"的最小的显著性水平,这就是 p 值,如图 8-1 所示.

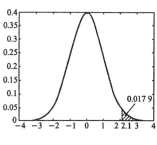

图 8-1 p-值

定义 8.1.1 在一个假设检验问题中,用观察值能够做出拒绝原假设的最小的显著性水平,称为**检验的 p-值**(p-value).

引进检验的 p-值的概念有如下明显的作用:

(1) 它比较客观,避免了事先确定显著性水平;

(2) 将检验的 p-值与人们心目中的显著性水平 α 进行比较,可以很容易地得出检验的结论:如果 $\alpha \geqslant p$ 时,则在显著性水平 α 下拒绝 H_0;如果 $\alpha < p$ 时,则在显著性水平 α 下接受 H_0.

应该说明,目前流行的主要数学软件、统计软件,在检验结论中只给出 p 值,而不会提供拒绝域或临界点.

习题 8.1

1. 在假设检验中,H_0 表示原假设,H_1 为备择假设,则称为犯第二类错误是(   ),请在以下(A),(B),(C),(D)中选一个正确的.

(A) H_1 不真,接受 H_1 (B) H_1 不真,接受 H_0

(C) H_0 不真,接受 H_1 (D) H_0 不真,接受 H_0

2. 假设检验中的显著水平 α 表示(   ),请在以下(A),(B),(C),(D)中选一个正确的.

(A) H_0 不成立,拒绝 H_0 的概率   (B) H_0 成立,但拒绝 H_0 的概率

(C) 置信水平为 $1-\alpha$ (D) 小于或等于 0.05 的一个数,无具体意义

3. 假设检验中分别用 α,β 表示犯第一类错误和第二类错误的概率,则当样本容量 n 一定时,下列说法中正确的是(   ),请在以下(A),(B),(C),(D)中选一个正确的.

(A) α 减小时,β 也减小

(B) α 增大时,β 也增大

(C) (A) 和 (B) 同时成立

(D) α,β 不能同时减小,减小其中一个时,另一个就会增大

4. 设显著性水平为 α,对显著性检验来说犯第一类错误的概率为(   ),请在以下(A),(B),(C),(D)中选一个正确的.

(A) $1-\alpha$ (B) 大于 α (C) 小于或等于 α (D) 无法判断

5. 设 $X_1, X_2, \cdots, X_{36}$ 是来自正态总体 $N(\mu, 0.04)$ 的一个简单随机样本,其中 μ 为未知参数,记 $\overline{X} = \dfrac{1}{36}\sum_{i=1}^{36} X_i$,现对检验问题 $H_0: \mu = 0.5, H_1: \mu = \mu_1 > 0.5$,并取拒绝域 $D = \{(X_1, X_2, \cdots, X_{36}) \mid \overline{X} > C\}$,显著性水平 $\alpha = 0.05$.(1) 求常数 C;(2) 若 $\alpha = 0.05, \mu_1 = 0.65$ 时,犯第二类错误的概率是多少?

6. 某轮胎制造厂生产一种轮胎,其使用寿命服从正态分布,均值为 30 000 km,标准差为 4000 km,现采用一种新的工艺生产这种轮胎,从试制产品中随机抽取 100 只轮胎进行试验以测定新的工艺是否优于原有方法,根据经验标准差没有变化.(1) 写出原假设和备择假设;(2) 此检验为双边检验还是单边检验;(3) 计算拒绝域并写出检验法则(显著性水平 $\alpha = 0.02$).

7. 某车间用一台机器包装茶叶,由经验可知该机器称得茶叶的质量服从正态分布 $N(0.5, 0.015^2)$,现从某天所包装的茶叶袋中随机抽取 9 袋,其平均质量为 0.509 g,试问该机器工作是否正常?(显著性水平 $\alpha = 0.05$.)

8. 要求一种元件平均使用寿命不得低于 1000 h,生产者从一批这种元件中随机抽取 25 件,测得其寿命的平均值为 950 h.已知该种元件寿命服从标准差为 $\sigma = 100$ h 的正态分布.试在显著性水平 $\alpha = 0.05$ 下判断这批元件是否合格?设总体均值为未知,即需检验假设 $H_0: \mu \geqslant 1000$,$H_1: \mu < 1000$.

8.2 单个正态总体均值与方差的检验

8.2.1 单个总体 $N(\mu, \sigma^2)$ 均值 μ 的检验

(1) σ^2 已知,关于 μ 的检验

此种情形在 8.1 节中已经讨论过了.

(2) σ^2 未知,关于 μ 的检验

设总体 $X \sim N(\mu, \sigma^2)$,其中 μ 和 σ^2 为未知,$X_1, X_2, \cdots, X_n$ 是来自 X 的样本,给定显著性水平 α,我们求检验问题

$$H_0: \mu = \mu_0, \quad H_1: \mu \neq \mu_0$$

的拒绝域.

由于 σ^2 未知,所以现在不能用 $\dfrac{\overline{X} - \mu_0}{\sigma / \sqrt{n}}$ 来确定拒绝域. 我们知道样本方差 S^2 是 σ^2 的无偏估计,自然想到用 S 代替 σ,采用 $t = \dfrac{\overline{X} - \mu_0}{S / \sqrt{n}}$ 作为检验统计量.

当观察值 $|t| = \left| \dfrac{\overline{x} - \mu_0}{s / \sqrt{n}} \right|$ 过分大时,就拒绝 H_0,拒绝域的形式为 $|t| = \left| \dfrac{\overline{x} - \mu_0}{s / \sqrt{n}} \right| \geqslant k$. 根据定理 6.2.3,当 H_0 为真时,$\dfrac{\overline{X} - \mu_0}{S / \sqrt{n}} \sim t(n-1)$. 根据 $P\{$当 H_0 为真时拒绝 $H_0\} = P_{\mu_0} \left\{ \left| \dfrac{\overline{X} - \mu_0}{S / \sqrt{n}} \right| \geqslant k \right\} = \alpha$,得 $k = t_{\frac{\alpha}{2}}(n-1)$,即拒绝域为

$$|t| = \left| \frac{\overline{x} - \mu_0}{s / \sqrt{n}} \right| \geqslant t_{\frac{\alpha}{2}}(n-1).$$

上述利用 t 统计量得出的检验法,称为 t **检验法**.

关于正态总体 $N(\mu, \sigma^2)$ 均值 μ 检验的拒绝域,见表 8-3.

表 8-3　　　　　一个正态总体均值的检验(显著性水平为 α)

原假设 H_0	备择假设 H_1	检验统计量	拒绝域
$\mu \leqslant \mu_0$	$\mu > \mu_0$		$z \geqslant z_\alpha$
$\mu \geqslant \mu_0$	$\mu < \mu_0$	$Z = \dfrac{\overline{X} - \mu_0}{\sigma / \sqrt{n}}$	$z \leqslant -z_\alpha$
$\mu = \mu_0$	$\mu \neq \mu_0$		$|z| \geqslant z_{\frac{\alpha}{2}}$
(σ^2 已知)			

原假设 H_0	备择假设 H_1	检验统计量	拒绝域
$\mu \leqslant \mu_0$	$\mu > \mu_0$		$t \geqslant t_a(n-1)$
$\mu \geqslant \mu_0$	$\mu < \mu_0$	$t = \dfrac{\overline{X} - \mu_0}{S/\sqrt{n}}$	$t \leqslant -t_a(n-1)$
$\mu = \mu_0$	$\mu \neq \mu_0$		$\|t\| \geqslant t_{\frac{a}{2}}(n-1)$
(σ^2 未知)			

从表 8-3 的拒绝域可以看出:**右边检验的拒绝域在临界点**(z_a 或 $t_a(n-1)$)的**右边**,**左边检验的拒绝域在临界点**($-z_a$ 或 $-t_a(n-1)$)的**左边**,**双边检验的拒绝域在两个临界点构成区间的外面**.

例 8.2.1 根据某地环境保护法的规定,倾入河流的废水中某种有毒化学物质的平均含量不得超过 3mg/kg. 该地区环境保护组织沿河各厂进行检查,连续测得某厂 15 天倾入河流的废水中某种有毒化学物质的含量如下:3.1,3.2,3.3,2.9,3.5,3.4,2.5,4.3,2.9,3.6,3.2,3.0,2.7,3.5,2.9. 若废水中该种有毒化学物质的含量服从正态分布,问在显著性水平 $\alpha = 0.05$ 下,该厂是否符合环保规定?

解 按题意需检验假设

$$H_0: \mu \leqslant 3, \quad H_1: \mu > 3.$$

根据表 8-2 知,此检验问题的拒绝域为 $t = \dfrac{\overline{x} - 3}{s/\sqrt{n}} \geqslant t_\alpha(n-1)$.

现在 $n = 15, t_{0.05}(14) = 1.7613$. 又根据样本观察值,得 $\overline{x} = 3.2, s = 0.436$,则

$$t = \frac{3.2 - 3}{0.436/\sqrt{15}} = 1.7766 > 1.7613.$$

因此,t 落在拒绝域中,即在显著性水平 $\alpha = 0.05$ 下拒绝 H_0,所以可以认为该厂不符合环保规定.

"原假设 H_0 和备择假设 H_1" 不是对称的,一般情况下原假设是受到"保护"的. 在单边(右边或左边)假设检验中,如何选择原假设 H_0 和备择假设 H_1 是一个需要注意的问题. 在"工科'概率统计'教学中的几个问题 Ⅱ"中(韩明:高等数学研究,2009)提出了一个选择的办法:使根据样本观察值计算的统计量的值(如 z,t 等)与临界点(如 z_a, $-z_a$, $t_a(n-1)$, $-t_a(n-1)$ 等)位于同侧(同大于 0 或同小于 0),这样得出的结论容易解释,也就容易被人们接受.

8.2.2 置信区间与假设检验的关系

对同一个参数,通过第 7 章中的区间估计和本章中的双边假设检验的学习,我

们似乎感觉到它们之间有某种联系,那么这种联系究竟如何呢?以下考察置信区间与双边检验之间的对应关系.

设 $X_1, X_2, \cdots, X_n$ 是来自总体 X 的样本,$x_1, x_2, \cdots, x_n$ 是相应的样本观察值,Θ 是参数 θ 的可能取值范围.

设 $(\underline{\theta}, \bar{\theta})$ 是参数 θ 的置信水平为 $1-\alpha$ 的置信区间,则有

$$P\{\underline{\theta} < \theta < \bar{\theta}\} = 1-\alpha. \tag{8.2.1}$$

考虑显著性水平 α 的双边检验

$$H_0 : \theta = \theta_0, \quad H_1 : \theta \neq \theta_0, \tag{8.2.2}$$

由式(8.2.1),即有

$$P_{\theta_0}\{(\theta_0 \leqslant \underline{\theta}(X_1, X_2, \cdots, X_n)) \bigcup (\theta_0 \geqslant (\bar{\theta}(X_1, X_2, \cdots, X_n))\} = \alpha.$$

考虑显著性水平 α 的假设检验的拒绝域的定义,检验式(8.2.2)的拒绝域为 $\theta_0 \leqslant \underline{\theta}(x_1, x_2, \cdots, x_n)$ 或 $\theta_0 \geqslant \bar{\theta}(x_1, x_2, \cdots, x_n)$.

这就是说,当我们要检验式(8.2.2)时,先求出 θ 的置信水平 $1-\alpha$ 的置信区间 $(\underline{\theta}, \bar{\theta})$,然后考察 θ_0 是否落在区间 $(\underline{\theta}, \bar{\theta})$. 若 $\theta_0 \in (\underline{\theta}, \bar{\theta})$,则接受 H_0;若 $\theta_0 \notin (\underline{\theta}, \bar{\theta})$,则拒绝 H_0.

反之,考虑显著性水平 α 的检验问题

$$H_0 : \theta = \theta_0, \quad H_1 : \theta \neq \theta_0,$$

假设它的接受域为 $\underline{\theta}(x_1, x_2, \cdots, x_n) < \theta_0 < \bar{\theta}(x_1, x_2, \cdots, x_n)$,即有

$$P\{\underline{\theta}(X_1, X_2, \cdots, X_n) < \theta < \bar{\theta}(X_1, X_2, \cdots, X_n)\} = 1-\alpha.$$

因此,$(\underline{\theta}(X_1, X_2, \cdots, X_n), \bar{\theta}(X_1, X_2, \cdots, X_n))$ 是参数 θ 的置信水平 $1-\alpha$ 的置信区间.

例 8.2.2 设 $X \sim N(\mu, 1)$,μ 未知,$\alpha = 0.05$,$n = 16$,且由样本算得 $\bar{x} = 5.20$,于是得到参数 μ 的一个置信水平为 0.95 的置信区间 $(\bar{x} - \frac{1}{\sqrt{16}} z_{0.025}, \bar{x} + \frac{1}{\sqrt{16}} z_{0.025}) = (4.71, 5.69)$.

现在考虑检验问题

$$H_0 : \mu = 5.5, \quad H_1 : \mu \neq 5.5,$$

由于 $5.5 \in (4.71, 5.69)$,所以在显著水平 $\alpha = 0.05$ 时接受 H_0.

8.2.3 单个总体 $N(\mu, \sigma^2)$ 方差 σ^2 的检验

设 $X_1, X_2, \cdots, X_n$ 是来自正态总体 $N(\mu, \sigma^2)$ 的样本,要求检验假设(显著性水

平为 α)

$$H_0 : \sigma^2 = \sigma_0^2, \quad H_1 : \sigma^2 \neq \sigma_0^2,$$

其中，σ_0^2 为常数.

由于 S^2 为 σ^2 的无偏估计量，当 H_0 为真时，S^2 的观察值 s^2 与 σ_0^2 的比值 $\dfrac{s^2}{\sigma_0^2}$ 一般在 1 附近摆动，而不应过分大于 1 或过分小于 1. 根据定理 6.2.2 知，当 H_0 为真时，有 $\dfrac{(n-1)S^2}{\sigma_0^2} \sim \chi^2(n-1)$. 取

$$\chi^2 = \frac{(n-1)S^2}{\sigma_0^2}$$

作为检验统计量，如上所述检验问题的拒绝域具有形式 $\dfrac{(n-1)s^2}{\sigma_0^2} \leqslant k_1$ 或 $\dfrac{(n-1)s^2}{\sigma_0^2} \geqslant k_2$. 这里 k_1, k_2 的值由下式确定：

$$P\{ \text{当 } H_0 \text{ 为真时拒绝 } H_0 \} = P_{\sigma_0^2}\left\{ \left(\frac{(n-1)S^2}{\sigma_0^2} \leqslant k_1 \right) \bigcup \left(\frac{(n-1)S^2}{\sigma_0^2} \geqslant k_2 \right) \right\} = \alpha.$$

为计算方便起见，习惯上取

$$P_{\sigma_0^2}\left\{ \left(\frac{(n-1)S^2}{\sigma_0^2} \leqslant k_1 \right) \right\} = \frac{\alpha}{2}, P_{\sigma_0^2}\left\{ \left(\frac{(n-1)S^2}{\sigma_0^2} \geqslant k_2 \right) \right\} = \frac{\alpha}{2}.$$

于是，$k_1 = \chi_{1-\frac{\alpha}{2}}^2(n-1)$，$k_2 = \chi_{\frac{\alpha}{2}}^2(n-1)$. 因此，得拒绝域为

$$\frac{(n-1)s^2}{\sigma_0^2} \leqslant \chi_{1-\frac{\alpha}{2}}^2(n-1) \quad \text{或} \quad \frac{(n-1)s^2}{\sigma_0^2} \geqslant \chi_{\frac{\alpha}{2}}^2(n-1).$$

以下来求单边检验问题（显著性水平为 α）

$$H_0 : \sigma^2 \leqslant \sigma_0^2, \quad H_1 : \sigma^2 > \sigma_0^2$$

的拒绝域.

由于 H_0 中的全部 σ^2 都要比 H_1 中的 σ^2 要小，当 H_1 为真时，S^2 的观察值 s^2 往往偏大，因此拒绝域的形式为 $s^2 \geqslant k$. 以下来确定常数 k.

$$P\{ \text{当 } H_0 \text{ 为真时拒绝 } H_0 \} = P_{\sigma^2 \leqslant \sigma_0^2}\{ S^2 \geqslant k \} = P_{\sigma^2 \leqslant \sigma_0^2}\left\{ \frac{(n-1)S^2}{\sigma_0^2} \geqslant \frac{(n-1)k}{\sigma_0^2} \right\}$$

$$\leqslant P_{\sigma^2 \leqslant \sigma_0^2}\left\{ \frac{(n-1)S^2}{\sigma^2} \geqslant \frac{(n-1)k}{\sigma_0^2} \right\}.$$

要控制 $P\{$当 H_0 为真时拒绝 $H_0\} \leqslant \alpha$,只需令

$$P_{\sigma^2 \leqslant \sigma_0^2}\left\{\frac{(n-1)S^2}{\sigma^2} \geqslant \frac{(n-1)k}{\sigma_0^2}\right\} = \alpha.$$

由于 $\frac{(n-1)S^2}{\sigma^2} \sim \chi^2(n-1)$,根据上式,得 $\frac{(n-1)k}{\sigma_0^2} = \chi_\alpha^2(n-1)$. 因此 $k = \frac{\sigma_0^2}{n-1}\chi_\alpha^2(n-1)$,于是此检验问题的拒绝域为 $s^2 \geqslant \frac{\sigma_0^2}{n-1}\chi_\alpha^2(n-1)$,即

$$\chi^2 = \frac{(n-1)s^2}{\sigma_0^2} \geqslant \chi_\alpha^2(n-1).$$

类似地,得左边检验问题

$$H_0 : \sigma^2 \geqslant \sigma_0^2, \quad H_1 : \sigma^2 < \sigma_0^2$$

的拒绝域为 $\chi^2 = \frac{(n-1)s^2}{\sigma_0^2} \leqslant \chi_{1-\alpha}^2(n-1)$.

以上的检验法称为 χ^2 **检验法**.

一个正态总体方差检验的拒绝域,见表 8-4.

表 8-4　　　　　　　一个正态总体方差的检验(**显著性水平为 α**)

原假设 H_0	备择假设 H_1	检验统计量	拒绝域
$\sigma^2 \leqslant \sigma_0^2$	$\sigma^2 > \sigma_0^2$		$\chi^2 \geqslant \chi_\alpha^2(n-1)$
$\sigma^2 \geqslant \sigma_0^2$	$\sigma^2 < \sigma_0^2$	$\chi^2 = \frac{(n-1)S^2}{\sigma_0^2}$	$\chi^2 \leqslant \chi_{1-\alpha}^2(n-1)$
$\sigma^2 = \sigma_0^2$	$\sigma^2 \neq \sigma_0^2$		$\chi^2 \geqslant \chi_{\frac{\alpha}{2}}^2(n-1)$,或
(μ 未知)			$\chi^2 \leqslant \chi_{1-\frac{\alpha}{2}}^2(n-1)$

从表 8-4 的拒绝域可以看出:**右边检验的拒绝域在临界点 $\chi_\alpha^2(n-1)$ 的右边**,**左边检验的拒绝域在临界点 $\chi_{1-\alpha}^2(n-1)$ 的左边**,**双边检验的拒绝域在两个临界点构成区间的外面**.

例 8.2.3 某工厂生产的某型号的电池,其寿命(以 h 计)长期以来服从方差为 $\sigma^2 = 5000$ 的正态分布,现有一批这种电池,从它的生产情况来看,寿命的波动性有所改变. 现随机取 26 个电池,测出其寿命的样本方差为 $s^2 = 9200$. 根据这一数据能否推断这批电池的寿命的波动比以往的有显著性的变化($\alpha = 0.02$)?

解　本题要求在水平 $\alpha = 0.02$ 下检验假设

$$H_0 : \sigma^2 = 5000, H_1 : \sigma^2 \neq 5000.$$

现在 $n = 26, \chi_{\frac{\alpha}{2}}^2(n-1) = \chi_{0.01}^2(25) = 44.314, \chi_{1-\frac{\alpha}{2}}^2(25) = \chi_{0.99}^2(25) =$

11.524, $\sigma_0^2 = 5000$, 则检验问题的拒绝域为

$$\frac{(n-1)s^2}{\sigma_0^2} \geqslant 44.314 \text{ 或} \frac{(n-1)s^2}{\sigma_0^2} \leqslant 11.524.$$

由观察值 $s^2 = 9200$, 得 $\frac{(n-1)s^2}{\sigma_0^2} = 46 > 44.314$, 所以在显著水平 $\alpha = 0.02$ 时拒绝 H_0, 即可以认为这批电池寿命的波动比以往的有显著的变化.

习题 8.2

1. 某批矿砂的 5 个样品中的镍含量, 经测定为 3.25(%), 3.27(%), 3.24(%), 3.26(%), 3.24(%). 设测定值总体服从正态分布, 但参数均未知, 问在显著性水平 $\alpha = 0.01$ 下能否接受假设: 这批矿砂的镍含量的均值为 3.25(%)?

习题 8.2.4 详解

2. 环境保护条例规定, 在排放的工业废水中, 某种有害物质的含量不得超过 0.5%. 设该种物质的含量 $X \sim N(\mu, \sigma^2)$, 现抽取 5 份水样, 测得这种有害物质的含量分别为 0.530%, 0.542%, 0.510%, 0.495%, 0.515%, 问抽样结果是否表明有害物质的含量超过了规定的界限? 取显著性水平 $\alpha = 0.05$.

3. 对金属锰的熔点做了 4 次试验, 结果分别为 1269, 1271, 1263, 1265(℃), 设锰的熔点 $X \sim N(\mu, \sigma^2)$, 检验测定值的标准差小于或等于 2(℃), 取显著性水平 $\alpha = 0.05$.

4. 某厂生产的某种型号的电池, 其使用寿命(单位:h)$X \sim N(\mu, 5000)$. 今有一批这种型号的电池, 从生产情况看, 使用寿命波动性较大. 为了判断这种看法是否符合实际, 从中随机抽取了 26 只电池, 测出使用寿命, 得到样本方差 $s^2 = 7200$, 问根据这个数据能否推断这批电池使用寿命的波动性比以往有显著变化? 取显著性水平 $\alpha = 0.02$.

5. 某食品厂用自动装罐机装罐头食品, 规定其标准质量为 250g, 标准差不超过 3g 时判定该机器工作正常, 每天定时检验机器工作情况. 现抽取 16 罐, 测得平均质量 $\bar{x} = 252g$, 样本标准差 $s = 4g$. 假定罐头质量服从正态分布, 试问该机器目前的工作是否正常(显著性水平 $\alpha = 0.05$)?

8.3 两个正态总体均值与方差的检验

8.3.1 两个正态总体均值之差的检验

设 $X_1, X_2, \cdots, X_{n_1}$ 是来自正态总体 $N(\mu_1, \sigma^2)$ 的样本, $Y_1, Y_2, \cdots, Y_{n_2}$ 是来自正态总体 $N(\mu_2, \sigma^2)$ 的样本, 且两个样本相互独立. 设 $\bar{X} = \frac{1}{n_1} \sum_{i=1}^{n_1} X_i$ 和 $\bar{Y} = \frac{1}{n_2} \sum_{i=1}^{n_2} Y_i$

分别是这两个样本均值, $S_1^2 = \frac{1}{n_1-1} \sum_{i=1}^{n_1} (X_i - \bar{X})^2$ 和 $S_2^2 = \frac{1}{n_2-1} \sum_{i=1}^{n_2} (Y_i - \bar{Y})^2$ 分

别是这两个样本方差,设 μ_1,μ_2,σ^2 均为未知. 现在来求检验问题

$$H_0:\mu_1-\mu_2=\delta,\quad H_1:\mu_1-\mu_2\neq\delta$$

的拒绝域(δ 为常数),取显著性水平为 α.

引用下述 t 统计量作为检验统计量:

$$t=\frac{(\overline{X}-\overline{Y})-\delta}{S_w\sqrt{\dfrac{1}{n_1}+\dfrac{1}{n_2}}},$$

式中,$S_w^2=\dfrac{(n_1-1)S_1^2+(n_2-1)S_2^2}{n_1+n_2-2}$.

当 H_0 为真时,根据定理 6.2.4 知 $t\sim t(n_1+n_2-2)$. 与单个总体的 t 检验法类似,其拒绝域的形式为

$$\left|\frac{(\bar{x}-\bar{y})-\delta}{s_w\sqrt{\dfrac{1}{n_1}+\dfrac{1}{n_2}}}\right|\geqslant k.$$

由 $P\{$当 H_0 为真时拒绝 $H_0\}=P_{\mu_1-\mu_2=\delta}\left\{\left|\dfrac{(\overline{X}-\overline{Y})-\delta}{S_w\sqrt{\dfrac{1}{n_1}+\dfrac{1}{n_2}}}\right|\geqslant k\right\}=\alpha$,可得 $k=$

$t_{\frac{\alpha}{2}}(n_1+n_2-2)$. 于是得拒绝域为

$$t=\left|\frac{(\bar{x}-\bar{y})-\delta}{s_w\sqrt{\dfrac{1}{n_1}+\dfrac{1}{n_2}}}\right|\geqslant t_{\frac{\alpha}{2}}(n_1+n_2-2).$$

关于两个正态总体均值之差的检验拒绝域,见表 8-5(常用的是 $\delta=0$ 的情况).

表 8-5　　　　　　　　　两个正态总体均值之差的检验(显著性水平为 α)

原假设 H_0	备择假设 H_1	检验统计量	拒绝域
$\mu_1-\mu_2\leqslant\delta$	$\mu_1-\mu_2>\delta$		$z\geqslant z_\alpha$
$\mu_1-\mu_2\geqslant\delta$	$\mu_1-\mu_2<\delta$	$Z=\dfrac{\overline{X}-\overline{Y}-\delta}{\sqrt{\dfrac{\sigma_1^2}{n_1}+\dfrac{\sigma_2^2}{n_2}}}$	$z\leqslant-z_\alpha$
$\mu_1-\mu_2=\delta$	$\mu_1-\mu_2\neq\delta$		$\lvert z\rvert\geqslant z_{\frac{\alpha}{2}}$
(σ_1^2,σ_2^2 已知)			

原假设 H_0	备择假设 H_1	检验统计量	拒绝域
$\mu_1 - \mu_2 \leqslant \delta$	$\mu_1 - \mu_2 > \delta$		$t \geqslant t_\alpha(n)$
$\mu_1 - \mu_2 \geqslant \delta$	$\mu_1 - \mu_2 < \delta$	$t = \dfrac{\overline{X} - \overline{Y} - \delta}{S_\omega \sqrt{\dfrac{1}{n_1} + \dfrac{1}{n_2}}}$,	$t \leqslant -t_\alpha(n)$
$\mu_1 - \mu_2 = \delta$	$\mu_1 - \mu_2 \neq \delta$		$\mid t \mid \geqslant t_{\frac{\alpha}{2}}(n)$
($\sigma_1^2 = \sigma_2^2$ 未知)		$S_\omega^2 = \dfrac{(n_1 - 1)S_1^2 + (n_2 - 1)S_2^2}{n_1 + n_2 - 2}$	($n = n_1 + n_2 - 2$)

例 8.3.1 在平炉上进行一项试验以确定改变操作方法的建议是否会增加钢的得率,试验是在同一个平炉上进行的. 每炼一炉钢时除操作方法外,其他条件都尽可能做到相同. 先用标准方法炼一炉,然后再用建议的新方法炼一炉,以后交替进行,各炼 10 炉,其得率分别为:

(1) 标准方法. 78.1, 72.4, 76.2, 74.3, 77.4, 78.4, 76.0, 75.5, 76.7, 77.3.

(2) 新方法. 79.1, 81.0, 77.3, 79.1, 80.0, 79.1, 79.1, 77.3, 80.2, 82.1.

设这两个样本相互独立,且分别来自正态总体 $N(\mu_1, \sigma^2)$ 和 $N(\mu_2, \sigma^2)$,μ_1, μ_2, σ^2 均为未知. 问建议的新操作方法能否提高得率?(取 $\alpha = 0.05$)

解 需要检验假设 $H_0 : \mu_1 - \mu_2 \geqslant 0, H_1 : \mu_1 - \mu_2 < 0$.

分别求出标准方法和新方法下样本均值和样本方差如下:

$$n_1 = 10, \overline{x} = 76.23, s_1^2 = 3.325, n_2 = 10, \overline{y} = 79.43, s_2^2 = 2.225,$$

$$s_w^2 = \frac{(n_1 - 1)s_1^2 + (n_2 - 1)s_2^2}{n_1 + n_2 - 2} = 2.775, t_{0.05}(18) = 1.7341.$$

由表 8-4 知拒绝域为 $t = \dfrac{\overline{x} - \overline{y}}{s_w \sqrt{\dfrac{1}{10} + \dfrac{1}{10}}} \leqslant -t_{0.05}(18) = -1.7341.$

由于样本观察值 $t = -4.295 < -1.7341$,所以在显著水平 $\alpha = 0.05$ 时拒绝 H_0,即可以认为建议的新方法比原来的标准方法能提高得率.

8.3.2 两个正态总体方差之比的检验

$X_1, X_2, \cdots, X_{n_1}$ 是来自正态总体 $N(\mu_1, \sigma_1^2)$ 的样本,$Y_1, Y_2, \cdots, Y_{n_2}$ 是来自正态总体 $N(\mu_2, \sigma_2^2)$ 的样本,且两个样本相互独立. S_1^2 和 S_2^2 分别是两个样本方差,设 μ_1,

$\mu_2, \sigma_1^2, \sigma_2^2$ 均为未知. 现在需要检验假设(取显著性水平为 α):

$$H_0 : \sigma_1^2 \leqslant \sigma_2^2, \quad H_1 : \sigma_1^2 > \sigma_2^2.$$

当 H_0 为真时, $E(S_1^2) = \sigma_1^2 \leqslant \sigma_2^2 = E(S_2^2)$, 当 H_1 为真时, $E(S_1^2) = \sigma_1^2 > \sigma_2^2 = E(S_2^2)$.

当 H_1 为真时, 观察值 $\dfrac{s_1^2}{s_2^2}$ 有偏大的趋势, 因此, 拒绝域的形式为 $\dfrac{s_1^2}{s_2^2} \geqslant k$. 常数 k 如下确定:

当 H_0 为真时, $\sigma_1^2/\sigma_2^2 \leqslant 1$, 所以 $P\{$当 H_0 为真时拒绝 $H_0\} = P_{\sigma_1^2 \leqslant \sigma_2^2}\left\{\dfrac{S_1^2}{S_2^2} \geqslant k\right\} \leqslant P_{\sigma_1^2 \leqslant \sigma_2^2}\left\{\dfrac{S_1^2/S_2^2}{\sigma_1^2/\sigma_2^2} \geqslant k\right\}.$

要控制 $P\{$当 H_0 为真时拒绝 $H_0\} \leqslant \alpha$, 只需令

$$P_{\sigma_1^2 \leqslant \sigma_2^2}\left\{\dfrac{S_1^2/S_2^2}{\sigma_1^2/\sigma_2^2} \geqslant k\right\} = \alpha.$$

根据定理 6.2.4, 知 $\dfrac{S_1^2/S_2^2}{\sigma_1^2/\sigma_2^2} \sim F(n_1 - 1, n_2 - 1)$, 得 $k = F_\alpha(n_1 - 1, n_2 - 1)$, 于是, 此检验问题的拒绝域为 $F = \dfrac{s_1^2}{s_2^2} \geqslant F_\alpha(n_1 - 1, n_2 - 1)$.

以上的检验法称为 F **检验法**.

关于两个正态总体方差之比的检验拒绝域, 见表 8-6.

表 8-6   **两个正态总体方差之比的检验(显著性水平为 α)**

原假设 H_0	备择假设 H_1	检验统计量	拒绝域
$\sigma_1^2 \leqslant \sigma_2^2$	$\sigma_1^2 > \sigma_2^2$		$F \geqslant F_\alpha(n_1 - 1, n_2 - 1)$
$\sigma_1^2 \geqslant \sigma_2^2$	$\sigma_1^2 < \sigma_2^2$	$F = \dfrac{S_1^2}{S_2^2}$	$F \leqslant F_{1-\alpha}(n_1 - 1, n_2 - 1)$
$\sigma_1^2 = \sigma_2^2$	$\sigma_1^2 \neq \sigma_2^2$		$F \geqslant F_{\frac{\alpha}{2}}(n_1 - 1, n_2 - 1)$ 或
$(\mu_1, \mu_2$ 未知$)$			$F \leqslant F_{1-\alpha/2}(n_1 - 1, n_2 - 1)$

例 8.3.2(续例 8.3.1) 试对例 8.3.1 中的数据检验假设($\alpha = 0.01$)

$$H_0 : \sigma_1^2 = \sigma_2^2, H_1 : \sigma_1^2 \neq \sigma_2^2.$$

解 根据例 8.3.1, $n_1 = n_2 = 10, \alpha = 0.01$, 根据表 8-6 知拒绝域为

$$\frac{s_1^2}{s_2^2} \geqslant F_{0.005}(10-1,10-1) = 6.54,$$

或

$$\frac{s_1^2}{s_2^2} \leqslant F_{1-0.005}(10-1,10-1) = \frac{1}{F_{0.005}(10-1,10-1)} = \frac{1}{6.54} = 0.153.$$

现在 $s_1^2 = 3.325, s_2^2 = 2.225, \dfrac{s_1^2}{s_2^2} = 1.49$，而 $0.153 < 1.49 < 6.54$，因此，在显著水平 $\alpha = 0.01$ 时接受 H_0，即可以认为两个总体的方差相等(这也说明在例8.3.1中假设两个总体的方差相等是合理的).

习题 8.3

习题 8.3.2 详解

1. 在 2 种工艺条件下各纺得细纱，其强力分别为 X, Y. 设 $X \sim N(\mu_1, 28^2), Y \sim (\mu_2, 28.5^2)$，并且 X, Y 相互独立. 现各抽取容量为 100 的样本，得到样本均值 $\bar{x} = 280, \bar{y} = 286$，问这两种工艺条件下细纱的平均强力有无显著差异?取显著性水平 $\alpha = 0.05$.

2. 下表分别给出两个文学家马克·吐温(Mark Twain)的 8 篇小品文以及斯诺特格拉斯(Snodgrass)的 10 篇小品文中由 3 个字母组成的单词的比例.

0.225	0.262	0.217	0.240	0.230	0.229	0.235	0.217	
0.209	0.205	0.196	0.210	0.202	0.207	0.224	0.223	0.220	0.201

设两组数据分别来自正态总体，且两总体方差相等，但参数均未知. 两样本相互独立. 问两个作家所写的小品文中包含由 3 个字母组成的单词的比例是否有显著的差异(取显著性水平 $\alpha = 0.05$)?

3. 在上述第 2 题中分别记两个总体的方差为 σ_1^2 和 σ_2^2. 试检验假设(取显著性水平 $\alpha = 0.05$)$H_0: \sigma_1^2 = \sigma_2^2, H_1: \sigma_1^2 \neq \sigma_2^2$.

4. 有 2 台机器生产金属部件. 分别在两台机器所生产的部件中各取一容量 $n_1 = 60, n_2 = 40$ 的样本，测得部件质量(以 kg 计)的样本方差分别为 $s_1^2 = 15.46, s_2^2 = 9.66$. 设两样本相互独立. 两总体分别服从 $N(\mu_1, \sigma_1^2), N(\mu_2, \sigma_2^2)$ 分布. $\mu_i, \sigma_i^2 (i = 1, 2)$ 均未知. 试在显著性水平 $\alpha = 0.05$ 下检验假设 $H_0: \sigma_1^2 \leqslant \sigma_2^2, H_1: \sigma_1^2 > \sigma_2^2$.

5. 随机地选取了 8 个人，分别测量了他们在早晨起床时和晚上就寝时的身高(cm)，得到以下的数据:

序号	1	2	3	4	5	6	7	8
早上(x_i)	172	168	180	181	160	163	165	177
晚上(y_i)	172	167	177	179	159	161	166	175

设各对数据的差 $D_i = X_i - Y_i (i = 1, 2, \cdots, 8)$ 是来自正态总体 $N(\mu_D, \sigma_D^2)$ 的样本，μ_D, σ_D^2 均

未知.问是否可以认为早晨的身高比晚上的身高要高(取显著性水平 $\alpha = 0.05$)?

*8.4 分布拟合检验

在前 3 节的讨论中,我们都是假设了总体服从正态分布,然后对其均值或方差提出假设,并进行检验,这些均属于参数假设检验问题.在实际问题中,怎样才能知道一个总体是否服从正态分布呢?更一般地说,怎样才能知道一个随机变量 X 的分布函数是某个给定的函数 $F(x)$ 呢?

本节我们将根据样本 $X_1, X_2, \cdots, X_n$(或其观察值 $x_1, x_2, \cdots, x_n$),考虑如下假设检验问题:

$$H_0 : X \text{ 的分布函数为 } F(x).$$

这里 $F(x)$ 是已知的分布函数.

通常要用样本观察值来估计(或代替)$F(x)$ 的未知参数,例如,对于正态总体 $N(\mu, \sigma^2)$,取 $\hat{\mu} = \overline{X}, \hat{\sigma}^2 = S^2$ 等.处理这类总体分布的假设检验问题的方法很多,这里我们只介绍最常用的一种方法 —— χ^2 检验法.

在实数轴上取 k 个分点 $t_1, t_2, \cdots, t_k$,这 k 个点将 $(-\infty, +\infty)$ 分成 $k+1$ 个互不相交的区间 $(-\infty, t_1), [t_1, t_2), \cdots, [t_{i-1}, t_i), \cdots, [t_k, +\infty)$.

设样本观察值 $x_1, x_2, \cdots, x_n$ 中落入第 i 个区间的个数为 $v_i (1 \leqslant i \leqslant k+1)$,其频率为 $\dfrac{v_i}{n}$.

如果 H_0 成立,由给定的分布函数 $F(x)$,可以计算得到 X 落在每个区间的概率为 $p_i = P\{t_{i-1} \leqslant t < t_i\} = F(t_i) - F(t_{i-1})$,其中 $1 \leqslant i \leqslant k+1$,记 $t_0 = -\infty$, $t_{k+1} = +\infty$.考虑统计量

$$\chi^2 = \sum_{i=1}^{k+1} \left(\frac{v_i}{n} - p_i \right)^2 \frac{n}{p_i} = \sum_{i=1}^{k+1} \frac{(v_i - np_i)^2}{np_i} = \sum_{i=1}^{k+1} \frac{v_i^2}{np_i} - n. \quad (8.4.1)$$

注 在式(8.4.1)中给出了统计量 χ^2 的 3 种等价形式,在后面的应用中采用哪一种都可以.

式(8.4.1)中 χ^2 依赖于 v_i 和 p_i,因此它与 $F(x)$ 建立了关系,它可以作为检验 H_0 的检验统计量.皮尔逊在 1900 年证明了如下定理.

定理 8.4.1 设 $F(x)$ 是随机变量 X 的分布函数,当 H_0 成立时,由式(8.4.1)给出的统计量 χ^2 以 $\chi^2(k)$ 为极限分布(当 $n \to +\infty$),其中 $F(x)$ 中不含有未知参数,v_i 称为实际频数,np_i 称为理论频数.

根据定理 8.4.1,当 n 比较大时,检验统计量 χ^2 近似服从 $\chi^2(k)$.这样,给定显著性水平 α 后,查 χ^2 分布表,得临界值 $\chi_\alpha^2(k)$,使 $P\{\chi^2 > \chi_\alpha^2(k)\} = \alpha$.

由样本观察值 $x_1, x_2, \cdots, x_n$ 计算 $v_1, v_2, \cdots, v_{k+1}$,由给定的分布函数 $F(x)$ 计算

$p_1,p_2,\cdots,p_{k+1}$,从而计算出 χ^2 的值.若 $\chi^2 > \chi_\alpha^2(k)$,则拒绝 H_0,即认为总体 X 的分布函数与 $F(x)$ 有显著性差异;若 $\chi^2 \leqslant \chi_\alpha^2(k)$,则不能拒绝 H_0,即不能认为总体 X 的分布函数与 $F(x)$ 有显著性差异.

需要指出的是,当 $F(x)$ 中含有 r 个未知参数 $\theta_1,\theta_2,\cdots,\theta_r$ 时($r < k$),则需要用估计值$\hat{\theta}_1,\hat{\theta}_2,\cdots,\hat{\theta}_r$ 来分别代替 $\theta_1,\theta_2,\cdots,\theta_r$,此时 χ^2 以 $\chi^2(k-r)$ 为极限分布(当 $n \to +\infty$).费歇尔证明了如下定理.

定理 8.4.2 设 $F(x)$ 是随机变量 X 的分布函数,且 $F(x)$ 中含有 r 个未知参数,当 H_0 成立时,由式(8.4.1)给出的统计量 χ^2 以 $\chi^2(k-r)$ 为极限分布(当 $n \to +\infty$).

在定理 8.4.2 中,当 $r = 0$(即 $F(x)$ 中不含有未知参数)时,其结果与定理 8.4.1 相同.因此,定理 8.4.1 可以看作是定理 8.4.2 的一种特殊情况.

以下给出 χ^2 检验法的一般步骤:

步骤 1,在假定 H_0:$F(x) = F(x;\theta_1,\cdots,\theta_r)$ 成立的前提下,求出参数 $\theta_1,\theta_2,\cdots,\theta_r$ 的极大似然估计值$\hat{\theta}_1,\hat{\theta}_2,\cdots,\hat{\theta}_r$.

步骤 2,把实数轴划分成 $k+1$ 个互不相交的区间$(-\infty,t_1),[t_1,t_2),\cdots,[t_{i-1},t_i),\cdots,[t_k,+\infty)$.

步骤 3,在 H_0 成立的前提下,计算 p_i 和 np_i,其中 p_i 为总体 X 的取值落入第 i 个区间的概率,即 $p_i = P\{t_{i-1} \leqslant t < t_i\} = F(t_i;\hat{\theta}_1,\hat{\theta}_2,\cdots,\hat{\theta}_r) - F(t_{i-1};\hat{\theta}_1,\hat{\theta}_2,\cdots,\hat{\theta}_r)$.

步骤 4,按照样本观察值 $x_1,x_2,\cdots,x_n$ 落入第 i 个区间内的个数(即频数)$v_i(i = 1,2,\cdots,k+1)$ 和步骤 3 中计算得到的 np_i,计算由式(8.4.1)给出的统计量 χ^2 的值(步骤 3,步骤 4 中的计算可列表进行).

步骤 5,按照所给定的显著性水平 α,查自由度为 $k-r$ 的 χ^2 分布表,得临界值 $\chi_\alpha^2(k-r)$,使 $P\{\chi^2 > \chi_\alpha^2(k-r)\} = \alpha$,这里 r 为 $F(x) = F(x;\theta_1,\cdots,\theta_r)$ 中未知参数的个数.

步骤 6,若 $\chi^2 > \chi_\alpha^2(k-r)$,则否定 H_0,即认为总体 X 的分布函数与 $F(x)$ 有显著性差异;若 $\chi^2 \leqslant \chi_\alpha^2(k-r)$,则不能否定 H_0,即不能认为总体 X 的分布函数与 $F(x)$ 有显著性差异.

由于 χ^2 检验法是在 $n \to +\infty$ 时推导出来的,所以在应用时必须注意,当 n 比较大时,np_i 不能太小.在实际应用中,一般要求 n 不能小于 50 且 np_i 不小于 5.

χ^2 检验法对总体 X 是离散型和连续型分布均适用,下面举例说明.

例 8.4.1 在一批灯泡中抽取 300 只做寿命试验,获得的数据见表 8-7.

表 8-7　　　　　　　　　　　　　**灯泡寿命试验数据**

寿命 t/h	$[0,100]$	$(100,200]$	$(200,300]$	> 300
灯泡数	121	78	43	58

对于给定的显著性水平 $\alpha = 0.05$,问这批灯泡的寿命是否服从指数分布

$$f(t) = \begin{cases} 0.005\mathrm{e}^{-0.005t}, & t \geqslant 0, \\ 0, & t < 0. \end{cases}$$

解 本题是在显著性水平 $\alpha = 0.05$ 时,检验 H_0:这批灯泡的寿命服从指数分布

$$f(t) = \begin{cases} 0.005\mathrm{e}^{-0.005t}, & t \geqslant 0, \\ 0, & t < 0, \end{cases}$$

总体 X 的可能取值范围是 $[0, +\infty)$,把该范围分成 4 个互不相交的区间,如表 8-7 的第 1 行(或表 8-8 的第 2 列).

在 H_0 成立时,总体 X 的分布函数为

$$F(t) = \begin{cases} 1 - \mathrm{e}^{-0.005t}, & t \geqslant 0, \\ 0, & t < 0, \end{cases}$$

可以计算得到 X 落在每个区间的概率为 $p_i = P\{t_{i-1} \leqslant t < t_i\} = F(t_i) - F(t_{i-1})$(其中 $i = 1,2,3,4$),np_i 和 $\dfrac{v_i^2}{np_i}$ 的计算结果见表 8-8.

表 8-8 **有关计算**

i	第 i 个区间	v_i	p_i	np_i	$\dfrac{v_i^2}{np_i}$
1	$[0, 100]$	121	0.3935	118.05	124.0237
2	$(100, 200]$	78	0.2387	71.61	84.9602
3	$(200, 300]$	43	0.1447	43.41	42.5939
4	> 300	58	0.2231	66.93	50.2615
					$\sum\limits_{i=1}^{4} \dfrac{v_i^2}{np_i} = 301.8393$

根据表 8-8,得 $\chi^2 = 301.8393 - 300 = 1.8393 < 7.815 = \chi^2_{0.05}(3)$,根据定理 8.4.1,在给定的显著性水平 $\alpha = 0.05$ 时不能否定 H_0,即可以认为这批灯泡的寿命服从指数分布

$$f(t) = \begin{cases} 0.005\,\mathrm{e}^{-0.005t}, & t \geqslant 0, \\ 0, & t < 0. \end{cases}$$

例 8.4.2 某电话站在 1h 内接到电话用户的呼叫次数按每分钟记录见表 8-9.

表 8-9 **某电话站接到呼叫次数按每分钟记录表**

呼叫次数	0	1	2	3	4	5	6	$\geqslant 7$
频 数	8	16	17	10	6	2	1	0

问在显著性水平 $\alpha = 0.05$ 时,这个分布能否看作为泊松分布?

解 H_0:总体 X 是参数为 λ 的泊松分布. 由于 λ 的极大似然估计值为 $\hat{\lambda} = \bar{x}$,利用表 8-9 中的数据,经计算得 $\bar{x} = 2$.

对于给定的显著性水平 $\alpha = 0.05$,根据表 8-9 知 $n = 60, k = 7$,查表得临界值为 $\chi_{0.05}^2(6) = 12.592$. 有关计算见表 8-10.

表 8-10 有关计算

i	1	2	3	4	5	6	7	8
x_i	0	1	2	3	4	5	6	$\geqslant 7$
v_i	8	16	17	10	6	2	1	0
p_i	0.135	0.271	0.271	0.180	0.090	0.036	0.012	0.005
np_i	8.118	16.236	16.236	10.824	5.412	2.166	0.720	0.270

利用表 8-10 中的数据,得 $\sum\limits_{i=1}^{8} \dfrac{v_i^2}{np_i} = 60.5773$,于是 $\chi^2 = \sum\limits_{i=1}^{8} \dfrac{v_i^2}{np_i} - 60 = 0.5773 < 12.592 = \chi_{0.05}^2(6)$.

根据定理 8.4.2,对于给定的显著性水平 $\alpha = 0.05$,不能否定 H_0,即可认为总体 X 服从参数 $\lambda = 2$ 的泊松分布.

习题 8.4

1. 为检验一颗骰子是否均匀,将它投掷 60 次,观察到出现点数 1,2,3,4,5,6 的次数分别为 7,6,12,14,5,16,问这颗骰子是否均匀?(取显著性水平 $\alpha = 0.05$)

习题 8.4.4 详解

2. 检查了一本书的 100 页,记录各页中印刷错误的个数,结果见下表:

错误个数	0	1	2	3	4	5	6
频数	14	27	26	20	7	3	3

问能否认为一页的印刷错误个数服从泊松分布(取显著性水平 $\alpha = 0.05$)?

3. 随机抽取 200 只某种电子元件进行寿命试验,测得元件的寿命(单位:h)的频数分布见下表.

元件寿命	$\leqslant 200$	(200,300]	(300,400]	(400,500]	> 500
频数	94	25	22	17	42

根据计算,平均寿命为 325h,试检验元件的寿命是否服从指数分布(取显著性水平 $\alpha = 0.10$).

4. 下面给出了随机选取的某大学一年级学生(200 人)一次数学考试的成绩,分组列表如下:

组限	$20 \leqslant x \leqslant 30$	$30 < x \leqslant 40$	$40 < x \leqslant 50$	$50 < x \leqslant 60$
频数	5	15	30	51
组限	$60 < x \leqslant 70$	$70 < x \leqslant 80$	$80 < x \leqslant 90$	$90 < x \leqslant 100$
频数	60	23	10	6

在取显著性水平 $\alpha = 0.1$ 下,检验数据是否来自正态总体 $N(60,15^2)$.

复习题 8

1. 对二项分布 $B(n,p)$ 作统计假设 $H_0:p = 0.6, H_1:p \neq 0.6$,检验 H_0 的拒绝域取为 $W = \{X \leqslant 1\} \bigcup \{X \geqslant 9\}$,其中 X 为 10 次实验中成功的次数,求显著性水平 α 和备择假设 $p = 0.3$ 时犯第二类错误的概率 β.

复习题 8.2 详解

2. 如果一个矩形的宽度 w 与长度 l 的比 $\frac{w}{l} = \frac{1}{2}(\sqrt{5}-1) \approx 0.618$,这样的矩形称为黄金矩形. 这种尺寸的矩形使人们看上去有良好的感觉. 现代的建筑构件(如窗架)、工艺品(如图片镜框)、甚至司机的执照、商业的信用卡等常常都是采用黄金矩形. 下面列出某工艺品工厂随机取的 20 个矩形的宽度与长度的比值:0693,0.749,0.654,0.670,0.662,0.672,0.615, 0.606, 0.690,0.628,0.668,0.611,0.606,0.609,0.601,0.553,0.570,0.844,0.576,0.933.设这一工厂生产的矩形的宽度与长度的比值总体服从正态分布,其均值为 μ,方差为 σ^2,μ,σ^2 均未知. 试检验假设(取显著性水平 $\alpha = 0.05$)$H_0:\mu = 0.618, H_1:\mu \neq 0.618$.

3. 某厂生产的某种钢索的断裂强度 X 服从正态分布 $X \sim N(\mu_0,\sigma^2)$,其中 $\sigma = 40\text{kg/cm}^2$. 现从一批这种钢索中抽取容量为 9 的一个样本,测得断裂强度的平均值 $\bar{X}$,与以往正常生产时的平均值相比,$\bar{X}$ 较 μ_0 大 18.若设总体方差不变,问在显著性水平 $\alpha = 0.01$ 下,能否认为这批钢索质量有显著提高?

4. 用过去的铸造方法,零件强度的标准差是 1.6,为了降低成本,改变了铸造方法,测得用新方法铸造出的零件强度如下:51.9,53.0,52.7,54.1,53.2,52.3,52.5,51.1,54.7. 设零件强度服从正态分布,取显著性水平 $\alpha = 0.05$,问改变方法后,零件强度的方差是否发生了改变?

5. 2 台车床生产同一种滚珠(设滚珠直径服从正态分布),从中分别抽取 8 个和 9 个产品:
   甲车床   15.0,14.5,15.2,15.5,14.8,15.1,15.2,14.8;
   乙车床   15.2,15.0,14.8,15.2,15.0,15.0,14.8,15.1,14.8.
比较 2 台车床生产的滚珠直径的方差是否有明显差异(取显著性水平 $\alpha = 0.05$).

6. 将一正四面体的 4 面分别涂为红、绿、蓝、白 4 种不同的颜色,任意抛掷该四面体,直至白色的一面朝下为止,记录抛掷的次数,重复做如此试验 200 次,其结果见下表:

抛掷次数	1	2	3	4	$\geqslant 5$
频数	56	48	32	28	36

问该 4 面体是否均匀(显著性水平 $\alpha = 0.02$)?

7. 电池在货架上滞留的时间不能太长,下面给出某商店随机选取的 8 只电池的货架滞留时间(以天计):108,124,124,106,138,163,159,134,设数据来自正态总体 $N(\mu,\sigma^2)$,μ,σ^2 未知. 试检验假设 $H_0:\mu\leqslant125,H_1:\mu>125$. 取显著性水平 $\alpha=0.05$.

8. 某市质监局接到投诉后,对某金店进行调查. 现从其出售的标志 18K 的项链中抽取 9 件进行检测,检测标准为:标准值 18K 且标准差不得超过 0.3K,检测结果如下:17.3,16.6,17.9,18.2,17.4,16.3,18.5,17.2,18.1,假设项链的含金量服从正态分布,试问检测结果能否认定金店出售的产品存在质量问题(取显著性水平 $\alpha=0.01$)?

9. 为比较两种燃料 A 与 B 的辛烷值,各取 12 个样品进行测试,分别测得其辛烷值的样本均值和样本方差分别为:$\overline{x}_A=85.83,s_A^2=5.61,\overline{x}_B=78.67,s_B^2=6.06$. 辛烷值越高,燃料质量越好. 设两种燃料的辛烷值分别服从正态分布 $N(\mu_A,\sigma_A^2),N(\mu_B,\sigma_B^2)$,且两个样本相互独立.(1) 在显著性水平 $\alpha=0.1$ 下,检验假设 $H_0:\sigma_A^2=\sigma_B^2;H_1:\sigma_A^2\neq\sigma_B^2$;(2) 在显著性水平 $\alpha=0.05$ 下,检验假设 $H_0':\mu_A-\mu_B=5;H_1':\mu_A-\mu_B>5$.

10. 对某汽车零件制造厂所生产的汽缸螺栓口径(单位:mm)进行抽样检验,测得 100 个数据,分组列表如下:

组限	$10.93\sim10.95$	$10.95\sim10.97$	$10.97\sim10.99$	$10.99\sim11.01$
频数	5	8	20	34
组限	$11.01\sim11.03$	$11.03\sim11.05$	$11.05\sim11.07$	$11.07\sim11.09$
频数	17	6	6	4

问螺栓口径是否服从正态分布?取显著性水平 $\alpha=0.05$.

11. 某种配偶的后代按体格属性分为 3 类,各类的数目分别是 10,53,46. 按照某种遗传模型其频率之比应该为 $p^2:2p(1-p):(1-p)^2$,问数据与模型是否相符(取显著性水平 $\alpha=0.05$)?

*第 9 章　回归分析

回归分析是应用价值很大的一类统计方法,它是用参数估计和假设检验的方法来处理一类数据的,这类数据往往受到一个或若干个变量的影响.本章主要讨论一元线性回归分析,并简要介绍可线性化的非线性回归分析问题.

9.1　一元线性回归

9.1.1　基本概念

在许多实际问题中,变量之间存在着相互依存的关系.一般地,变量之间的关系可以大体上分为两类,一类是确定性关系,即存在确定的函数关系,如圆的面积 S 与半径 r 之间的关系为 $S = \pi r^2$;另一类是非确定性关系,即它们之间有密切关系,但又不能用函数关系式来精确表示,如人的身高与体重的关系,炼钢时钢的含碳量与冶炼时间的关系.有时即使两个变量之间存在数学上的函数关系,但由于实际问题中的随机因素的影响,变量之间的关系也经常有某种不确定性.变量之间的这种不确定性关系,称为**相关关系**.分析变量之间的相关关系的方法,称为**相关分析**.

一般地,由一个或一组非随机变量来估计或预测某一个随机变量的观测值时,所建立的数学模型及所进行的统计分析,称为**回归分析**(regression analysis).如果这个数学模型是线性的,就称为**线性回归分析**.

设有两个变量 x 和 Y,其中 x 是可以精确测量或控制的非随机变量,而 Y 是随机变量. x 的变化引起 Y 的变化,但它们之间的变化又不是确定的.例如,人的身高是可以精确测量的,但对某一确定身高的人,其体重是一个随机变量,它们之间有一定的关系,但不是确定的.如果 x 取任意一个值时, Y 相应地服从某一个分布,则变量 x 与随机变量 Y 之间存在相关关系.如果我们处理的是两个变量之间的相关关系,而这种关系又是线性的,这种回归分析就称为**一元线性回归分析**.

我们对于 x 取一组不完全相同的值 $x_1, x_2, \cdots, x_n$,设 $Y_1, Y_2, \cdots, Y_n$ 分别是在 $x_1, x_2, \cdots, x_n$ 处对 Y 的独立观察结果,称 $(x_1, Y_1), (x_2, Y_2), \cdots, (x_n, Y_n)$ 是一个样本,对应的样本观察值记为 $(x_1, y_1), (x_2, y_2), \cdots, (x_n, y_n)$.

我们首先要解决的问题是如何利用样本来估计 Y 关于 x 的回归函数 $E(Y) = \mu(x)$.为此,首先需要推测 $\mu(x)$ 的形式.可以根据观察值 (x_i, y_i) 在直角坐标系中描出它的相应的点(图 9-1),这种图称为**散点图**(scatter diagram). 散点图可以帮助我们粗略地看出 $\mu(x)$ 的形式.

例 9.1.1 为研究某一个化学反应过程温度 x 对产品的得率 $Y(\%)$ 的影响,测得数据见表 9-1.

表 9-1   试验数据

温度 $x/℃$	100	110	120	130	140	150	160	170	180	190
得率 Y	45%	51%	54%	61%	66%	70%	74%	78%	85%	89%

这里自变量 x 是普通变量,Y 是随机变量. 根据表 9-1 的数据画出的散点图,如图 9-1 所示. 从图 9-1 大致可以看出 $\mu(x)$ 具有线性函数 $a+bx$ 的形式.

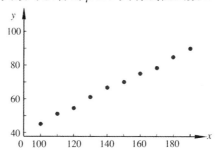

图 9-1 散点图

回归分析的基本思想和方法以及"回归"名词的由来,要归功于英国统计学家高尔顿. 高尔顿和他的学生、现代统计学的奠基者之一皮尔逊在研究父母身高与其子女身高的遗传关系时,观察了 1078 对夫妇,以每对夫妇的平均身高作为 x,而取他们的一个成年儿子的身高作为 y,将这些数据画成散点图,发现趋势近似一条直线 $\hat{y}=33.73+0.516x$(单位:in,1in = 2.54cm). 这表明:

(1) 父母平均身高 x 每增加 1 个单位时,其成年儿子的身高 y 也平均增加 0.516 个单位.

(2) 一群高个子父辈的儿子们的平均身高要低于他们父辈的平均身高. 比如,$x=80$,那么 $\hat{y}=75.01$.

(3) 低个子父辈的儿子们虽然仍为低个子,但是平均身高却比他们的父辈增加一些. 比如,$x=60$,那么 $\hat{y}=64.69$.

正是因为子代的身高有回归到父辈平均身高的这种趋势,才使人类的身高在一定时期内相对稳定. 这个例子生动地说明了生物学中"种"的稳定性. 正是为了描述这种有趣的现象,高尔顿引进了"回归"这个名词来描述父辈身高 x 与子代身高 y 的关系. 尽管"回归"这个名称有特定的含义,人们在研究大量的问题中的变量 x 与 y 之间的关系并不具有这种"回归"的含义,但借用这个名词把研究变量 x 与 y

之间的关系的数学方法称为回归分析,也算是对高尔顿这个伟大的统计学家的一个纪念.

9.1.2 回归系数的最小二乘估计

如果 $\mu(x) = a + bx$,此时估计 $\mu(x)$ 的问题称为一元线性回归问题. 假设对于 x 的每一个值,有 $Y \sim N(a+bx, \sigma^2)$,其中 a, b, σ^2 都是不依赖于 x 的未知参数. 记 $\varepsilon = Y - (a+bx)$,这相当于

$$Y = a + bx + \varepsilon, \quad \varepsilon \sim N(0, \sigma^2), \tag{9.1.1}$$

式中,a, b, σ^2 都是不依赖于 x 的未知参数. 称式(9.1.1)为**一元线性回归模型**,b 称为回归系数.

以下给出 a, b 的估计. 取 x 的 n 个不完全相同的值 $x_1, x_2, \cdots, x_n$,做独立试验,得到样本 $(x_1, Y_1), (x_2, Y_2), \cdots, (x_n, Y_n)$. 根据式(9.1.1),知道 $Y_i = a + bx_i + \varepsilon_i$,$\varepsilon_i \sim N(0, \sigma^2)$,各 ε_i 相互独立.

由于 $Y_i \sim N(a+bx_i, \sigma^2)$,$i = 1, 2, \cdots, n$,且 $Y_1, Y_2, \cdots, Y_n$ 相互独立,故而 $Y_1, Y_2, \cdots, Y_n$ 的联合密度函数为

$$
\begin{aligned}
L &= \prod_{i=1}^{n} \frac{1}{\sigma\sqrt{2\pi}} \exp\left[-\frac{1}{2\sigma^2}(y_i - a - bx_i)^2\right] \\
&= \left(\frac{1}{\sigma\sqrt{2\pi}}\right)^n \exp\left[-\frac{1}{2\sigma^2}\sum_{i=1}^{n}(y_i - a - bx_i)^2\right].
\end{aligned}
\tag{9.1.2}
$$

以下应用极大似然估计法给出 a, b 的估计. 要使似然函数 L 取最大值,只要式(9.1.2)的右边括弧中的平方和 $\sum\limits_{i=1}^{n}(y_i - a - bx_i)^2$ 部分为最小,即

$$Q(a, b) = \sum_{i=1}^{n}(y_i - a - bx_i)^2$$

取最小值.

以下根据最小二乘原理来确定 a, b,使 $Q(a, b)$ 取最小值,这样得到的估计称为**最小二乘估计**. 分别求 Q 关于 a, b 的偏导数,并令它们为零,即

$$
\begin{cases}
\dfrac{\partial Q}{\partial a} = -2\sum\limits_{i=1}^{n}(y_i - a - bx_i) = 0, \\
\dfrac{\partial Q}{\partial b} = -2\sum\limits_{i=1}^{n}(y_i - a - bx_i)x_i = 0.
\end{cases}
$$

得方程组

$$\begin{cases} na + (\sum_{i=1}^{n} x_i)b = \sum_{i=1}^{n} y_i, \\ (\sum_{i=1}^{n} x_i)a + (\sum_{i=1}^{n} x_i^2)b = \sum_{i=1}^{n} x_i y_i. \end{cases}$$

由于 $x_1, x_2, \cdots, x_n$ 不完全相同,此方程组的系数行列式

$$\begin{vmatrix} n & \sum_{i=1}^{n} x_i \\ \sum_{i=1}^{n} x_i & \sum_{i=1}^{n} x_i^2 \end{vmatrix} = n\sum_{i=1}^{n} x_i^2 - (\sum_{i=1}^{n} x_i)^2 = n\sum_{i=1}^{n} (x_i - \overline{x})^2 \neq 0.$$

解得 b 和 a 的最小二乘估计值为

$$\begin{cases} \hat{b} = \dfrac{n\sum_{i=1}^{n} x_i y_i - (\sum_{i=1}^{n} x_i)(\sum_{i=1}^{n} y_i)}{n\sum_{i=1}^{n} x_i^2 - (\sum_{i=1}^{n} x_i)^2}, \\ \hat{a} = \dfrac{1}{n}\sum_{i=1}^{n} y_i - \left(\dfrac{1}{n}\sum_{i=1}^{n} x_i\right)\hat{b} = \overline{y} - \overline{x}\hat{b}, \end{cases}$$

式中,$\overline{x} = \dfrac{1}{n}\sum_{i=1}^{n} x_i, \overline{y} = \dfrac{1}{n}\sum_{i=1}^{n} y_i.$

在得到 a 和 b 的估计值 $\hat{a}, \hat{b}$ 后,对于给定的 x,我们就取 $\hat{a} + \hat{b}x$ 作为回归函数 $\mu(x) = a + bx$ 的估计,即 $\hat{\mu}(x) = \hat{a} + \hat{b}x$,称为 Y 关于 x 的**经验回归函数**. 记 $\hat{y} = \hat{a} + \hat{b}x$,称为 Y 关于 x 的**经验回归方程**,简称**回归方程**,其图形称为**回归直线**.

为了以后计算方便,我们引入下述记号

$$\begin{cases} L_{xx} = \sum_{i=1}^{n} (x_i - \overline{x})^2 = \sum_{i=1}^{n} x_i^2 - \dfrac{1}{n}(\sum_{i=1}^{n} x_i)^2, \\ L_{yy} = \sum_{i=1}^{n} (y_i - \overline{y})^2 = \sum_{i=1}^{n} y_i^2 - \dfrac{1}{n}(\sum_{i=1}^{n} y_i)^2, \\ L_{xy} = \sum_{i=1}^{n} (x_i - \overline{x})(y_i - \overline{y}) = \sum_{i=1}^{n} x_i y_i - \dfrac{1}{n}(\sum_{i=1}^{n} x_i)(\sum_{i=1}^{n} y_i). \end{cases}$$

这样,b 和 a 的最小二乘估计值可以写成

$$\begin{cases} \hat{b} = \dfrac{L_{xy}}{L_{xx}}, \\ \hat{a} = \overline{y} - \overline{x}\hat{b}. \end{cases}$$

例 **9.1.2**(续例9.1.1) 设在例9.1.1中的随机变量 Y 符合式(9.1.1)所述的条件,求 Y 关于 x 的线性回归方程.

解 现在 $n=10$,为了求线性回归方程,所需计算列在表9-2中.

表 9-2 有关计算

	x	y	x^2	y^2	xy
	100	45	10 000	2 025	4 500
	110	51	12 100	2 601	5 610
	120	54	14 400	2 916	6 480
	130	61	16 900	3 721	7 930
	140	66	29 600	4 356	9 240
	150	70	22 500	4 900	10 500
	160	74	25 600	5 476	11 840
	170	78	28 900	6 084	13 260
	180	85	32 400	7 225	15 300
	190	89	36 100	7 921	16 910
Σ	1 450	673	218 500	47 225	101 570

根据表9-2得

$$\begin{cases} L_{xx} = 218\,500 - \dfrac{1}{10} \times 1450^2 = 8\,250, \\ L_{xy} = 101\,570 - \dfrac{1}{10} \times 1450 \times 673 = 3\,985. \end{cases}$$

因此,b 和 a 的最小二乘估计值为

$$\begin{cases} \hat{b} = \dfrac{L_{xy}}{L_{xx}} = 0.483\,03, \\ \hat{a} = \bar{y} - \bar{x}\hat{b} = -2.739\,35. \end{cases}$$

于是,得到线性回归方程

$$\hat{y} = \hat{a} + \hat{b}x = -2.739\,35 + 0.483\,03x.$$

9.1.3 回归方程的显著性检验

前面用最小二乘法给出了回归系数的最小二乘估计,并由此给出了回归方程.但回归方程并没有事先假定 $\hat{y}$ 与 x 一定存在线性关系.对于变量 x 与 Y 的任意一组观测数据 (x_i, y_i),$i = 1, 2, \cdots, n$,都可以求出一条回归直线方程 $\hat{y} = \hat{a} + \hat{b}x$,但

这两个变量之间是否真的存在线性关系?如果数学模型 $Y = a + bx + \varepsilon$ 中 $b = 0$,说明 x 对 Y 没有影响,自然 Y 与 x 之间没有线性关系,这样其回归直线方程就没有意义了;如果 $b \neq 0$,则说明 Y 与 x 之间存在线性关系.因此,首先提出待检验的原假设 $H_0 : b = 0$.

关于检验 H_0 的方法,常用的有 F 检验法,t 检验法和相关系数检验法,以下分别介绍.

9.1.3.1 F 检验法

为了寻找检验 H_0 的方法,将 x 对 Y 的线性影响与随机波动引起的变差分开.

记 $S_A^2 = \sum\limits_{i=1}^{n} (y_i - \bar{y})^2$,称它为观察值 $y_1, y_2, \cdots, y_n$ 的**离差平方和**.

S_A^2 反映了观察值 $y_i (i = 1, 2, \cdots, n)$ 总的分散程度,对 S_A^2 进行分解,得到

$$S_A^2 = \sum_{i=1}^{n} \left[(\hat{y}_i - \bar{y}) + (y_i - \hat{y}_i) \right]^2$$

$$= \sum_{i=1}^{n} (\hat{y}_i - \bar{y})^2 + \sum_{i=1}^{n} (y_i - \hat{y}_i)^2 + 2\sum_{i=1}^{n} (\hat{y}_i - \bar{y})(y_i - \hat{y}_i),$$

式中,$\hat{y}_i = \hat{a} + \hat{b} x_i$.可以证明,上式最后一项等于零,由此得

$$S_A^2 = \sum_{i=1}^{n} (\hat{y}_i - \bar{y})^2 + \sum_{i=1}^{n} (y_i - \hat{y}_i)^2 = S_{A1}^2 + S_{A2}^2,$$

式中,$S_{A1}^2 = \sum\limits_{i=1}^{n} (\hat{y}_i - \bar{y})^2$,$S_{A2}^2 = \sum\limits_{i=1}^{n} (y_i - \hat{y}_i)^2$.

S_{A1}^2 叫做**回归平方和**,由于 $\dfrac{1}{n}\sum\limits_{i=1}^{n} \hat{y}_i = \dfrac{1}{n}\sum\limits_{i=1}^{n} (\hat{a} + \hat{b} x_i) = \hat{a} + \hat{b}\bar{x} = \bar{y}$,所以 S_{A1}^2 是回归值 $\hat{y}_i$ 的离差平方和,它反映了 $y_i (i = 1, 2, \cdots, n)$ 的分散程度,这种分散程度是由于 Y 与 x 之间线性关系引起的.S_{A2}^2 叫做**残差平方和**,它反映了 y_i 与回归值 $\hat{y}_i$ 的偏离程度,它是 x 对 Y 的线性影响之外的其余因素产生的误差.

回归平方和 S_{A1}^2 占离差平方和 S_A^2 的比例称为**判定系数**(coefficient of determination),也称**决定系数**,记作 R^2,其计算公式为

$$R^2 = \frac{S_{A1}^2}{S_A^2} = \frac{\sum\limits_{i=1}^{n} (\hat{y}_i - \bar{y})^2}{\sum\limits_{i=1}^{n} (y_i - \bar{y})^2}.$$

判定系数(或决定系数)R^2 可以用于检验回归直线对数据的拟合程度.如果所有观测点都落在回归直线上,则残差平方和 $S_{A2}^2 = 0$,此时 $S_{A1}^2 = S_A^2$,于是 $R^2 = 1$,

拟合是完全的;如果 $\hat{y}_i = \bar{y}$,则 $R^2 = 0$. 可见 $R^2 \in [0,1]$. R^2 越接近 1,回归直线的拟合程度越好;R^2 越接近 0,回归直线的拟合程度越差.

可以证明,在 H_0 成立时,有统计量

$$F = \frac{S_{A1}^2}{\dfrac{S_{A2}^2}{n-2}} \sim F(1, n-2).$$

如果 Y 与 x 之间线性关系显著,则 S_{A1}^2 的值较大,因而 F 的值也较大;反之,如果 Y 与 x 之间线性关系不显著,则 S_{A1}^2 的值较小,因而 F 的值也较小. 所以,我们可以根据 F 值的大小来检验 H_0 是否成立.

对于给定的显著性水平 α,拒绝域为 $W = \{F > F_\alpha(1, n-2)\}$. 即,如果 $F > F_\alpha(1, n-2)$,则拒绝 H_0,即可以认为 Y 与 x 之间线性关系显著;反之,则不能拒绝 H_0,即可以认为 Y 与 x 之间不存在线性关系,或线性回归方程无意义.

在计算 F 的值时,常用到下列公式 $S_{A1}^2 = \hat{b} L_{xy} = \dfrac{L_{xy}^2}{L_{xx}}$,$S_{A2}^2 = L_{yy} - \dfrac{L_{xy}^2}{L_{xx}}$.

例 9.1.3 在硝酸钠的溶解试验中,测得在不同温度 x 下,溶解于 100 份水中的硝酸钠的份数 y 的数据见表 9-3,(1)求 y 关于 x 的线性回归方程;(2)在显著性水平 $\alpha = 0.05$ 下,检验(1)中回归方程的显著性.

表 9-3   **试验数据**

温度 x_i	0	4	10	15	21	29	36	51	68
y_i	66.7	71.0	76.3	80.6	85.7	92.9	99.4	113.6	125.1

解 (1)现在 $n = 9$,为了求线性回归方程,所需计算列在表 9-4 中.

表 9-4   **有关计算**

x_i	y_i	x_i^2	y_i^2	$x_i y_i$
0	66.7	0	4 448.89	0
4	71.0	16	5 041.00	284.0
10	76.3	100	5 821.69	763.0
15	80.6	225	6 496.36	1 209.0
21	85.6	441	7 344.36	1 799.7
29	92.9	841	8 630.41	2 694.1
36	99.4	1 296	9 880.36	2 578.4
51	113.6	2 601	12 904.96	5 793.6
68	125.1	4 624	15 650.01	8 506.8
$\sum$	234	811.2	10 144	76 201	24 627

根据表 9-4,得 $L_{xx} = 4\,060$,$L_{xy} = 3\,535.3$,

$$\hat{b} = \frac{L_{xy}}{L_{xx}} = 0.870\,8,\quad \hat{a} = \bar{y} - \hat{b}\,\bar{x} = 67.493.$$

于是,得到回归直线方程

$$\hat{y} = \hat{a} + \hat{b}x = 67.493 + 0.870\,8x.$$

(2) 对于给定的显著性水平 $\alpha = 0.05$,提出假设 $H_0 : b = 0$.

由于 $S_A^2 = \sum_{i=1}^{n}(y_i - \bar{y})^2 = L_{yy} = 3\,084.9$,$S_{A1}^2 = \hat{b}L_{xy} = \dfrac{L_{xy}^2}{L_{xx}} = 3\,078.4$,

$S_{A2}^2 = L_{yy} - \dfrac{L_{xy}^2}{L_{xx}} = 6.469\,6$,所以 $F = \dfrac{S_{A1}^2}{\dfrac{S_{A2}^2}{n-2}} = 3\,330.8$.

对于给定的显著性水平 $\alpha = 0.05$,查 F 分布表得 $F_\alpha(1, n-2) = F_{0.05}(1,7) = 5.59$,所以 $F = 3\,330.8 > 5.59 = F_\alpha(1, n-2)$,则拒绝 H_0,即在显著性水平 $\alpha = 0.05$ 下,可以认为线性回归方程有显著意义.

9.1.3.2 t 检验法

可以证明

(1) $\dfrac{\hat{b} - b}{\sigma / \sqrt{L_{xx}}} \sim N(0,1)$;

(2) $\dfrac{S_{A2}^2}{\sigma^2} \sim \chi^2(n-2)$,且 $\hat{b}$ 与 S_{A2}^2 独立.

根据(1) 和(2) 有 $\dfrac{\dfrac{\hat{b}-b}{\sigma / \sqrt{L_{xx}}}}{\sqrt{\dfrac{S_{A2}^2}{\sigma^2}}} = \dfrac{(\hat{b}-b)\sqrt{L_{xx}}}{\sqrt{\dfrac{S_{A2}^2}{n-2}}} \sim t(n-2).$

用 $\hat{\sigma}^2 = \dfrac{S_{A2}^2}{n-2}$ 代入上式,得 $t = \dfrac{\hat{b}-b}{\hat{\sigma}}\sqrt{L_{xx}} \sim t(n-2).$

在 $H_0 : b = 0$ 成立时,有 $t = \dfrac{\hat{b}}{\hat{\sigma}}\sqrt{L_{xx}} \sim t(n-2).$

对于给定的显著性水平 α,拒绝域为 $W = \{\,|t| > t_{\frac{\alpha}{2}}(n-2)\}$. 即,如果 $|t| > t_{\frac{\alpha}{2}}(n-2)$,则拒绝 H_0,可以认为 Y 与 x 之间线性关系显著;反之,则不能拒绝 H_0,即可以认为 Y 与 x 之间不存在线性关系,或线性回归方程无意义.

根据例 6.2.4,若 $t \sim t(n)$,则 $t^2 \sim F(1, n)$,所以 F 检验法和 t 检验法在本质上是相同的.

例 9.1.4 某职工医院用光电比色计检验尿汞时,得尿汞含量 $x\,\mathrm{mg/L}$ 与消化

系统读数 y 的结果见表 9-5.

表 9-5   尿汞数据

尿汞含量(x_i)	2	4	6	8	10
消化系统(y_i)	64	138	205	285	360

假定 Y 与 x 服从一元线性回归模型.(1)建立 y 对 x 的回归方程,并计算 σ^2 的估计值;(2)在显著性水平 $\alpha = 0.05$ 下,检验 y 与 x 是否存在显著线性关系.

解   根据表 9-5,所需计算列表见表 9-6.

表 9-6   有关计算

	x_i	y_i	x_i^2	$x_i y_i$
	2	64	4	128
	4	138	16	552
	6	205	36	1230
	8	285	64	2280
	10	360	100	3600
$\sum$	30	1052	220	7790

(1)根据表 9-6,得 $\bar{x} = 6, \bar{y} = 210.4, L_{xx} = 220 - 5 \times 36 = 40, L_{xy} = 7790 - 5 \times 6 \times 210.4 = 1478, L_{yy} = \sum_{i=1}^{5} y_i^2 - 5\bar{y}^2 = 275990 - 5 \times 210.4^2 = 54649.2; \hat{b} = \dfrac{L_{xy}}{L_{xx}} = 36.95, \hat{a} = \bar{y} - \hat{b}\bar{x} = -11.3.$ 故所求回归方程为 $\hat{y} = -11.3 + 36.95x.$

σ^2 的估计为 $\hat{\sigma}^2 = \dfrac{S_{A2}^2}{n-2} = \left(L_{yy} - \dfrac{L_{xy}^2}{L_{xx}}\right)/(n-2) = 12.37.$

(2)提出假设 $H_0 : b = 0, H_1 : b \neq 0, |t| = \dfrac{|\hat{b}|}{\hat{\sigma}}\sqrt{L_{xx}} = \dfrac{36.95}{\sqrt{12.37}} \times \sqrt{40} = 66.45 > t_{0.025}(3) = 3.1824,$ 故在显著性水平 $\alpha = 0.05$ 下拒绝 H_0,即可以认为 y 与 x 是线性相关显著的.

9.1.3.3 相关系数检验法

根据第 4 章知,相关系数的大小可以表示两个随机变量线性关系的密切程度.对于线性回归中的变量 x 与 Y,其样本的相关系数为

$$r = \frac{\sum_{i=1}^{n}(x_i - \bar{x})(y_i - \bar{y})}{\sqrt{\sum_{i=1}^{n}(x_i - \bar{x})^2}\sqrt{\sum_{i=1}^{n}(y_i - \bar{y})^2}} = \frac{L_{xy}}{\sqrt{L_{xx}}\sqrt{L_{yy}}}.$$

给定显著性水平 α，查相关系数表(见书末附录 C 的附表 6)得 $r_\alpha(n-2)$，根据试验数据 (x_i, y_i) $(i=1,2,\cdots,n)$ 计算 r 的值，当 $|r| > r_\alpha(n-2)$ 时，则拒绝 H_0，即可以认为 Y 与 x 之间线性关系显著；反之，当 $|r| \leqslant r_\alpha(n-2)$ 时，则不能拒绝 H_0，即可以认为 Y 与 x 之间不存在线性关系，或线性回归方程无意义.

可以证明 F 检验法和相关系数检验法本质上是相同的(证明从略)，因此，F 检验法，t 检验法和相关系数检验法本质上都是相同的.

例 9.1.5 在例 9.1.3 中，由于 $L_{xx} = 4060, L_{xy} = 3535.3, L_{yy} = 3537.4$，则 r

$$= \frac{L_{xy}}{\sqrt{L_{xx}} \sqrt{L_{yy}}} = \frac{3534.8}{\sqrt{4060} \sqrt{3537.4}} = 0.932738.$$ 查相关系数表得 $r_\alpha(n-2) =$

$r_{0.05}(7) = 0.6664 < 0.932738 = |r|$，因此在显著性水平 $\alpha = 0.05$ 时，拒绝 H_0，即可以认为 y 与 x 是线性相关显著的(这个结果与例 9.1.3 相同).

在例 9.1.4 中，由于 $L_{xx} = 40, L_{xy} = 1478, L_{yy} = 54649.2$，则 $r = \dfrac{L_{xy}}{\sqrt{L_{xx}} \sqrt{L_{yy}}}$

$$= \frac{1478}{\sqrt{40} \sqrt{54649.2}} = 0.99966.$$ 查相关系数表得 $r_\alpha(n-2) = r_{0.05}(3) = 0.8783 <$

$0.99966 = |r|$，因此在显著性水平 $\alpha = 0.05$ 时，拒绝 H_0，即可以认为 y 与 x 是线性相关显著的(这个结果与例 9.1.4 相同).

9.1.4　一元线性回归方程的预测

回归分析的一个重要任务就是应用回归方程进行预测. 所谓预测，就是当给定 x 的确定值 x_0 后，利用回归方程求得 Y 的相应值 y_0. 其估计值可以通过 $\hat{y}_0 = \hat{a} + \hat{b} x_0$ 得到. $\hat{y}_0$ 的精确值与置信水平如何呢? 我们可以考虑 y_0 的区间估计. 即对于给定的置信水平 $1 - \alpha$，求出 y_0 的置信区间，称为预测区间. 记 $T = $

$\dfrac{y_0 - \hat{y}_0}{\hat{\sigma} \sqrt{1 + \dfrac{1}{2} + \dfrac{(x_0 - \overline{x})^2}{L_{xx}}}}$，其中 $\hat{\sigma}^2 = \dfrac{S_{A2}^2}{n-2}$.

可以证明 $T \sim t(n-2)$，由

$$P\{ |T| < t_{\frac{\alpha}{2}}(n-2) \} = 1 - \alpha,$$

得到 y_0 的置信水平为 $1 - \alpha$ 的预测区间为

$$\left(\hat{y}_0 - t_{\frac{\alpha}{2}}(n-2) \cdot \hat{\sigma} \sqrt{1 + \frac{1}{n} + \frac{(x_0 - \overline{x})^2}{L_{xx}}} , \right.$$

$$\left. \hat{y}_0 + t_{\frac{\alpha}{2}}(n-2) \cdot \hat{\sigma} \sqrt{1 + \frac{1}{n} + \frac{(x_0 - \overline{x})^2}{L_{xx}}} \right).$$

例 9.1.6 在例 9.1.3 中,求当 $x=25$ 时,y_0 的置信水平为 0.95 的预测区间.

解 根据例 9.1.3 知回归方程 $\hat{y}=67.5077+0.8706x$. 当 $x=25$ 时的回归值 $\hat{y}_0=89.2727$,由 $1-\alpha=0.95$,查 t 分布表,得 $t_{\frac{\alpha}{2}}(n-2)=t_{0.025}(7)=2.3646$,代入预测区间公式,得到 y_0 的置信水平为 0.95 的预测区间为 $(86.855,91.690)$.

习题 9.1

1. 下表数据是退火温度 $x(℃)$ 对黄铜延性 Y 效应的试验结果,Y 是以延长度计算的.

习题 9.1.1 详解

$x/℃$	300	400	500	600	700	800
Y	40%	50%	55%	60%	67%	70%

画出散点图,并求 Y 对于 x 的线性回归方程.

2. 在例 9.1.4 中,若线性回归效果显著,求 $x_0=14$ 处观察值 Y 的置信水平为 0.95 的预测区间.

3. 下表列出了 6 个工业发达国家在 1979 年的失业率 y 与国民经济增长率 x 的数据:

国家	国民经济增长率 x	失业率 y
美国	3.2%	5.8%
日本	5.6%	2.1%
法国	3.5%	6.1%
西德	4.5%	3.0%
意大利	4.9%	3.9%
英国	1.4%	5.7%

(1) 请研究 y 与 x 之间的关系;(2) 建立 y 关于 x 的一元线性回归方程;(3) 对所求回归方程进行显著性检验,在检验时你作了什么假定(取显著性水平 $\alpha=0.05$)?(4) 若一个工业发达国家的国民经济增长率 $x=3\%$,求其失业率的预测值.

4. 在钢线碳含量对于电阻的效应的研究中,得到以下的数据.

碳含量 x	0.10%	0.30%	0.40%	0.55%	0.70%	0.80%	0.95%
电阻($y/20℃$ 时)$/\mu\Omega$	15	18	19	21	22.6	23.8	26

(1) 画出散点图;(2) 求线性回归方程 $\hat{y}=\hat{a}+\hat{b}x$;(3) 求 ε 的方差 σ^2 的估计 $\hat{\sigma}^2=\dfrac{S_{A2}^2}{n-2}$;

(4) 在显著性水平 $\alpha=0.005$ 下,检验假设 $H_0:b=0,H_1:b\neq0$;(5) 求 $x=0.50$ 处观察值 y 的置信水平为 0.95 的预测区间.

9.2 可线性化的回归方程

在许多实际问题中,变量之间的相关关系不一定都是线性关系,当它们之间是非线性关系时,我们就不能用线性回归方程来描述它们之间的关系.但有些变量之间的关系,只要进行变量替换,就可以化为线性回归问题,仍然可以利用线性回归的方法来确定它们之间的关系.对于这种类型的问题,我们首先要设法确定两个变量之间的曲线相关的类型,选择一条适当的曲线来拟合两个变量之间的相关关系,然后根据其特点进行变量替换,从而转化为线性回归问题.将非线性回归问题转化为线性回归问题,求出有关参数的估计值,就能得到所需的回归曲线.

下面我们举一些常用的曲线方程,并给出相应的化为一元线性回归方程的变量替换公式.

(1) $y = a + \dfrac{b}{x}$.

令 $t = \dfrac{1}{x}$,可化为 $y = a + bt$.

(2) $y = ax^b \ (a > 0)$.

令 $u = \ln y, v = \ln x$,可化为 $u = a' + bv$. 其中,$a' = \ln a$.

(3) $y = ae^{bx} \ (a > 0)$.

令 $t = \ln y$,可化为 $t = a' + bx$. 其中,$a' = \ln a$.

(4) $y = ae^{\frac{b}{x}} \ (a > 0)$.

令 $t = \ln y, u = \dfrac{1}{x}$,可化为 $t = a' + bu$. 其中,$a' = \ln a$.

(5) $y = a + b\ln x$.

令 $t = \ln x$,可化为 $y = a + bt$.

例 9.2.1 利用表 9-7 的数据,建立形如 $y = a + \dfrac{b}{x}$ 的曲线回归方程.

表 9-7 数据表

x_i	5.67	4.45	3.84	3.84	3.73	2.18	1.92
y_i	17.7	18.5	18.9	18.8	18.3	19.1	20.2

解 令 $t = \dfrac{1}{x}$,得线性回归方程 $y = a + bt$. 根据表 9-7,列表计算见表 9-8.

表 9-8 　　　　　　　　　　　有关计算

x_i	t_i	y_i	$t_i{}^2$	$t_i y_i$
5.67	0.176	17.7	0.031	3.115
4.45	0.225	18.5	0.051	4.163
3.84	0.260	18.9	0.068	4.914
3.84	0.260	18.8	0.068	4.888
3.73	0.268	18.3	0.072	4.904
2.18	0.459	19.1	0.211	8.767
1.92	0.521	20.2	0.271	10.524
$\sum$	2.169	131.5	0.772	41.275

根据表 9-8,得 $L_{ty}=0.510, L_{tt}=0.099, \hat{b}=5.152, \hat{a}=17.189$. 于是得到回归直线方程 $\hat{y}=17.189+5.152t$.

变量还原,得回归曲线方程 $\hat{y}=17.189+\dfrac{5.152}{x}$.

习题 9.2

1. 为了有效地消灭黏虫确保小麦丰产丰收,必须适时地做好黏虫卵历期的预报工作,以下是对卵历期的平均温度 x 与卵历期长短 y 的实际观察记录:

习题 9.2.2 详解

平均温度 x	10.7	11.3	11.8	12.3	12.8	13.1	13.8	14.6	15.2	16.1	18.1	20.2
历期长短 y	26.9	23.4	22.2	20.5	18.4	17.9	15.7	12.7	11.6	11.1	8.4	6.8

试求 $y=cx^b$ 型的回归方程,并给出 $x_0=16$ 时的点预测值 y_0.

2. 在彩色显影中,形成染料光学密度与析出银的光学密度之间有密切关系,测试了11组的数据见下表:

x	0.05	0.06	0.07	0.10	0.14	0.20	0.25	0.31	0.38	0.43	0.47
y	0.10	0.14	0.23	0.37	0.59	0.79	1.00	1.12	1.19	1.25	1.29

试求 $\hat{y}=ae^{\frac{b}{x}}$ 的回归方程.

复习题 9

1. 某地区车祸次数 y(千次)与汽车拥有量 x(万辆)的11年统计数据如下表.

复习题 9.2 详解

年度	汽车拥有量	车祸次数	年度	汽车拥有量	车祸次数
1	352	166	7	529	227
2	373	153	8	577	238
3	411	177	9	641	268
4	441	201	10	692	268
5	462	216	11	743	274
6	490	208			

假设 y 对 x 的回归是线性的,(1) 试求回归方程;(2) 验证回归方程的显著性(显著性水平 $\alpha = 0.05$);(3) 假设拥有 800 万辆汽车,求车祸次数置信水平为 0.95 的预测区间.

2. 现对具有统计关系的两个变量的取值情况进行 13 次试验得到如下数据:

x_i	2	3	4	5	7	8	10	11	14	15	16	18	19
y_i	0.939 7	0.924 2	0.912 6	0.913 2	0.909 1	0.909 7	0.905 1	0.904 2	0.904 2	0.901 7	0.902 9	0.900 9	0.899 3

求回归曲线方程 $\dfrac{1}{y} = \hat{a} + \dfrac{\hat{b}}{x}$.

3. 某企业在 10 个月的广告费(万元)与销售额(万元)的数据见表 9-9。

表 9-9   **广告费 x 与销售额 y 的数据**

月份	1	2	3	4	5	6	7	8	9	10
x/万元	6	4	8	2	5	3	4.5	7	9	8
y/万元	50	40	70	30	60	36	47	65	75	69

(1) 根据上表画 x 和 y 的散点图;(2) 建立 x 和 y 的线性回归方程;(3) 在(1)的散点图中添加 x 和 y 的回归直线.

4. 为检验 X 射线的杀菌作用,用 220 kV 的 X 射线来照射细菌,每次照射6 min,共照射 15 次.用 t 表示照射次数,各次照射后所剩的细菌数 y 见下表.

t	1	2	3	4	5	6	7	8	9	10	11	12	13	14	15
y	355	211	197	160	142	106	104	60	56	38	36	32	21	19	15

(1) 根据经验,可以建立 y 关于 t 的曲线回归方程为 $\hat{y} = ae^{b2t}$,试用适当的变换,把上述曲线回归方程化为一元线性回归方程,并求出参数估计;(2) 画数据的散点图并添加 y 关于 t 的回归曲线.

附　　录

附录 A　　数学建模及大学生数学建模竞赛简介

作为本书的一个附录,这里简要地介绍一下数学建模及大学生数学建模竞赛.更详细的介绍,可参考:韩明,张积林,李林,林杰,林江宏,《数学建模案例》(2012).

A.1　引言

我们看到一种矛盾现象,一方面很容易"论证"数学的重要性.因为从小学一年级到大学一、二年级(甚至是高年级、研究生阶段)每学期都要学习数学而且都是必修课,而任何其他学科都没有持续这么长的学习时间的,因而"数学最重要"不是很自然了吗?我们也可以举出很多例子(从日常生活到尖端技术)说明数学是必不可少的.但是另一方面,我们会常常发现大家不会反对你讲的例子,但是他(她)们中许多人还是认为数学没有多大用处甚至干脆说数学没有用.这不仅仅是由于数学的语言比较抽象不容易掌握,还有数学教育中的问题以及其他的原因等.我们应该对数学教育进行反思,特别是计算机普及的今天,大学数学教育应该如何进行改革呢?

1989 年,著名的科学家钱学森教授在"中国数学会教育与科研座谈会"上提出:"电子计算机的出现对数学科学的发展产生了深刻的影响,大学理工科的数学课程是不是需要改革一番?"

1992 年,美国工业与应用数学学会的一篇论文就指出:"一切科学与工程技术人员的教育必须包括愈来愈多的数学和计算机科学的内容.数学建模和相伴的计算正在成为工程设计中的关键工具。"美国科学、工程和公共事业政策委员会在一份报告中指出:"今天,在科学技术中最为有用的领域就是数值分析与数学建模."

据《科学时报》2011 年 9 月 23 日报道,全国大学生数学建模竞赛组委会主任、中国科学院院士、复旦大学教授李大潜在"2011 高教社杯全国大学生数学建模竞赛"新闻发布会上指出:"开设数学建模和数学实验课程,举办数学建模竞赛,为数学与外部世界的联系打开了一个通道,提高了学生学习数学的积极性和主动性,是对数学教学体系和内容改革的一个成功的尝试."

20 世纪 80 年代初,数学建模开始进入我国大学课堂,成为一门新的数学课程.1992 年全国大学生数学建模竞赛开始举办,每年一次.二三十年来数学建模教学和数学建模竞赛活动相互促进,健康发展.2011 年适逢全国大学生数学建模竞赛举办 20 周年,参赛规模已达到 1251 所院校的 19490 队,为历年来参赛人数最多的一次.竞赛虽然发展得如此迅速,但是参加者毕竟还是很少一部分学生,要使它具有强大的生命力,必须与日常的教学活动和教育改革相结合.三十多年来在竞赛的推动下,许多高校相继开设了数学建模课程,目前开设各种类型数学建模课程的学校已超过千所.在我国乃至世界范围内,尚没有哪一门数学课程、哪一项学科竞赛能取得如此迅猛的发展.中国高等教育学会会长周远清教授曾用"成功的高等教育教学改革实践"给予评价.

数学模型究竟是一门什么样的学问？它为什么在20世纪后半叶引起人们的普遍关注？数学建模教学和数学建模竞赛为什么能得到教育主管部门的高度重视，受到广大学生、教师的热烈欢迎？数学建模在人才培养和教育教学改革中起到哪些促进作用？姜启源，谢金星在《一项成功的高等教育改革实践 —— 数学建模教学与竞赛活动的探索与实践》(《中国高教研究》，2011 年第 12 期) 中回答了这些问题. 当然，这些问题也是我们所关心的.

在本书的开始(第 1 页)，我们曾提到过 1990 年诺贝尔经济学奖的三位得主之一是马科维茨，他获奖的主要原因是提出了投资组合选择理论，被称为"均值 - 方差分析理论". 他的获奖工作不但与"概率论与数理统计"有关，还与"数学建模"有关. 关于诺贝尔经济学奖与数学建模的联系，可参考《从诺贝尔经济学奖看数学建模的价值》(韩明：《大学数学》，2007). 关于诺贝尔奖与数学中的大奖，可参考《诺贝尔奖与数学中的大奖》(韩平，韩明：《数学通讯》，2003).

A.2 数学模型与数学建模

随着科学技术的迅速发展，数学模型(Mathematical Model)、数学建模(Mathematical Modelling) 这两个词出现的频率越来越高，它们正在成为人们日常生活和语言交流中常见的术语. 那么什么是数学模型呢？什么又是数学建模呢？

叶其孝教授在《大学生数学建模竞赛辅导教材》中指出：要用数学去解决实际问题就一定要用数学的语言、方法去刻画该问题，而这种刻画的数学表述就是一个数学模型. 还指出：所谓数学建模，可以说它是一种数学思考方法，是"对现实的现象通过智力活动构造出能抓住其重要性且有用的特征的数学表示". 从科学技术、工程、经济、管理等角度看数学建模，就是用数学的语言和方法，通过抽象、简化建立能近似刻画并解决实际问题的一种有力的数学工具.

简单地说，数学模型就是对实际问题的一种数学表述. 具体一点说，数学模型是关于部分现实世界为某种目的的一个抽象的简化的数学结构. 更确切地说，数学模型就是对于一个特定的对象为了一个特定目标，根据特有的内在规律，做出一些必要的简化假设，运用适当的数学工具，得到的一个数学结构. 数学结构可以是数学公式、算法、表格、图示等. 数学建模就是建立数学模型，建立数学模型的过程就是数学建模的过程.

数学建模是沟通现实世界和数学科学之间的桥梁，是数学走向应用的必经之路. 众所周知，具有悠久历史的数学是各门自然科学、工程技术乃至社会科学的基础，是科技进步、经济建设和社会发展的重要工具. 数学的应用十分广泛，数学的重要性也越来越得到广泛的公认. 但是，作为一门基础的自然科学和一种精确的科学语言，数学又是以极为抽象的形式出现的. 如果人为地割断数学与现实世界的密切联系，这种抽象的形式就会掩盖数学的丰富内涵，并对数学的实际应用形成巨大障碍. 数学建模可以说是解决这个问题的一把钥匙.

用数学方法解决一个实际问题，不论这个问题是来自工程建设、经济管理、生物、医学、地质、气象，还是社会、金融领域乃至人们的日常生活当中，都必须在实际问题与数学之间架设一座桥梁. 首先把这个实际问题转化为一个相应的数学问题，然后对这个数学问题进行分析和计算，最后将所求得的解答回归实际，检验能否有效地回答原先的实际问题. 如果最后得到的结果在定性或者定量方面与实际情况有很大的差距，那就要修正所建立的数学模型，直到取得比较满意的结果为止. 这个全过程，特别是其中的第一步，就称为数学建模，即为所考察的实际问题建立数学模型.

谈到数学模型的建立或者数学建模,似乎是一个新东西、新名词,其实它与数学有同样悠久的历史.公元前3世纪,欧几里德在总结前人研究结果的基础上,建立的欧几里德几何,就是针对现实世界的空间形式提出的一个数学模型.开普勒根据大量的天文观测数据总结出的行星运动的三大定律,后经牛顿利用万有引力定律、从力学原理出发给出了严格的证明,更是一个数学建模取得光辉成就的例子.到近代,出现在流体力学、电动力学、量子力学中的一些方程,也都是抓住了该学科本质的数学建模的成功范例,它们已经成为相关学科的核心内容和基本框架.

A.3 数学建模竞赛

20世纪80年代初,为适应科技发展及高等教育教学改革的需要,数学建模开始进入我国部分大学的课堂教学.1990年,上海市率先举办了大学生数学建模竞赛,揭开了全国数学建模竞赛的序幕.20多年来,在教育部和各级教育行政部门的支持下,众多高校踊跃参与.目前,全国大学生数学建模竞赛已成为我国高校规模最大的基础性学科竞赛.数学建模引入大学课堂是在先进的教育理念指导下的我国高等教育教学改革的一次成功的实践,它为高等学校培养什么人、怎样培养人,做出了重要的探索;为全面提高大学生的综合素质搭建了平台;创新了理论知识学习与实践相结合的人才培养新模式,为高等教育教学改革提供了一个成功的范例.

在数学建模进入我国大学课堂30年、中国大学生数学建模竞赛成功举办20届之际,《中国高教研究》杂志在2011年第12期特开辟专栏,回顾、总结数学建模竞赛的成功经验,探索高等教育教学改革、提升高等教育质量的有效途径.其中,姜启源、谢金星所著的《一项成功的高等教育改革实践—— 数学建模教学与竞赛活动的探索与实践》,全面介绍了数学建模进入我国大学课堂30年、中国大学生数学建模竞赛成功举办20年以来,所取得的显著成绩.并在论述数学建模在经济建设、科技进步、社会发展中的重要意义的基础上,着重分析了数学建模教学与竞赛活动在培养学生的创新精神、实践能力和综合素质,以及教育教学改革中所起的推动作用.

周远清,姜启源发表在2006年1月11日《光明日报》上的文章《数学建模竞赛实现了什么?》中指出十几年来在我国开展的"全国大学生数学建模竞赛"的实践已经证实了"数学建模竞赛"至少实现了以下两点:提高了学生的综合素质;推动了高校教育改革.

我国高校自1989年首次参加美国大学生数学建模竞赛,积极性越来越高.近几年在全国大学生数学建模竞赛日益普及的基础上,我国学生参加美国大学生数学建模竞赛的队数竟然占到该项竞赛总队数的80%以上.

以下简要介绍"中国大学生数学建模竞赛"和"美国大学生数学建模竞赛".

A.3.1 中国大学生数学建模竞赛

中文名称:中国大学生数学建模竞赛(通称:全国大学生数学建模竞赛,其网站 http://www.mcm.edu.cn/).

主办机构:教育部高等教育司、中国工业与应用数学学会(CSIAM).

竞赛宗旨:创新意识,团队精神,重在参与,公平竞争.

指导原则:扩大受益面,保证公平性,推动教学改革,提高竞赛质量,扩大国际交流,促进科学研究.

全国大学生数学建模竞赛是全国高校规模最大的课外科技活动之一.该竞赛每年9月举行(一般在中旬某个周末开始,共三天),竞赛面向全国大专院校的学生,不分专业(但竞赛分本科、专科两组,本科组竞赛所有大学生均可参加,专科组竞赛只有专科生(包括高职、高专)可以参加).

全国大学生数学建模竞赛创办于 1992 年,每年一届,目前已成为全国高校规模最大的基础性学科竞赛,也是世界上规模最大的数学建模竞赛.学生以三人组成一队的形式参赛,在所给定的题目中任选一题(1998 年及以前,全国大学生数学建模竞赛一直是 A,B 两个题目,从 1999 年开始,针对专科学生增加了 C,D 两个题目),用三天 72 小时的时间,完成数学建模的全过程.参赛者应根据题目要求,完成一篇包括模型的假设、模型建立和求解、计算方法的设计和计算机实现、结果的分析和检验、模型的改进等方面的论文(即答卷).

既然是竞赛,就要给参赛队分出等级.根据"全国大学生数学建模竞赛章程",竞赛论文的评奖以"**假设的合理性、建模的创造性、结果的正确性和文字表述的清晰程度**"为主要标准.各赛区(原则上一个省/市/自治区为一个赛区)组委会首先组织专家对答卷进行评阅,然后各赛区组委会按照规定的比例将本赛区的优秀答卷推荐到全国组委会,由全国组委会聘请专家评选出全国一、二等奖.

全国大学生数学建模竞赛是面向全国大学生的群众性科技活动,目的在于激励学生学习数学的积极性,提高学生建立数学建模和运用计算机技术解决实际问题的综合能力,鼓励广大学生踊跃参加课外科技活动,开拓知识面,培养创新精神及合作意识,推动大学数学教学体系、教学内容和方法的改革.

可以说,数学建模竞赛从内容到形式,都与学生毕业以后工作时的条件非常接近,是一次近似真刀真枪的锻炼,有利于培养学生的创新精神、实践能力和综合素质.二十年来已有数十万学生参加了全国大学生数学建模竞赛,而参加赛前培训、选拔赛、校内赛的当有数百万.许多同学都表示,不管最后竞赛的成绩如何,只要认真参加了培训、自学、讨论、竞赛的全过程,都会有丰硕的收获,他们用"**一次参赛,终身受益**"来总结亲身体会.参加过数学建模竞赛的学生主动学习和科研能力明显提高,不少人考取了研究生,在专业课学习、毕业设计、研究生阶段学习以及进入社会后的发展中表现出明显的优势.不少本科毕业设计指导教师和研究生导师认为,经过数学建模竞赛锻炼的学生在完成科研任务、撰写科技论文等方面的能力明显好于其他学生,有些用人单位特别把参加数学建模竞赛作为招聘的优先条件.

全国大学生数学建模竞赛创办于 1992 年,每年一届.2017 年,来自全国 34 个省/市/区(包括香港、澳门和台湾)及新加坡和澳大利亚的 1 418 所院校/校区、36 375 个队(本科 33 062 队、专科 3 313 队),近 11 万名大学生报名参加本项竞赛.

近 26 年参加全国大学生数学建模竞赛情况见表 A-1、图 A-1 和图 A-2.

表 A-1　　　　　近 26 年参加全国大学生数学建模竞赛情况

年份	参赛院校数	参赛队数	年份	参赛院校数	参赛队数
1992	74	314	2005	795	8 492
1993	101	420	2006	864	9 985
1994	196	867	2007	969	11 742
1995	259	1 234	2008	1 022	12 834

续表

年份	参赛院校数	参赛队数	年份	参赛院校数	参赛队数
1996	337	1 683	2009	1 135	15 042
1997	373	1 874	2010	1 197	17 317
1998	400	2 103	2011	1 251	19 490
1999	460	2 657	2012	1 284	21 219
2000	517	3 210	2013	1 326	23 339
2001	529	3 861	2014	1 338	25 347
2002	572	4 448	2015	1 326	28 665
2003	638	5 406	2016	1 367	31 199
2004	724	6 881	2017	1 418	36 375

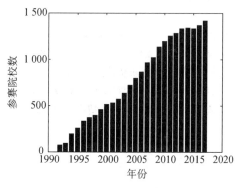

图 A-1 近 26 年参赛院校数

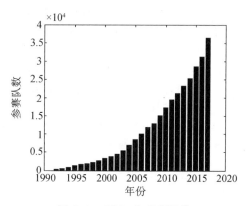

图 A-2 近 26 年参赛队数

关于"全国大学生数学建模竞赛"情况,可查阅"全国大学生数学建模竞赛 网站"(http://www.mcm.edu.cn/).

A.3.2 美国大学生数学建模竞赛

美国大学生数学建模竞赛(MCM/ICM),是一项国际级的竞赛项目,一般在每年 2 月份举行. 2016 年美国大学生数学建模竞赛,于美国东部时间 2016 年 1 月 28 日星期四 20:00(北京时间 2016 年 1 月 29 日上午 9:00) 开始. MCM 和 ICM 分别是 Mathematical Contest in Modeling 和 Interdisciplinary Contest in Modeling 的缩写,即"数学建模竞赛"和"交叉学科建模竞赛".

MCM 始于 1985 年,ICM 始于 2000 年。美国大学生数学建模竞赛(MCM/ICM) 由 COMAP(the Consortium for Mathematics and Int Application,美国数学及其应用联合会)主办,得到了 NSA(National Security Agency,美国国家安全局)、SIAM(Society for Industrial and Applied Mathematics,美国工业与应用数学学会)、IORMS(Institute for Operations Research and Management Sciences,美国运筹和管理科学学会)、MAA (Mathematical Association of America,美国数学协会) 等多个组织的赞助.

MCM/ICM 着重强调"研究问题、解决方案的原创性、团队合作、交流以及结果的合理性".

竞赛以三人(本科生)为一组,在四天时间内,就选定的问题,完成从建立模型、求解、验证到论文撰写的全部工作.竞赛每年都吸引来自世界各国大量著名高校参赛.

评分标准(来源:谭永基教授 2011 年 12 月在厦门数学建模会议的材料)为:

摘要:包含问题概述和全文概述,模型、方法和基本结果及模型的优点的概述,对它们有机联系的叙述将得高分.

建模:叙述建模所需假设,模型对提供定量解答的重要性,好的论文讨论了关键假设及其对建模的重要影响,模型应是数学和文字均衡的表达而非仅仅由几个未经解释的方程和参数.

科学性:问题牵涉许多科技领域,注意这些科技及其进步对建模的影响对建模是重要的.

数据/验证/敏感性:建模后选择输入数据,验证解的精度和鲁棒性有助于模型和解法的可信度,用敏感性分析决定相对变化率,有时比具体结果还重要。

优缺点:优缺点分析可体现学生对其建立模型的理解深度,简单的理解透彻的模型远优于从文献中搬来的复杂方程.

表达/可视性/图表:单纯数学不易被外界理解,图、表等多种模式可清楚地描述所得结果,结果不能被很好理解的不可能进入最后一轮。

我国高校自 1989 年首次参加这一竞赛,历届均取得优异成绩。近几年来,我国学生参加美国大学生数学建模竞赛的队数竟然占到该项竞赛总队数的 80% 以上,获奖率也很高. 经过二十多年参加美国赛表明,中国大学生在数学建模方面是有竞争力和创新联想能力的.

2016 年美国大学生数学建模竞赛题目,可以通过其网站查看(http://www.comap.com/undergraduate/contests/mcm).关于"美国大学生数学建模竞赛"的有关情况,可查阅:美国大学生数学建模竞赛网站(http://www.comap.com/undergraduate/contests/).

附录 B　概率论与数理统计实验简介

MATLAB软件提供了一些专用的工具箱(toolbox),如统计工具箱(statistics toolbox),其中包含了大量的函数,可以直接用于求解概率论与数理统计领域的问题.当然,MATLAB是可扩展语言,还可以通过编写一些程序解决很多问题.

以下将简要地介绍MATLAB中常用分布的有关函数,并给出几个应用例子(所有例题中的程序都已通过 MATLAB 7.0 的运行).关于"概率论与数理统计实验"的其他内容,感兴趣的读者可参考:韩明,王家宝,李林《数学实验(MATLAB版)》(同济大学出版社,2018)的第 5 章.

B.1　MATLAB 中常用分布的有关函数

统计工具箱中有 20 多种概率分布,几种常见分布及其命令字符见表 B-1.

表 B-1　　　　　　　　　几种常见分布及其命令字符

常见分布	二项分布	泊松分布	均匀分布	指数分布	正态分布	χ^2 分布	t 分布	F 分布
命令字符	bino	poiss	unif	exp	norm	chi2	t	f

统计工具箱中对每种分布都提供了五类函数,其命令字符见表 B-2.

表 B-2　　　　　　　　　五类函数及其命令字符

函数	概率密度函数(分布律)	分布函数	分位点	均值与方差	随机数生成
命令字符	pdf	cdf	inv	stat	rnd

MATLAB 自带了一些常见分布的概率密度函数(分布律),函数名称及调用格式见表 B-3.

表 B-3　　　　　概率密度函数(分布律) 及其调用格式

函数名称及调用格式	常见分布	函数名称及调用格式	常见分布
binopdf(x,n,p)	二项分布	normpdf(x,mu,sigma)	正态分布
poisspdf(x,lambda)	泊松分布	chi2pdf(x,n)	χ^2 分布
unifpdf(x,a,b)	均匀分布	tpdf(x,n)	t 分布
exppdf(x,theta)	指数分布	fpdf(x,n,m)	F 分布

分位点的调用格式,只需在表 B-3 中把pdf换成inv即可.几种常见分布的上侧α分位点的调用格式见表 B-4.

表 B-4　　　　几种常见分布的上侧 α 分位点的调用格式

分布名称	上侧 α 分位点的调用格式	上侧 α 分位点
正态分布	norminv(1-alpha)	z_α
χ^2 分布	chi2inv(1-alpha,n)	$\chi_\alpha^2(n)$
t 分布	tinv(1-alpha,n)	$t_\alpha(n)$
F 分布	finv(1-alpha,n,m)	$F_\alpha(n,m)$

B.2 几个应用例子

例 B.2.1 在例 1.2.3 中的有关画图和计算.

解

```
for n = 1:80
  p1(n) = prod(365−n+1:365)/365^n;
  p(n) = 1−p1(n);
end
plot(p)
```

运行结果见图 1-7.

分别输入命令

p(10),p(20),p(30),p(40),p(50),p(60),p(70),p(80)

运行结果见例 1.2.3 中的表.

例 B.2.2 在例 2.1.7 中的有关计算和画图.

解 (1) 当 $n=200, p=0.025, \lambda=np=5$ 时, $B(k;n,p)=\mathrm{C}_n^k p^k (1-p)^{n-k}$ 和 $P(k;\lambda)=\dfrac{\lambda^k \mathrm{e}^{-\lambda}}{k!}$ 的计算结果如下 ($k=0,1,2,\cdots,20$):

输入命令

```
x = 0:1:20;          % 给出数组 x,初值为 0,终值为 20,步长为 1(可省略)
binopdf(x,200,0.025)  % 计算出各点的概率
```

运行结果为

0.006 3 0.032 4 0.082 7 0.140 0 0.176 8 0.177 7 0.148 1 0.105 2 0.065 1 0.035 6 0.017 4

0.007 7 0.003 1 0.001 2 0.000 4 0.000 1 0.000 0 0.000 0 0.000 0 0.000 0 0.000 0

输入命令

```
x = 0:1:20;          % 给出数组 x,初值为 0,终值为 20,步长为 1(可省略)
poisspdf(x,5)         % 计算出各点的概率
```

运行结果为

0.006 7 0.033 7 0.084 2 0.140 4 0.175 5 0.175 5 0.146 2 0.104 4 0.065 3 0.036 3 0.018 1

0.008 2 0.003 4 0.001 3 0.000 5 0.000 2 0.000 0 0.000 0 0.000 0 0.000 0 0.000 0

(2) 画例 2.1.7 中二项分布 $B(200,0.025)$ 和泊松分布 $P(5)$ 的分布律折线图.

输入命令

```
x = 0:1:20;          % 给出数组 x,初值为 0,终值为 20,步长为 1(可省略)
y1 = binopdf(x,200,0.025);  % 计算出各点的概率
y2 = poisspdf(x,5);          % 计算出各点的概率
plot(x,y1,'r-',x,y1,'bo',x,y2,'r*',x,y2,'b-')% 用 plot 函数作图
```

运行结果见图 2-1.

例 B.2.3 在例 5.1.3 中,画出频率与概率的偏离图.

解 输入命令

R = binornd(100 * ones(1,1000),0.5,1,1000);

f1 = R. /100;
R = binornd(1000 * ones(1,1000),0.5,1,1000);
f2 = R. /1000;
R = binornd(10000 * ones(1,1000),0.5,1,1000);
f3 = R. /10000;
plot(1:1000,f1,'g',1:1000,f2,'r',1:1000,f3,'b',[0,1000],[0.5,0.5],'k',[0,1000],[0.515,0.515],'k',[0,1000],[0.485,0.485],'k')
legend('100','1000','10000')
运行结果见图 5-1 的(4).

例 B.2.4 在例 5.2.1 中,当 $n = 1,2,5,10,15,20$ 和 $\lambda = 1$ 时,画出 $\sum\limits_{i=1}^{n} X_i \sim P(n\lambda)$ 的分布律折线图.

解 输入命令
x = 0:1:35;
y1 = poisspdf(x,1);
y2 = poisspdf(x,2);
y3 = poisspdf(x,5);
y4 = poisspdf(x,10);
y5 = poisspdf(x,15);
y6 = poisspdf(x,20);
plot(x,y1,x,y2,x,y3,x,y4,x,y5,x,y6)
运行结果见图 5-2.

例 B.2.5 (1) 对标准正态分布,当 $\alpha = 0.025,0.05,0.10$ 时,求 z_α;(2) 对 χ^2 分布,求 $\chi^2_{0.10}(6)$;(3) 对 t 分布,求 $t_{0.05}(5)$;(4) 对 F 分布,求 $F_{0.05}(5.10)$.

解 (1) 输入命令
norminv(0.975)
运行结果为 1.9600,即 $z_{0.025} = 1.9600$.
输入命令
norminv(0.95)
运行结果为 1.6449,即 $z_{0.05} = 1.6449$.
输入命令
norminv(0.90)
运行结果为 1.2816,即 $z_{0.10} = 1.2816$.
(2) 输入命令
chi2inv(0.90,6)
运行结果为 10.6446,即 $\chi^2_{0.10}(6) = 10.6446$.
(3) 输入命令
tinv(0.95,5)

运行结果为 2.015 0,即 $t_{0.05}(5) = 2.015 0$.

(4) 输入命令

finv(0.95,5,10)

运行结果为 3.325 8,即 $F_{0.05}(5,10) = 3.325 8$.

例 B.2.6 画标准正态分布的密度函数和分布函数曲线.

解 输入命令

x = −5:0.2:5;

y1 = normpdf(x,0,1);

y2 = normcdf(x,0,1);

plot(x,y1,x,y1,′bo′,x,y2,x,y2,′r * ′)

运行结果见图 B-1.

例 B.2.7 画标准正态分布的直方图.

解 输入命令

x = normrnd(0,1,1000,1);% 生成标准正态分布的容量为 1 000 的随机数样本

hist(x,9)   % 画直方图

运行结果为见图 B-2.

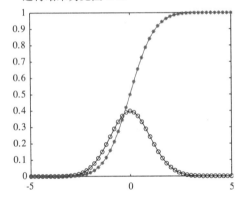

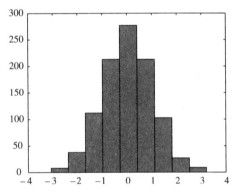

图 B-1 $N(0,1)$ 的密度函数和分布函数曲线   图 B-2 标准正态分布的直方图

说明 在 B-1 中,"。"表示标准正态分布的密度函数,"*"表示标准正态分布的分布函数.

例 B.2.8 中国改革开放 30 年来的经济发展,使人民的生活水平得到了很大的提高,不少家长都觉得孩子这一代的身高比上一代有了明显变化.表 B-5 是近期在一个经济比较发达的城市中学收集到的 17 岁的男生身高数据(单位:cm).若表 B-5 中的数据来自正态分布,请根据表 B-5 中的数据,计算学生身高的均值和标准差的点估计(极大似然估计)和置信水平为 0.95 的区间估计.

解 输入命令

x1 = [170.1,179.0,171.5,173.1,174.1,177.2,170.3,176.2,163.7,175.4];

x2 = [163.3,179.0,176.5,178.4,165.1,179.4,176.3,179.0,173.9,173.7];

x3 = [173.2,172.3,169.3,172.8,176.4,163.7,177.0,165.9,166.6,167.4];

x4 = [174.0,174.3,184.5,171.9,181.4,164.6,176.4,172.4,180.3,160.5];

$x5 = [166.2, 173.5, 171.7, 167.9, 168.7, 175.6, 179.6, 171.6, 168.1, 172.2];$

$x = [x1, x2, x3, x4, x5];$

$[mu \ sigma \ muci \ sigmaci] = normfit(x, 0.05)$

运行结果为

$mu = 172.7040, sigma = 5.3707, muci = (171.1777, 174.2303), sigmaci = (4.4863, 6.6926)$

表 B-5   **学生的身高**

170.1	179.0	171.5	173.1	174.1	177.2	170.3	176.2	163.7	175.4
163.3	179.0	176.5	178.4	165.1	179.4	176.3	179.0	173.9	173.7
173.2	172.3	169.3	172.8	176.4	163.7	177.0	165.9	166.6	167.4
174.0	174.3	184.5	171.9	181.4	164.6	176.4	172.4	180.3	160.5
166.2	173.5	171.7	167.9	168.7	175.6	179.6	171.6	168.1	172.2

说明   把表 B-3 中 pdf 换成 fit 即为相应总体参数估计的函数. 如对于正态总体,其命令格式为 $[mu \ sigma \ muci \ sigmaci] = normfit(x, alpha)$.

其中, x 是样本观察值, 1-alpha 是置信水平(alpha 的默认值时设定为 0.05), 输出 mu 和 sigma 是总体均值 μ 和标准差 σ 的点估计(极大似然估计), muci 和 sigmaci 是总体均值 μ 和标准差 σ 的区间估计.

例 B.2.9   (1) 检验例 B.2.8 中男生身高的数据(见表 B-5)是否来自正态分布.(2)已知 30 年前同一所学校同龄男生的平均身高为 168cm,为了回答学生身高是否发生了变化,作假设检验: $H_0 : \mu = 168, H_1 : \mu \neq 168$ (显著性水平 $\alpha = 0.05$).

解   (1) 若已经输入了例 B.2.8 中男生身高的数据 x.

输入命令

$h1 = jbtest(x)$

运行结果为 $h1 = 0$

注 $h1 = jbtest(x)$ 是数据 x 服从正态分布检验的输入命令, $h1 = 0$ 表示通过了数据的正态性检验.

这也说明了在例 B.2.8 中"男生身高的数据来自正态分布"是合理的.

(2) 输入命令

$[h, sig, ci] = ttest(x, 168, 0.05)$

运行结果为

$h = 1, sig = 1.1777e\text{-}007, ci = (171.1777, 174.2303)$

以上结果表明,拒绝了 H_0,表明学生的平均身高比 30 年前发生了显著变化.

说明   在总体方差 σ^2 未知时,用 t 检验法,其命令格式为

$[h, sig, ci] = ttest(x, mu, alpha)$

其中, h 为一个布尔值, $h = 0$ 表示在显著性水平为 alpha 下可以接受 H_0, $h = 1$ 表示在显著性水平为 alpha 下可以拒绝 H_0; sig 是 t 统计量在 H_0 成立时的概率; ci 是均值的置信水平为 1-alpha 的置信区间; x 为样本数据, mu 为 H_0 中的 μ_0, alpha 为显著性水平.

联系第 8 章中"检验的 p-值",sig 即为 p. 所以,当 $\alpha = 0.05 > 1.1777\text{e-}007 = \text{sig}$ 时,拒绝 H_0(其中 $1.1777\text{e-}007 = 1.1777 \times 10^{-7}$).

根据第 8 章中"置信区间与假设检验的关系",由于 $168 \notin (171.1777, 174.2303)$,所以,在显著性水平 $\alpha = 0.05$ 时,拒绝 H_0.

例 B.2.10　在例 5.1.5 中的有关计算.

解　输入命令

```
format long
m = 10000;
n = 10000;
q = 0;
for i = 1:m
    x = rand(1,n);
    y = exp(-(x.^2)./2);
    z = sum(y);
    p(i) = (z./sqrt(2*pi))./n;
    q = q+1;
end;
mean(p)
```

运行结果为 0.34132910997617.

同样,在以上程序中,n 取 100000,其计算结果见例 5.1.5.

例 B.2.11　在例 1.2.1 中曾给出了一些学者关于抛硬币试验的结果. 从例 1.2.1 中我们知道,抛一枚质地均匀硬币的试验,出现正面的次数是 0.5. 如果做 n 次抛硬币试验,出现正面的次数是 k,则出现正面的频率是 k/n. 根据伯努利大数定律,出现正面的频率 k/n 依概率收敛于 0.5(出现正面的概率). 这是理论上的结果,那么如何通过模拟抛硬币试验来计算呢?现在我们用 MATLAB 软件模拟抛硬币试验,并观察随着试验次数的增加,出现正面的频率如何变化?

解　模拟抛硬币试验的 MATLAB 程序如下

```
clear
n = 1000;
for i = 1:n
    p(i) = binornd(1,0.5);
end
mean(p)
```

运行结果为 0.4910.

以上是对 $n = 1000$ 进行的计算,同样地可以得到 n 取其他值的结果.

对于 $n = 50, 100, 1000, 10000, 100000$,可得 k/n 和 $|k/n - 0.5|$ 的计算见表 B-6.

n	50	100	1 000	10 000	100 000
k/n	0.480 0	0.485 0	0.491 0	0.498 9	0.499 6
$\lvert k/n-0.5 \rvert$	0.020 0	0.015 0	0.009 0	0.001 1	0.000 4

从上表可以看出,随着 n 的增大,k/n 越来越接近于 0.5,$\lvert k/n-0.5 \rvert$ 越来越接近于 0.

例 B.2.12 在例 $7.1.5$ 中,用 MATLAB 软件产生容量 $n=50$ 时 $P(\lambda)(\lambda=5)$ 的随机样本 $x_1,x_2,\cdots,x_{50}$,并求参数 λ 的极大似然估计值.

解 用 MATLAB 软件产生容量 $n=50$ 时 $P(\lambda)(\lambda=5)$ 的随机样本 $x_1,x_2,\cdots,x_{50}$,并求参数 λ 的极大似然估计值,其 MATLAB 程序如下:

```
clear
m = 1000;
n = 50;
q = 0;
for i = 1:m
    x = poissrnd(5,1,n);
    p(i) = poissfit(x);
    q = q+1;
end
mean(p)
```

运行结果为 $5.013\ 7$.

说明 由于样本的随机性,每次运行的结果可能会有差异.

附录 C　概率论与数理统计附表

附表 1　正态分布表

$$\Phi(z) = \int_{-\infty}^{z} \frac{1}{\sqrt{2\pi}} e^{-\frac{u^2}{2}} du = P\{Z \leqslant z\}$$

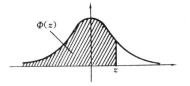

z	0	1	2	3	4	5	6	7	8	9
0.0	0.5000	0.5040	0.5080	0.5120	0.5160	0.5199	0.5239	0.5279	0.5319	0.5359
0.1	0.5398	0.5438	0.5478	0.5517	0.5557	0.5596	0.5636	0.5675	0.5714	0.5753
0.2	0.5793	0.5832	0.5871	0.5910	0.5948	0.5987	0.6026	0.6064	0.6103	0.6141
0.3	0.6179	0.6217	0.6255	0.6293	0.6331	0.6368	0.6406	0.6443	0.6480	0.6517
0.4	0.6554	0.6591	0.6628	0.6664	0.6700	0.6736	0.6772	0.6808	0.6844	0.6879
0.5	0.6915	0.6950	0.6985	0.7019	0.7054	0.7088	0.7123	0.7157	0.7190	0.7224
0.6	0.7257	0.7291	0.7324	0.7357	0.7389	0.7422	0.7454	0.7486	0.7517	0.7549
0.7	0.7580	0.7611	0.7642	0.7673	0.7703	0.7734	0.7764	0.7794	0.7823	0.7852
0.8	0.7881	0.7910	0.7939	0.7967	0.7995	0.8023	0.8051	0.8078	0.8106	0.8133
0.9	0.8159	0.8186	0.8212	0.8238	0.8264	0.8289	0.8315	0.8340	0.8365	0.8389
1.0	0.8413	0.8438	0.8461	0.8485	0.8508	0.8531	0.8554	0.8577	0.8599	0.8621
1.1	0.8643	0.8665	0.8686	0.8708	0.8729	0.8749	0.8770	0.8790	0.8810	0.8830
1.2	0.8849	0.8869	0.8888	0.8907	0.8925	0.8944	0.8962	0.8980	0.8997	0.9015
1.3	0.9032	0.9049	0.9066	0.9082	0.9099	0.9115	0.9131	0.9147	0.9162	0.9177
1.4	0.9192	0.9207	0.9222	0.9236	0.9251	0.9265	0.9278	0.9292	0.9306	0.9319
1.5	0.9332	0.9345	0.9357	0.9370	0.9382	0.9394	0.9406	0.9418	0.9430	0.9441
1.6	0.9452	0.9463	0.9474	0.9484	0.9495	0.9505	0.9515	0.9525	0.9535	0.9545
1.7	0.9554	0.9564	0.9573	0.9582	0.9591	0.9599	0.9608	0.9616	0.9625	0.9633
1.8	0.9641	0.9648	0.9656	0.9664	0.9671	0.9678	0.9686	0.9693	0.9700	0.9706
1.9	0.9713	0.9719	0.9726	0.9732	0.9738	0.9744	0.9750	0.9756	0.9762	0.9767
2.0	0.9772	0.9778	0.9783	0.9788	0.9793	0.9798	0.9803	0.9808	0.9812	0.9817
2.1	0.9821	0.9826	0.9830	0.9834	0.9838	0.9842	0.9846	0.9850	0.9854	0.9857
2.2	0.9861	0.9864	0.9868	0.9871	0.9874	0.9878	0.9881	0.9884	0.9887	0.9890
2.3	0.9893	0.9896	0.9898	0.9901	0.9904	0.9906	0.9909	0.9911	0.9913	0.9916
2.4	0.9918	0.9920	0.9922	0.9925	0.9927	0.9929	0.9931	0.9932	0.9934	0.9936
2.5	0.9938	0.9940	0.9941	0.9943	0.9945	0.9946	0.9948	0.9949	0.9951	0.9952
2.6	0.9953	0.9955	0.9956	0.9957	0.9959	0.9960	0.9961	0.9962	0.9963	0.9964
2.7	0.9965	0.9966	0.9967	0.9968	0.9969	0.9970	0.9971	0.9972	0.9973	0.9974
2.8	0.9974	0.9975	0.9976	0.9977	0.9977	0.9978	0.9979	0.9979	0.9980	0.9981
2.9	0.9981	0.9982	0.9982	0.9983	0.9984	0.9984	0.9985	0.9985	0.9986	0.9986
3.0	0.9987	0.9990	0.9993	0.9995	0.9997	0.9998	0.9998	0.9999	0.9999	1.0000

注:本表的最后一行从左到右依次是 $\Phi(3.0), \Phi(3.1), \cdots, \Phi(3.9)$ 的值.

附表 2　泊松分布表

$$1-F(x-1) = \sum_{r=x}^{\infty} \frac{e^{-\lambda}\lambda^r}{r!}$$

x	$\lambda=0.1$	$\lambda=0.2$	$\lambda=0.3$	$\lambda=0.4$	$\lambda=0.5$	$\lambda=0.6$
0	1.000000	1.000000	1.000000	1.000000	1.000000	1.000000
1	0.0951626	0.1812692	0.2591818	0.3296800	0.393469	0.451188
2	0.0046788	0.0175231	0.0369363	0.0615519	0.090204	0.121901
3	0.0046788	0.0011485	0.0035995	0.0079263	0.014388	0.023115
4	0.0000038	0.0000568	0.0002658	0.0007763	0.001752	0.003358
5		0.0000023	0.0000158	0.0000612	0.000172	0.000394
6		0.0000001	0.0000008	0.0000040	0.000014	0.000039
7				0.0000002	0.000001	0.000003

x	$\lambda=0.7$	$\lambda=0.8$	$\lambda=0.9$	$\lambda=1.0$	$\lambda=1.2$	$\lambda=1.4$
0	1.000000	1.000000	1.000000	1.000000	1.000000	1.000000
1	0.503415	0.550671	0.593430	0.632121	0.698806	0.753403
2	0.155805	0.191208	0.227518	0.264241	0.337373	0.408167
3	0.034142	0.047423	0.062857	0.080801	0.120513	0.166502
4	0.005753	0.009080	0.013459	0.018988	0.033769	0.053725
5	0.000786	0.001411	0.002344	0.003660	0.007746	0.014253
6	0.000090	0.000184	0.000343	0.000594	0.001500	0.003201
7	0.000009	0.000021	0.000043	0.000083	0.000251	0.000622
8	0.000001	0.000002	0.000005	0.000010	0.000037	0.000107
9				0.000001	0.000005	0.000016
10					0.000001	0.000002

x	$\lambda=1.6$	$\lambda=1.8$	$\lambda=2.0$	$\lambda=2.5$	$\lambda=3.0$	$\lambda=3.5$
0	1.000000	1.000000	1.000000	1.000000	1.000000	1.000000
1	0.798103	0.834701	0.864665	0.917915	0.950213	0.969803
2	0.475069	0.537163	0.593994	0.712703	0.800852	0.864112
3	0.216642	0.269379	0.323324	0.456187	0.576810	0.679153
4	0.078813	0.108708	0.142877	0.242424	0.352768	0.463367
5	0.023682	0.036407	0.052653	0.108822	0.184737	0.274555
6	0.006040	0.010378	0.016564	0.042021	0.083918	0.142386
7	0.001336	0.002569	0.004534	0.014187	0.033509	0.065288
8	0.000260	0.000562	0.001097	0.004247	0.011905	0.026739
9	0.000045	0.000110	0.000237	0.001140	0.003803	0.009874
10	0.000007	0.000019	0.000046	0.000277	0.001102	0.003315
11	0.000001	0.000003	0.000008	0.000062	0.000292	0.001019
12			0.000001	0.000013	0.000071	0.000289
13				0.000002	0.000016	0.000076
14					0.000003	0.000019
15					0.000001	0.000004
16						0.000001

续表

x	$\lambda = 4.0$	$\lambda = 4.5$	$\lambda = 5.0$			
0	1.000000	1.000000	1.000000			
1	0.981684	0.988891	0.993262			
2	0.908422	0.938901	0.959572			
3	0.761897	0.826422	0.875348			
4	0.566530	0.657704	0.734974			
5	0.371163	0.467896	0.559507			
6	0.214870	0.297070	0.384039			
7	0.110674	0.168949	0.237817			
8	0.051134	0.086586	0.133372			
9	0.021363	0.040257	0.068094			
10	0.008132	0.017093	0.031828			
11	0.002840	0.006660	0.013695			
12	0.000915	0.002404	0.005453			
13	0.000274	0.000805	0.002019			
14	0.000076	0.000252	0.000698			
15	0.000020	0.000074	0.000226			
16	0.000005	0.000020	0.000069			
17	0.000001	0.000005	0.000020			
18		0.000001	0.000005			
19			0.000001			

附表 3 t 分布表

$$P\{t(n) > t_\alpha(n)\} = \alpha$$

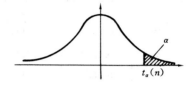

n	$\alpha = 0.25$	0.10	0.05	0.025	0.01	0.005
1	1.0000	3.0777	6.3138	12.7062	31.8207	63.6574
2	0.8165	1.8856	2.9200	4.3027	6.9646	9.9248
3	0.7649	1.6377	2.3534	3.1824	4.5407	5.8409
4	0.7407	1.5332	2.1318	2.7764	3.7469	4.6041
5	0.7267	1.4759	2.0150	2.5706	3.3649	4.0322
6	0.7176	1.4398	1.9432	2.4469	3.1427	3.7074
7	0.7111	1.4149	1.8946	2.3646	2.9980	3.4995
8	0.7064	1.3968	1.8595	2.3060	2.8965	3.3554
9	0.7027	1.3830	1.8331	2.2622	2.8214	3.2498
10	0.6998	1.3722	1.8125	2.2281	2.7638	3.1693
11	0.6974	1.3634	1.7959	2.2010	2.7181	3.1058
12	0.6955	1.3562	1.7823	2.1788	2.6810	3.0545
13	0.6938	1.3502	1.7709	2.1604	2.6503	3.0123
14	0.6924	1.3450	1.7613	2.1448	2.6245	2.9768
15	0.6912	1.3406	1.7531	2.1315	2.6025	2.9467
16	0.6901	1.3368	1.7459	2.1199	2.5835	2.9208
17	0.6892	1.3334	1.7396	2.1098	2.5669	2.8982
18	0.6884	1.3304	1.7341	2.1009	2.5524	2.8784
19	0.6876	1.3277	1.7291	2.0930	2.5395·	2.8609
20	0.6870	1.3253	1.7247	2.0860	2.5280	2.8453
21	0.6864	1.3232	1.7207	2.0796	2.5177	2.8314
22	0.6858	1.3212	1.7171	2.0739	2.5083	2.8188
23	0.6853	1.3195	1.7139	2.0687	2.4999	2.8073
24	0.6848	1.3178	1.7109	2.0639	2.4922	2.7969
25	0.6844	1.3163	1.7081	2.0595	2.4851	2.7874
26	0.6840	1.3150	1.7058	2.0555	2.4786	2.7787

n	$\alpha=0.25$	0.10	0.05	0.025	0.01	0.005
27	0.6837	1.3137	1.7033	2.0518	2.4727	2.7707
28	0.6834	1.3125	1.7011	2.0484	2.4671	2.7633
29	0.6830	1.3114	1.6991	2.0452	2.4620	2.7564
30	0.6828	1.3104	1.6973	2.0423	2.4573	2.7500
31	0.6825	1.3095	1.6955	2.0395	2.4528	2.7440
32	0.6822	1.3086	1.6939	2.0369	2.4487	2.7385
33	0.6820	1.3077	1.6924	2.0345	2.4448	2.7333
34	0.6818	1.3070	1.6909	2.0322	2.4411	2.7284
35	0.6816	1.3062	1.6896	2.0301	2.4377	2.7238
36	0.6814	1.3055	1.6883	2.0281	2.4345	2.7195
37	0.6812	1.3049	1.6871	2.0262	2.4314	2.7154
38	0.6810	1.3042	1.6860	2.0244	2.4286	2.7116
39	0.6808	1.3036	1.6849	2.0227	2.4258	2.7079
40	0.6807	1.3031	1.6839	2.0211	2.4233	2.7045
41	0.6805	1.3025	1.6829	2.0195	2.4208	2.7012
42	0.6804	1.3020	1.6820	2.0181	2.4185	2.6981
43	0.6802	1.3016	1.6811	2.0167	2.4163	2.6951
44	0.6801	1.3011	1.6802	2.0154	2.4141	2.6923
45	0.6800	1.3006	1.6794	2.0141	2.4121	2.6806

附表 4 χ^2 分布表

$P\{\chi^2 > \chi_\alpha^2(n)\} = \alpha$

n	$\alpha = 0.995$	0.99	0.975	0.95	0.90	0.75
1	—	—	0.001	0.004	0.016	0.102
2	0.010	0.020	0.051	0.103	0.211	0.575
3	0.072	0.115	0.216	0.352	0.584	1.213
4	0.207	0.297	0.484	0.711	1.064	1.923
5	0.412	0.554	0.831	1.145	1.610	2.675
6	0.676	0.872	1.237	1.635	2.204	3.455
7	0.989	1.239	1.690	2.167	2.833	4.255
8	1.344	1.646	2.180	2.733	3.490	5.071
9	1.735	2.088	2.700	3.325	4.168	5.899
10	2.156	2.558	3.247	3.940	4.865	6.737
11	2.603	3.053	3.816	4.575	5.578	7.584
12	3.074	3.571	4.404	5.226	6.304	8.438
13	3.565	4.107	5.009	5.892	7.042	9.299
14	4.075	4.660	5.629	6.571	7.790	10.165
15	4.601	5.229	6.262	7.261	8.547	11.037
16	5.142	5.812	6.908	7.962	9.312	11.912
17	5.697	6.408	7.564	8.672	10.085	12.792
18	6.265	7.015	8.231	9.390	10.865	13.675
19	6.844	7.633	8.907	10.117	11.651	14.562
20	7.434	8.260	9.591	10.851	12.443	15.452
21	8.034	8.897	10.283	11.591	13.240	16.344
22	8.643	9.542	10.982	12.338	14.042	17.240
23	9.260	10.196	11.689	13.091	14.848	18.137
24	9.886	10.856	12.401	13.848	15.659	19.037
25	10.520	11.524	13.120	14.611	16.473	19.939
26	11.160	12.198	13.844	15.379	17.292	20.843
27	11.808	12.879	14.573	16.151	18.114	21.749
28	12.461	13.565	15.308	16.928	18.939	22.657
29	13.121	14.257	16.047	17.708	19.768	23.567
30	13.787	14.954	16.791	18.493	20.599	24.478
31	14.458	15.655	17.539	19.281	21.434	25.390
32	15.134	16.362	18.291	20.072	22.271	26.304
33	15.815	17.074	19.047	20.807	23.110	27.219
34	16.501	17.789	19.806	21.664	23.952	28.136
35	17.192	18.509	20.569	22.465	24.797	29.054
36	17.887	19.233	21.336	23.369	25.613	29.973
37	18.586	19.960	22.106	24.075	26.492	30.893
38	19.289	20.691	22.878	24.884	27.343	31.815
39	19.996	21.426	23.654	25.695	28.196	32.737
40	20.707	22.164	24.433	26.509	29.015	33.660
41	21.421	22.906	25.215	27.326	29.907	34.585
42	22.138	23.650	25.999	28.144	30.765	35.510
43	22.859	24.398	26.785	28.965	31.625	36.430
44	23.584	25.148	27.575	29.787	32.487	37.363
45	24.311	25.901	28.366	30.612	33.350	38.291

续表

n	$\alpha=0.25$	0.10	0.05	0.025	0.01	0.005
1	1.323	2.706	3.841	5.024	6.635	7.879
2	2.773	4.605	5.991	7.378	9.210	10.597
3	4.108	6.251	7.815	9.348	11.345	12.838
4	5.385	7.779	9.488	11.143	13.277	14.860
5	6.626	9.236	11.071	12.833	15.086	16.750
6	7.841	10.645	12.592	14.449	16.812	18.548
7	9.037	12.017	14.067	16.013	18.475	20.278
8	10.219	13.362	15.507	17.535	20.090	21.955
9	11.389	14.684	16.919	19.023	21.666	23.589
10	12.549	15.987	18.307	20.483	23.209	25.188
11	13.701	17.275	19.675	21.920	24.725	26.757
12	14.845	18.549	21.026	23.337	26.217	28.299
13	15.984	19.812	22.362	24.736	27.688	29.819
14	17.117	21.064	23.685	26.119	29.141	31.319
15	18.245	22.307	24.996	27.488	30.578	32.801
16	19.369	23.542	26.296	28.845	32.000	34.267
17	20.489	24.769	27.587	30.191	33.409	35.718
18	21.605	25.989	28.869	31.526	34.805	37.156
19	22.718	27.204	30.144	32.852	36.191	38.582
20	23.828	28.412	31.410	34.170	37.566	39.997
21	24.935	29.615	32.671	35.479	38.932	41.401
22	26.039	30.813	33.924	36.781	40.289	42.796
23	27.141	32.007	35.172	38.076	41.638	44.181
24	28.241	33.196	36.415	39.364	42.980	45.559
25	29.339	34.382	37.652	40.646	44.314	46.928
26	30.435	35.563	38.885	41.923	45.642	48.290
27	31.528	36.741	40.113	43.194	46.963	49.645
28	32.620	37.916	41.337	44.461	48.278	50.993
29	33.711	39.087	42.557	45.722	49.588	52.336
30	34.800	40.256	43.773	46.979	50.892	53.672
31	35.887	41.422	44.985	48.232	52.191	55.003
32	36.973	42.585	46.194	49.480	53.486	56.328
33	38.058	43.745	47.400	50.725	54.776	57.648
34	39.141	44.903	48.602	51.966	56.061	58.964
35	40.223	46.059	49.802	53.203	57.342	60.275
36	41.304	47.212	50.998	54.437	58.619	61.581
37	42.383	48.363	52.192	55.668	59.892	62.883
38	43.462	49.513	53.384	56.896	61.162	64.181
39	44.539	50.660	54.572	58.120	62.428	65.476
40	45.616	51.805	55.758	59.342	63.691	66.766
41	46.692	52.949	56.942	60.561	64.950	68.053
42	47.766	54.090	58.124	61.777	66.206	69.336
43	48.840	55.230	59.304	62.990	67.459	70.606
44	49.913	56.369	60.481	64.201	68.710	71.893
45	50.895	57.505	61.656	65.410	69.957	73.166

附表 5 F 分布表

$$P\{F(n_1, n_2) > F_\alpha(n_1, n_2)\} = \alpha$$

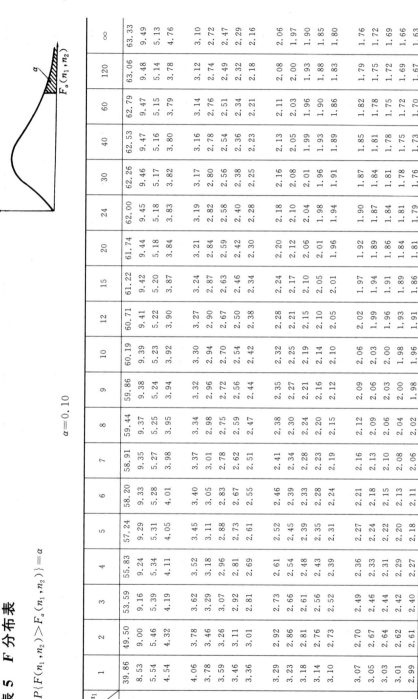

$$\alpha = 0.10$$

n_2 \ n_1	1	2	3	4	5	6	7	8	9	10	12	15	20	24	30	40	60	120	∞
1	39.86	49.50	53.59	55.83	57.24	58.20	58.91	59.44	59.86	60.19	60.71	61.22	61.74	62.00	62.26	62.53	62.79	63.06	63.33
2	8.53	9.00	9.16	9.24	9.29	9.33	9.35	9.37	9.38	9.39	9.41	9.42	9.44	9.45	9.46	9.47	9.47	9.48	9.49
3	5.54	5.46	5.39	5.34	5.31	5.28	5.27	5.25	5.24	5.23	5.22	5.20	5.18	5.18	5.17	5.16	5.15	5.14	5.13
4	4.54	4.32	4.19	4.11	4.05	4.01	3.98	3.95	3.94	3.92	3.90	3.87	3.84	3.83	3.82	3.80	3.79	3.78	3.76
5	4.06	3.78	3.62	3.52	3.45	3.40	3.37	3.34	3.32	3.30	3.27	3.24	3.21	3.19	3.17	3.16	3.14	3.12	3.10
6	3.78	3.46	3.29	3.18	3.11	3.05	3.01	2.98	2.96	2.94	2.90	2.87	2.84	2.82	2.80	2.78	2.76	2.74	2.72
7	3.59	3.26	3.07	2.96	2.88	2.83	2.78	2.75	2.72	2.70	2.67	2.63	2.59	2.58	2.56	2.54	2.51	2.49	2.47
8	3.46	3.11	2.92	2.81	2.73	2.67	2.62	2.59	2.56	2.54	2.50	2.46	2.42	2.40	2.38	2.36	2.34	2.32	2.29
9	3.36	3.01	2.81	2.69	2.61	2.55	2.51	2.47	2.44	2.42	2.38	2.34	2.30	2.28	2.25	2.23	2.21	2.18	2.16
10	3.29	2.92	2.73	2.61	2.52	2.46	2.41	2.38	2.35	2.32	2.28	2.24	2.20	2.18	2.16	2.13	2.11	2.08	2.06
11	3.23	2.86	2.66	2.54	2.45	2.39	2.34	2.30	2.27	2.25	2.21	2.17	2.12	2.10	2.08	2.05	2.03	2.00	1.97
12	3.18	2.81	2.61	2.48	2.39	2.33	2.28	2.24	2.21	2.19	2.15	2.10	2.06	2.04	2.01	1.99	1.96	1.93	1.90
13	3.14	2.76	2.56	2.43	2.35	2.28	2.23	2.20	2.16	2.14	2.10	2.05	2.01	1.98	1.96	1.93	1.90	1.88	1.85
14	3.10	2.73	2.52	2.39	2.31	2.24	2.19	2.15	2.12	2.10	2.05	2.01	1.96	1.94	1.91	1.89	1.86	1.83	1.80
15	3.07	2.70	2.49	2.36	2.27	2.21	2.16	2.12	2.09	2.06	2.02	1.97	1.92	1.90	1.87	1.85	1.82	1.79	1.76
16	3.05	2.67	2.46	2.33	2.24	2.18	2.13	2.09	2.06	2.03	1.99	1.94	1.89	1.87	1.84	1.81	1.78	1.75	1.72
17	3.03	2.64	2.44	2.31	2.22	2.15	2.10	2.06	2.03	2.00	1.96	1.91	1.86	1.84	1.81	1.78	1.75	1.72	1.69
18	3.01	2.62	2.42	2.29	2.20	2.13	2.08	2.04	2.00	1.98	1.93	1.89	1.84	1.81	1.78	1.75	1.72	1.69	1.66
19	2.99	2.61	2.40	2.27	2.18	2.11	2.06	2.02	1.98	1.96	1.91	1.86	1.81	1.79	1.76	1.73	1.70	1.67	1.63

续表

α＝0.10

n_2 \\ n_1	1	2	3	4	5	6	7	8	9	10	12	15	20	24	30	40	60	120	∞
20	2.97	2.59	2.38	2.25	2.16	2.09	2.04	2.00	1.96	1.94	1.89	1.84	1.79	1.77	1.74	1.71	1.68	1.64	1.61
21	2.96	2.57	2.36	2.23	2.14	2.08	2.02	1.98	1.95	1.92	1.87	1.83	1.78	1.75	1.72	1.69	1.66	1.62	1.59
22	2.95	2.56	2.35	2.22	2.13	2.06	2.01	1.97	1.93	1.90	1.86	1.81	1.76	1.73	1.70	1.67	1.64	1.60	1.57
23	2.94	2.55	2.34	2.21	2.11	2.05	1.99	1.95	1.92	1.89	1.84	1.80	1.74	1.72	1.68	1.66	1.62	1.59	1.55
24	2.93	2.54	2.33	2.19	2.10	2.04	1.98	1.94	1.91	1.88	1.83	1.78	1.73	1.70	1.67	1.64	1.61	1.57	1.53
25	2.92	2.53	2.32	2.18	2.09	2.02	1.97	1.93	1.89	1.87	1.82	1.77	1.72	1.69	1.66	1.63	1.59	1.56	1.52
26	2.91	2.52	2.31	2.17	2.08	2.01	1.96	1.92	1.88	1.86	1.81	1.76	1.71	1.68	1.65	1.61	1.58	1.54	1.50
27	2.90	2.51	2.30	2.17	2.07	2.00	1.95	1.91	1.87	1.85	1.80	1.75	1.70	1.67	1.64	1.60	1.57	1.53	1.49
28	2.89	2.50	2.29	2.16	2.06	2.00	1.94	1.90	1.87	1.84	1.79	1.74	1.69	1.66	1.63	1.59	1.56	1.52	1.48
29	2.89	2.50	2.28	2.15	2.06	1.99	1.93	1.89	1.86	1.83	1.78	1.73	1.68	1.65	1.62	1.58	1.55	1.51	1.47
30	2.88	2.49	2.28	2.14	2.05	1.98	1.93	1.88	1.85	1.82	1.77	1.72	1.67	1.64	1.61	1.57	1.54	1.50	1.46
40	2.84	2.44	2.23	2.09	2.00	1.93	1.87	1.83	1.79	1.76	1.71	1.66	1.61	1.57	1.54	1.51	1.47	1.42	1.38
60	2.79	2.39	2.18	2.04	1.95	1.87	1.82	1.77	1.74	1.71	1.66	1.60	1.54	1.51	1.48	1.44	1.40	1.35	1.29
120	2.75	2.35	2.13	1.99	1.90	1.82	1.77	1.72	1.68	1.65	1.60	1.55	1.48	1.45	1.41	1.37	1.32	1.26	1.19
∞	2.71	2.30	2.08	1.94	1.85	1.77	1.72	1.67	1.63	1.60	1.55	1.49	1.42	1.38	1.34	1.30	1.24	1.17	1.00

α＝0.05

n_2 \\ n_1	1	2	3	4	5	6	7	8	9	10	12	15	20	24	30	40	60	120	∞
1	161.4	199.5	215.7	224.6	230.2	234.0	236.8	238.9	240.5	241.9	243.9	245.9	248.0	249.1	250.1	251.1	252.2	253.3	254.3
2	18.51	19.00	19.16	19.25	19.30	19.33	19.35	19.37	19.38	19.40	19.41	19.43	19.45	19.45	19.46	19.47	19.48	19.49	19.50
3	10.13	9.55	9.28	9.12	9.01	8.94	8.89	8.85	8.81	8.79	8.74	8.70	8.66	8.64	8.62	8.59	8.57	8.55	8.53
4	7.71	6.94	6.59	6.39	6.26	6.16	6.09	6.04	6.00	5.96	5.91	5.86	5.80	5.77	5.75	5.72	5.69	5.66	5.63
5	6.61	5.79	5.41	5.19	5.05	4.95	4.88	4.82	4.77	4.74	4.68	4.62	4.56	4.53	4.50	4.46	4.43	4.40	4.36
6	5.99	5.14	4.76	4.53	4.39	4.28	4.21	4.15	4.10	4.06	4.00	3.94	3.87	3.84	3.81	3.77	3.74	3.70	3.67
7	5.59	4.74	4.35	4.12	3.97	3.87	3.79	3.73	3.68	3.64	3.57	3.51	3.44	3.41	3.38	3.34	3.30	3.27	3.23
8	5.32	4.46	4.07	3.84	3.69	3.58	3.50	3.44	3.39	3.35	3.28	3.22	3.15	3.12	3.08	3.04	3.01	2.97	2.93
9	5.12	4.26	3.86	3.63	3.48	3.37	3.29	3.23	3.18	3.14	3.07	3.01	2.94	2.90	2.86	2.83	2.79	2.75	2.71

$\alpha = 0.05$

n_1 n_2	1	2	3	4	5	6	7	8	9	10	12	15	20	24	30	40	60	120	∞
10	4.96	4.10	3.71	3.48	3.33	3.22	3.14	3.07	3.02	2.98	2.91	2.85	2.77	2.74	2.70	2.66	2.62	2.58	2.54
11	4.84	3.98	3.59	3.36	3.20	3.09	3.01	2.95	2.90	2.85	2.79	2.72	2.65	2.61	2.57	2.53	2.49	2.45	2.40
12	4.75	3.89	3.49	3.26	3.11	3.00	2.91	2.85	2.80	2.75	2.69	2.62	2.54	2.51	2.47	2.43	2.38	2.34	2.30
13	4.67	3.81	3.41	3.18	3.03	2.92	2.83	2.77	2.71	2.67	2.60	2.53	2.46	2.42	2.38	2.34	2.30	2.25	2.21
14	4.60	3.74	3.34	3.11	2.96	2.85	2.76	2.70	2.65	2.60	2.53	2.46	2.39	2.35	2.31	2.27	2.22	2.18	2.13
15	4.54	3.68	3.29	3.06	2.90	2.79	2.71	2.64	2.59	2.54	2.48	2.40	2.33	2.29	2.25	2.20	2.16	2.11	2.07
16	4.49	3.63	3.24	3.01	2.85	2.74	2.66	2.59	2.54	2.49	2.42	2.35	2.28	2.24	2.19	2.15	2.11	2.06	2.01
17	4.45	3.59	3.20	2.96	2.81	2.70	2.61	2.55	2.49	2.45	2.38	2.31	2.23	2.19	2.15	2.10	2.06	2.01	1.96
18	4.41	3.55	3.16	2.93	2.77	2.66	2.58	2.51	2.46	2.41	2.34	2.27	2.19	2.15	2.11	2.06	2.02	1.97	1.92
19	4.38	3.52	3.13	2.90	2.74	2.63	2.54	2.48	2.42	2.38	2.31	2.23	2.16	2.11	2.07	2.03	1.98	1.93	1.88
20	4.35	3.49	3.10	2.87	2.71	2.60	2.51	2.45	2.39	2.35	2.28	2.20	2.12	2.08	2.04	1.99	1.95	1.90	1.84
21	4.32	3.47	3.07	2.84	2.68	2.57	2.49	2.42	2.37	2.32	2.25	2.18	2.10	2.05	2.01	1.96	1.92	1.87	1.81
22	4.30	3.44	3.05	2.82	2.66	2.55	2.46	2.40	2.34	2.30	2.23	2.15	2.07	2.03	1.98	1.94	1.89	1.84	1.78
23	4.28	3.42	3.03	2.80	2.64	2.53	2.44	2.37	2.32	2.27	2.20	2.13	2.05	2.01	1.96	1.91	1.86	1.81	1.76
24	4.26	3.40	3.01	2.78	2.62	2.51	2.42	2.36	2.30	2.25	2.18	2.11	2.03	1.98	1.94	1.89	1.84	1.79	1.73
25	4.24	3.39	2.99	2.76	2.60	2.49	2.40	2.34	2.28	2.24	2.16	2.09	2.01	1.96	1.92	1.87	1.82	1.77	1.71
26	4.23	3.37	2.98	2.74	2.59	2.47	2.39	2.32	2.27	2.22	2.15	2.07	1.99	1.95	1.90	1.85	1.80	1.75	1.69
27	4.21	3.35	2.96	2.73	2.57	2.46	2.37	2.31	2.25	2.20	2.13	2.06	1.97	1.93	1.88	1.84	1.79	1.73	1.67
28	4.20	3.34	2.95	2.71	2.56	2.45	2.36	2.29	2.24	2.19	2.12	2.04	1.96	1.91	1.87	1.82	1.77	1.71	1.65
29	4.18	3.33	2.93	2.70	2.55	2.43	2.35	2.28	2.22	2.18	2.10	2.03	1.94	1.90	1.85	1.81	1.75	1.70	1.64
30	4.17	3.32	2.92	2.69	2.53	2.42	2.33	2.27	2.21	2.16	2.09	2.01	1.93	1.89	1.84	1.79	1.74	1.68	1.62
40	4.08	3.23	2.84	2.61	2.45	2.34	2.25	2.18	2.12	2.08	2.00	1.92	1.84	1.79	1.74	1.69	1.64	1.58	1.51
60	4.00	3.15	2.76	2.53	2.37	2.25	2.17	2.10	2.04	1.99	1.92	1.84	1.75	1.70	1.65	1.59	1.53	1.47	1.39
120	3.92	3.07	2.68	2.45	2.29	2.17	2.09	2.02	1.96	1.91	1.83	1.75	1.66	1.61	1.55	1.50	1.43	1.35	1.25
∞	3.84	3.00	2.60	2.37	2.21	2.10	2.01	1.94	1.88	1.83	1.75	1.67	1.57	1.52	1.46	1.39	1.32	1.22	1.00

续表

α＝0.025

n_2 \ n_1	1	2	3	4	5	6	7	8	9	10	12	15	20	24	30	40	60	120	∞
1	647.8	799.5	864.2	899.6	921.8	937.1	948.2	956.7	963.3	968.6	976.7	984.9	993.1	997.2	1001	1006	1010	1014	1018
2	38.51	39.00	39.17	39.25	39.30	39.33	39.36	39.37	39.39	39.40	39.41	39.43	39.45	39.46	39.46	39.47	39.48	39.49	39.50
3	17.44	16.04	15.44	15.10	14.88	14.73	14.62	14.54	14.47	14.42	14.34	14.25	14.17	14.12	14.08	14.04	13.99	13.95	13.90
4	12.22	10.65	9.98	9.60	9.36	9.20	9.07	8.98	8.90	8.84	8.75	8.66	8.56	8.51	8.46	8.41	8.36	8.31	8.26
5	10.01	8.43	7.76	7.39	7.15	6.98	6.85	6.76	6.68	6.62	6.52	6.43	6.33	6.28	6.23	6.18	6.12	6.07	6.02
6	8.81	7.26	6.60	6.23	5.99	5.82	5.70	5.60	5.52	5.46	5.37	5.27	5.17	5.12	5.07	5.01	4.96	4.90	4.85
7	8.07	6.54	5.89	5.52	5.29	5.12	4.99	4.90	4.82	4.76	4.67	4.57	4.47	4.42	4.36	4.31	4.25	4.20	4.14
8	7.57	6.06	5.42	5.05	4.82	4.65	4.53	4.43	4.36	4.30	4.20	4.10	4.00	3.95	3.89	3.84	3.78	3.73	3.67
9	7.21	5.71	5.08	4.72	4.48	4.23	4.20	4.10	4.03	3.96	3.87	3.77	3.67	3.61	3.56	3.51	3.45	3.39	3.33
10	6.94	5.46	4.83	4.47	4.24	4.07	3.95	3.85	3.78	3.72	3.62	3.52	3.42	3.37	3.31	3.26	3.20	3.14	3.08
11	6.72	5.26	4.63	4.28	4.04	3.88	3.76	3.66	3.59	3.53	3.43	3.33	3.23	3.17	3.12	3.06	3.00	2.94	2.88
12	6.55	5.10	4.47	4.12	3.89	3.73	3.61	3.51	3.44	3.37	3.28	3.18	3.07	3.02	2.96	2.91	2.85	2.79	2.72
13	6.41	4.97	4.35	4.00	3.77	3.60	3.48	3.39	3.31	3.25	3.15	3.05	2.95	2.89	2.84	2.78	2.72	2.66	2.60
14	6.30	4.86	4.24	3.89	3.66	3.50	3.38	3.29	3.21	3.15	3.05	2.95	2.84	2.79	2.73	2.67	2.61	2.55	2.49
15	6.20	4.77	4.15	3.80	3.58	3.41	3.29	3.20	3.12	3.06	2.96	2.86	2.76	2.70	2.64	2.59	2.52	2.46	2.40
16	6.12	4.69	4.08	3.73	3.50	3.34	3.22	3.12	3.05	2.99	2.89	2.79	2.68	2.63	2.57	2.51	2.45	2.38	2.32
17	6.04	4.62	4.01	3.66	3.44	3.28	3.16	3.06	2.98	2.92	2.82	2.72	2.62	2.56	2.50	2.44	2.38	2.32	2.25
18	5.98	4.56	3.95	3.61	3.38	3.22	3.10	3.01	2.93	2.87	2.77	2.67	2.56	2.50	2.44	2.38	2.32	2.26	2.19
19	5.92	4.51	3.90	3.56	3.33	3.17	3.05	2.96	2.88	2.82	2.72	2.62	2.51	2.45	2.39	2.33	2.27	2.20	2.13
20	5.87	4.46	3.86	3.51	3.29	3.13	3.01	2.91	2.84	2.77	2.68	2.57	2.46	2.41	2.35	2.29	2.22	2.16	2.09
21	5.83	4.42	3.82	3.48	3.25	3.09	2.97	2.87	2.80	2.73	2.64	2.53	2.42	2.37	2.31	2.25	2.18	2.11	2.04
22	5.79	4.38	3.78	3.44	3.22	3.05	2.93	2.84	2.76	2.70	2.60	2.50	2.39	2.33	2.27	2.21	2.14	2.08	2.00
23	5.75	4.35	3.75	3.41	3.18	3.02	2.90	2.81	2.73	2.67	2.57	2.47	2.36	2.30	2.24	2.18	2.11	2.04	1.97
24	5.72	4.32	3.72	3.38	3.15	2.99	2.87	2.78	2.70	2.64	2.54	2.44	2.33	2.27	2.21	2.15	2.08	2.01	1.94

续表

α=0.025

n_2 \ n_1	1	2	3	4	5	6	7	8	9	10	12	15	20	24	30	40	60	120	∞
25	5.69	4.29	3.69	3.35	3.13	2.97	2.85	2.75	2.68	2.61	2.51	2.41	2.30	2.24	2.18	2.12	2.05	1.98	1.91
26	5.66	4.27	3.67	3.33	3.10	2.94	2.82	2.73	2.65	2.59	2.49	2.39	2.28	2.22	2.16	2.09	2.03	1.95	1.88
27	5.63	4.24	3.65	3.31	3.08	2.92	2.80	2.71	2.63	2.57	2.47	2.36	2.25	2.19	2.13	2.07	2.00	1.93	1.85
28	5.61	4.22	3.63	3.29	3.06	2.90	2.78	2.69	2.61	2.55	2.45	2.34	2.23	2.17	2.11	2.05	1.98	1.91	1.83
29	5.59	4.20	3.61	3.27	3.04	2.88	2.76	2.67	2.59	2.53	2.43	2.32	2.21	2.15	2.09	2.03	1.96	1.89	1.81
30	5.57	4.18	3.59	3.25	3.03	2.87	2.75	2.65	2.57	2.51	2.41	2.31	2.20	2.14	2.07	2.01	1.94	1.87	1.79
40	5.42	4.05	3.46	3.13	2.90	2.74	2.62	2.53	2.45	2.39	2.29	2.18	2.07	2.01	1.94	1.88	1.80	1.72	1.64
60	5.29	3.93	3.34	3.01	2.79	2.63	2.51	2.41	2.33	2.27	2.17	2.06	1.94	1.88	1.82	1.74	1.67	1.58	1.48
120	5.15	3.80	3.23	2.89	2.67	2.52	2.39	2.30	2.22	2.16	2.05	1.94	1.82	1.76	1.69	1.61	1.53	1.43	1.31
∞	5.02	3.69	3.12	2.79	2.57	2.41	2.29	2.19	2.11	2.05	1.94	1.83	1.71	1.64	1.57	1.48	1.39	1.27	1.00

α=0.01

n_2 \ n_1	1	2	3	4	5	6	7	8	9	10	12	15	20	24	30	40	60	120	∞
1	4052	4999.5	5403	5625	5764	5859	5928	5982	6022	6056	6106	6157	6209	6235	6261	6287	6313	6339	6366
2	98.50	99.00	99.17	99.25	99.30	99.33	99.36	99.37	99.39	99.40	99.42	99.43	99.45	99.46	99.47	99.47	99.48	99.49	99.50
3	34.12	30.82	29.46	28.71	28.24	27.91	27.67	27.49	27.35	27.23	27.05	26.87	26.69	26.60	26.50	26.41	26.32	26.22	26.13
4	21.20	18.00	16.69	15.98	15.52	15.21	14.98	14.80	14.66	14.55	14.37	14.20	14.02	13.93	13.84	13.75	13.65	13.56	13.46
5	16.26	13.27	12.06	11.39	10.97	10.67	10.46	10.29	10.16	10.05	9.89	9.72	9.55	9.47	9.38	9.29	9.20	9.11	9.02
6	13.75	10.92	9.78	9.15	8.75	8.47	8.26	8.10	7.98	7.87	7.72	7.56	7.40	7.31	7.23	7.14	7.06	6.97	6.88
7	12.25	9.55	8.45	7.85	7.46	7.19	6.99	6.84	6.72	6.62	6.47	6.31	6.16	6.07	5.99	5.91	5.82	5.74	5.65
8	11.26	8.65	7.59	7.01	6.63	6.37	6.18	6.03	5.91	5.81	5.67	5.52	5.36	5.28	5.20	5.12	5.03	4.95	4.86
9	10.56	8.02	6.99	6.42	6.06	5.80	5.61	5.47	5.35	5.26	5.11	4.96	4.81	4.73	4.65	4.57	4.48	4.40	4.31

续表

α = 0.01

n_1 $\backslash$ n_2	1	2	3	4	5	6	7	8	9	10	12	15	20	24	30	40	60	120	∞
10	10.04	7.56	6.55	5.99	5.64	5.39	5.20	5.06	4.94	4.85	4.71	4.56	4.41	4.33	4.25	4.17	4.08	4.00	3.91
11	9.65	7.21	6.22	5.67	5.32	5.07	4.89	4.74	4.63	4.54	4.40	4.25	4.10	4.02	3.94	3.86	3.78	3.69	3.60
12	9.33	6.93	5.95	5.41	5.06	4.82	4.64	4.50	4.39	4.30	4.16	4.01	3.86	3.78	3.70	3.62	3.54	3.45	3.36
13	9.07	6.70	5.74	5.21	4.86	4.62	4.44	4.30	4.19	4.10	3.96	3.82	3.66	3.59	3.51	3.43	3.34	3.25	3.17
14	8.86	6.51	5.56	5.04	4.69	4.46	4.28	4.14	4.03	3.94	3.80	3.66	3.51	3.43	3.35	3.27	3.18	3.09	3.00
15	8.68	6.36	5.42	4.89	4.56	4.32	4.14	4.00	3.89	3.80	3.67	3.52	3.37	3.29	3.21	3.13	3.05	2.96	2.87
16	8.53	6.23	5.29	4.77	4.44	4.20	4.03	3.89	3.78	3.69	3.55	3.41	3.26	3.18	3.10	3.02	2.93	2.84	2.75
17	8.40	6.11	5.18	4.67	4.34	4.10	3.93	3.79	3.68	3.59	3.46	3.31	3.16	3.08	3.00	2.92	2.83	2.75	2.65
18	8.29	6.01	5.09	4.58	4.25	4.01	3.84	3.71	3.60	3.51	3.37	3.23	3.08	3.00	2.92	2.84	2.75	2.66	2.57
19	8.18	5.93	5.01	4.50	4.17	3.94	3.77	3.63	3.52	3.43	3.30	3.15	3.00	2.92	2.84	2.76	2.67	2.58	2.49
20	8.10	5.85	4.94	4.43	4.10	3.87	3.70	3.56	3.46	3.37	3.23	3.09	2.94	2.86	2.78	2.69	2.61	2.52	2.42
21	8.02	5.78	4.87	4.37	4.04	3.81	3.64	3.51	3.40	3.31	3.17	3.03	2.88	2.80	2.72	2.64	2.55	2.46	2.36
22	7.95	5.72	4.82	4.31	3.99	3.76	3.59	3.45	3.35	3.26	3.12	2.98	2.83	2.75	2.67	2.58	2.50	2.40	2.31
23	7.88	5.66	4.76	4.26	3.94	3.71	3.54	3.41	3.30	3.21	3.07	2.93	2.78	2.70	2.62	2.54	2.45	2.35	2.26
24	7.82	5.61	4.72	4.22	3.90	3.67	3.50	3.36	3.26	3.17	3.03	2.89	2.74	2.66	2.58	2.49	2.40	2.31	2.21
25	7.77	5.57	4.68	4.18	3.85	3.63	3.46	3.32	3.22	3.13	2.99	2.85	2.70	2.62	2.54	2.45	2.36	2.27	2.17
26	7.72	5.53	4.64	4.14	3.82	3.59	3.42	3.29	3.18	3.09	2.96	2.81	2.66	2.58	2.50	2.42	2.33	2.23	2.13
27	7.68	5.49	4.60	4.11	3.78	3.56	3.39	3.26	3.15	3.06	2.93	2.78	2.63	2.55	2.47	2.38	2.29	2.20	2.10
28	7.64	5.45	4.57	4.07	3.75	3.53	3.36	3.23	3.12	3.03	2.90	2.75	2.60	2.52	2.44	2.35	2.26	2.17	2.06
29	7.60	5.42	4.54	4.04	3.73	3.50	3.33	3.20	3.09	3.00	2.87	2.73	2.57	2.49	2.41	2.33	2.23	2.14	2.03
30	7.56	5.39	4.51	4.02	3.70	3.47	3.30	3.17	3.07	2.98	2.84	2.70	2.55	2.47	2.39	2.30	2.21	2.11	2.01
40	7.31	5.18	4.31	3.83	3.51	3.29	3.12	2.99	2.89	2.80	2.66	2.52	2.37	2.29	2.20	2.11	2.02	1.92	1.80
60	7.08	4.98	4.13	3.65	3.34	3.12	2.95	2.82	2.72	2.63	2.50	2.35	2.20	2.12	2.03	1.94	1.84	1.73	1.60
120	6.85	4.79	3.95	3.48	3.17	2.96	2.79	2.66	2.56	2.47	2.34	2.19	2.03	1.95	1.86	1.76	1.66	1.53	1.38
∞	6.63	4.61	3.78	3.32	3.02	2.80	2.64	2.51	2.41	2.32	2.18	2.04	1.88	1.79	1.70	1.59	1.47	1.32	1.00

续表

$\alpha = 0.005$

n_2 \ n_1	1	2	3	4	5	6	7	8	9	10	12	15	20	24	30	40	60	120	∞
1	16211	20000	21615	22500	23056	23437	23715	23925	24091	24224	24426	24630	24836	24940	25044	25148	25253	25359	25465
2	198.5	199.0	199.2	199.2	199.3	199.3	199.4	199.4	199.4	199.4	199.4	199.4	199.4	199.5	199.5	199.5	199.5	199.5	199.5
3	55.55	49.80	47.47	46.19	45.39	44.84	44.43	44.13	43.88	43.69	43.39	43.08	42.78	42.62	42.47	42.31	42.15	41.99	41.83
4	31.33	26.28	24.26	23.15	22.46	21.97	21.62	21.35	21.14	20.97	20.70	20.44	20.17	20.03	19.89	19.75	19.61	19.47	19.32
5	22.78	18.31	16.53	15.56	14.94	14.51	14.20	13.96	13.77	13.62	13.38	13.15	12.90	12.78	12.66	12.53	12.40	12.27	12.14
6	18.63	14.54	12.92	12.03	11.46	11.07	10.79	10.57	10.39	10.25	10.03	9.81	9.59	9.47	9.36	9.24	9.12	9.00	8.88
7	16.24	12.40	10.88	10.05	9.52	9.16	8.89	8.68	8.51	8.38	8.18	7.97	7.75	7.65	7.53	7.42	7.31	7.19	7.08
8	14.69	11.04	9.60	8.81	8.30	7.95	7.69	7.50	7.34	7.21	7.01	6.81	6.61	6.50	6.40	6.29	6.18	6.06	5.95
9	13.61	10.11	8.72	7.96	7.47	7.13	6.88	6.69	6.54	6.42	6.23	6.03	5.83	5.73	5.62	5.52	5.41	5.30	5.19
10	12.83	9.43	8.08	7.34	6.87	6.54	6.30	6.12	5.97	5.85	5.66	5.47	5.27	5.17	5.07	4.97	4.86	4.75	4.64
11	12.23	8.91	7.60	6.88	6.42	6.10	5.86	5.68	5.54	5.42	5.24	5.05	4.86	4.76	4.65	4.55	4.44	4.34	4.23
12	11.75	8.51	7.23	6.52	6.07	5.76	5.52	5.35	5.20	5.09	4.91	4.72	4.53	4.43	4.33	4.23	4.12	4.01	3.90
13	11.37	8.19	6.93	6.23	5.79	5.48	5.25	5.08	4.94	4.82	4.64	4.46	4.27	4.17	4.07	3.97	3.87	3.76	3.65
14	11.06	7.92	6.68	6.00	5.56	5.26	5.03	4.86	4.72	4.60	4.43	4.25	4.06	3.96	3.86	3.76	3.66	3.55	3.44
15	10.80	7.70	6.48	5.80	5.37	5.07	4.85	4.67	4.54	4.42	4.25	4.07	3.88	3.79	3.69	3.58	3.48	3.37	3.26
16	10.58	7.51	6.30	5.64	5.21	4.91	4.69	4.52	4.38	4.27	4.10	3.92	3.73	3.64	3.54	3.44	3.33	3.22	3.11
17	10.38	7.35	6.16	5.50	5.07	4.78	4.56	4.39	4.25	4.14	3.97	3.79	3.61	3.51	3.41	3.31	3.21	3.10	2.98
18	10.22	7.21	6.03	5.37	4.96	4.66	4.44	4.28	4.14	4.03	3.86	3.68	3.50	3.40	3.30	3.20	3.10	2.99	2.87
19	10.07	7.09	5.92	5.27	4.85	4.56	4.34	4.18	4.04	3.93	3.76	3.59	3.40	3.31	3.21	3.11	3.00	2.89	2.78
20	9.94	6.99	5.82	5.17	4.76	4.47	4.26	4.09	3.96	3.85	3.68	3.50	3.32	3.22	3.12	3.02	2.92	2.81	2.69
21	9.83	6.89	5.73	5.09	4.68	4.39	4.18	4.01	3.88	3.77	3.60	3.43	3.24	3.15	3.05	2.95	2.84	2.73	2.61
22	9.73	6.81	5.65	5.02	4.61	4.32	4.11	3.94	3.81	3.70	3.54	3.36	3.18	3.08	2.98	2.88	2.77	2.66	2.55
23	9.63	6.73	5.58	4.95	4.54	4.26	4.05	3.88	3.75	3.64	3.47	3.30	3.12	3.02	2.92	2.82	2.71	2.60	2.48
24	9.55	6.66	5.52	4.89	4.49	4.20	3.99	3.83	3.69	3.59	3.42	3.25	3.06	2.97	2.87	2.77	2.66	2.55	2.43

续表

$\alpha = 0.005$

n_1 \\ n_2	1	2	3	4	5	6	7	8	9	10	12	15	20	24	30	40	60	120	∞
25	9.48	6.60	5.46	4.84	4.43	4.15	3.94	3.78	3.64	3.54	3.37	3.20	3.01	2.92	2.82	2.72	2.61	2.50	2.38
26	9.41	6.54	5.41	4.79	4.38	4.10	3.89	3.73	3.60	3.49	3.33	3.15	2.97	2.87	2.77	2.67	2.56	2.45	2.33
27	9.34	6.49	5.36	4.74	4.34	4.06	3.85	3.69	3.56	3.45	3.28	3.11	2.93	2.83	2.73	2.63	2.52	2.41	2.29
28	9.28	6.44	5.32	4.70	4.30	4.02	3.81	3.65	3.52	3.41	3.25	3.07	2.89	2.79	2.69	2.59	2.48	2.37	2.25
29	9.23	6.40	5.28	4.66	4.26	3.98	3.77	3.61	3.48	3.38	3.21	3.04	2.86	2.76	2.66	2.56	2.45	2.33	2.21
30	9.18	6.35	5.24	4.62	4.23	3.95	3.74	3.58	3.45	3.34	3.18	3.01	2.82	2.73	2.63	2.52	2.42	2.30	2.18
40	8.83	6.07	4.98	4.37	3.99	3.71	3.51	3.35	3.22	3.12	2.95	2.78	2.60	2.50	2.40	2.30	2.18	2.06	1.93
60	8.49	5.79	4.73	4.14	3.76	3.49	3.29	3.13	3.01	2.90	2.74	2.57	2.39	2.29	2.19	2.08	1.96	1.83	1.69
120	8.18	5.54	4.50	3.92	3.55	3.28	3.09	2.93	2.81	2.71	2.54	2.37	2.19	2.09	1.98	1.87	1.75	1.61	1.43
∞	7.88	5.30	4.28	3.72	3.35	3.09	2.90	2.74	2.62	2.52	2.36	2.19	2.00	1.90	1.79	1.67	1.53	1.36	1.00

$\alpha = 0.001$

n_1 \\ n_2	1	2	3	4	5	6	7	8	9	10	12	15	20	24	30	40	60	120	∞
1	4 053*	5 000*	5 404*	5 625*	5 764*	5 859*	5 929*	5 981*	6 023*	6 056*	6 107*	6 158*	6 209*	6 235*	6 261*	6 287*	6 313*	6 340*	6 366*
2	998.5	999.0	999.2	999.2	999.3	999.3	999.4	999.4	999.4	999.4	999.4	999.4	999.4	999.5	999.5	999.5	999.5	999.5	999.5
3	167.0	148.5	141.1	137.1	134.6	132.8	131.6	130.6	129.9	129.2	128.3	127.4	126.4	125.9	125.4	125.0	124.5	124.0	123.5
4	74.14	61.25	56.18	53.44	51.71	50.53	49.66	49.00	48.47	48.05	47.41	46.76	46.10	45.77	45.43	45.09	44.75	44.40	44.05
5	47.18	37.12	33.20	31.09	29.75	28.84	28.16	27.64	27.24	26.92	26.42	25.91	25.39	25.14	24.87	24.60	24.33	24.06	23.79
6	35.51	27.00	23.70	21.92	20.81	20.03	19.46	19.03	18.69	18.41	17.99	17.56	17.12	16.89	16.67	16.44	16.21	15.99	15.75
7	29.25	21.69	18.77	17.19	16.21	15.52	15.02	14.63	14.33	14.08	13.71	13.32	12.93	12.73	12.53	12.33	12.12	11.91	11.70
8	25.42	18.49	15.83	14.39	13.49	12.86	12.40	12.04	11.77	11.54	11.19	10.84	10.48	10.30	10.11	9.92	9.73	9.53	9.33
9	22.86	16.39	13.90	12.56	11.71	11.13	10.70	10.37	10.11	9.89	9.57	9.24	8.90	8.72	8.55	8.37	8.19	8.00	7.81

续表

α=0.001

n_2 \ n_1	1	2	3	4	5	6	7	8	9	10	12	15	20	24	30	40	60	120	∞
10	21.04	14.91	12.55	11.28	10.48	9.92	9.52	9.20	8.96	8.75	8.45	8.13	7.80	7.64	7.47	7.30	7.12	6.94	6.76
11	19.69	13.81	11.56	10.35	9.58	9.05	8.66	8.35	8.12	7.92	7.63	7.32	7.01	6.85	6.68	6.52	6.35	6.17	6.00
12	18.64	12.97	10.80	9.63	8.89	8.38	8.00	7.71	7.48	7.29	7.00	6.71	6.40	6.25	6.09	5.93	5.76	5.59	5.42
13	17.81	12.31	10.21	9.07	8.35	7.86	7.49	7.21	6.98	6.80	6.52	6.23	5.93	5.78	5.63	5.47	5.30	5.14	4.97
14	17.14	11.78	9.73	8.62	7.92	7.43	7.08	6.80	6.58	6.40	6.13	5.85	5.56	5.41	5.25	5.10	4.94	4.77	4.60
15	16.59	11.34	9.34	8.25	7.57	7.09	6.74	6.47	6.26	6.08	5.81	5.54	5.25	5.10	4.95	4.80	4.64	4.47	4.31
16	16.12	10.97	9.00	7.94	7.27	6.81	6.46	6.19	5.98	5.81	5.55	5.27	4.99	4.85	4.70	4.54	4.39	4.23	4.06
17	15.72	10.66	8.73	7.68	7.02	6.56	6.22	5.96	5.75	5.58	5.32	5.05	4.78	4.63	4.48	4.33	4.18	4.02	3.85
18	15.38	10.39	8.49	7.46	6.81	6.35	6.02	5.76	5.56	5.39	5.13	4.87	4.59	4.45	4.30	4.15	4.00	3.84	3.67
19	15.08	10.16	8.28	7.26	6.62	6.18	5.85	5.59	5.39	5.22	4.97	4.70	4.43	4.29	4.14	3.99	3.84	3.68	3.51
20	14.82	9.95	8.10	7.10	6.46	6.02	5.69	5.44	5.24	5.08	4.82	4.56	4.29	4.15	4.00	3.86	3.70	3.54	3.38
21	14.59	9.77	7.94	6.95	6.32	5.88	5.56	5.31	5.11	4.95	4.70	4.44	4.17	4.03	3.88	3.74	3.58	3.42	3.26
22	14.38	9.61	7.80	6.81	6.19	5.76	5.44	5.19	4.99	4.83	4.58	4.33	4.06	3.92	3.78	3.63	3.48	3.32	3.15
23	14.19	9.47	7.67	6.69	6.08	5.65	5.33	5.09	4.89	4.73	4.48	4.23	3.96	3.82	3.68	3.53	3.38	3.22	3.05
24	14.03	9.34	7.55	6.59	5.98	5.55	5.23	4.99	4.80	4.64	4.39	4.14	3.87	3.74	3.59	3.45	3.29	3.14	2.97
25	13.88	9.22	7.45	6.49	5.88	5.46	5.15	4.91	4.71	4.56	4.31	4.06	3.79	3.66	3.52	3.37	3.22	3.06	2.89
26	13.74	9.12	7.36	6.41	5.80	5.38	5.07	4.83	4.64	4.48	4.24	3.99	3.72	3.59	3.44	3.30	3.15	2.99	2.82
27	13.61	9.02	7.27	6.33	5.73	5.31	5.00	4.76	4.57	4.41	4.17	3.92	3.66	3.52	3.38	3.23	3.08	2.92	2.75
28	13.50	8.93	7.19	6.25	5.66	5.24	4.93	4.69	4.50	4.35	4.11	3.86	3.60	3.46	3.32	3.18	3.02	2.86	2.69
29	13.39	8.85	7.12	6.19	5.59	5.18	4.87	4.64	4.45	4.29	4.05	3.80	3.54	3.41	3.27	3.12	2.97	2.81	2.64
30	13.29	8.77	7.05	6.12	5.53	5.12	4.82	4.58	4.39	4.24	4.00	3.75	3.49	3.36	3.22	3.07	2.92	2.76	2.59
40	12.61	8.25	6.60	5.70	5.13	4.73	4.44	4.21	4.02	3.87	3.64	3.40	3.15	3.01	2.87	2.73	2.57	2.41	2.23
60	11.97	7.76	6.17	5.31	4.76	4.37	4.09	3.87	3.69	3.54	3.31	3.08	2.83	2.69	2.55	2.41	2.25	2.08	1.89
120	11.38	7.32	5.79	4.95	4.42	4.04	3.77	3.55	3.38	3.24	3.02	2.78	2.53	2.40	2.26	2.11	1.95	1.76	1.54
∞	10.83	6.91	5.42	4.62	4.10	3.74	3.47	3.27	3.10	2.96	2.74	2.51	2.27	2.13	1.99	1.84	1.66	1.45	1.00

注:"*"表示要将所列数乘乘 100.

附表6 相关系数临界值 r_α 表

$P\{|r| > r_\alpha\} = \alpha$

$n-2$ \ α	0.10	0.05	0.02	0.01	0.001	α \ $n-2$
1	0.98769	0.99692	0.999507	0.999877	0.9999988	1
2	0.90000	0.95000	0.98000	0.999000	0.99900	2
3	0.8054	0.8783	0.93433	0.95873	0.99116	3
4	0.7293	0.8114	0.8822	0.91720	0.97406	4
5	0.6694	0.7545	0.8329	0.8745	0.95075	5
6	0.6215	0.7067	0.7887	0.8343	0.92493	6
7	0.5822	0.6664	0.7498	0.7977	0.8982	7
8	0.5494	0.6319	0.7155	0.7646	0.8721	8
9	0.5214	0.6021	0.6851	0.7348	0.8471	9
10	0.4973	0.5760	0.6581	0.7079	0.8233	10
11	0.4762	0.5529	0.6339	0.6835	0.8010	11
12	0.4575	0.5324	0.6120	0.6614	0.7800	12
13	0.4409	0.5139	0.5923	0.6411	0.7603	13
14	0.4259	0.4973	0.5742	0.6226	0.7420	14
15	0.4124	0.4821	0.5577	0.6055	0.7246	15
16	0.4000	0.4683	0.5425	0.5897	0.7084	16
17	0.3887	0.4555	0.5285	0.5751	0.6932	17
18	0.3783	0.4438	0.5155	0.5614	0.6787	18
19	0.3687	0.4329	0.5034	0.5487	0.6652	19
20	0.3598	0.4227	0.4921	0.5368	0.6524	20
25	0.3233	0.3809	0.4451	0.4869	0.5974	25
30	0.2960	0.3494	0.4093	0.4487	0.5541	30
35	0.2746	0.3246	0.3810	0.4182	0.5189	35
40	0.2573	0.3044	0.3578	0.4032	0.4896	40
45	0.2428	0.2875	0.3384	0.3721	0.4648	45
50	0.2306	0.2732	0.3218	0.3541	0.4433	50
60	0.2108	0.2500	0.2948	0.3248	0.4078	60
70	0.1954	0.2319	0.2737	0.3017	0.3799	70
80	0.1829	0.2172	0.2565	0.2830	0.3568	80
90	0.1726	0.2050	0.2422	0.2673	0.3375	90
100	0.1638	0.1946	0.2331	0.2540	0.3211	100

参考答案

习题 1.1

1. (1)$\Omega = \{$红色，白色$\}$；(2)$\Omega = \{(x,y,z) \mid x,y,z = 1,2,3,4,5,6\}$；(3)$\Omega = \{1,2,3,\cdots\}$；(4)$\Omega = \{0,1,2,\cdots\}$.

2. (1) ABC；(2)$\overline{A}\overline{B}\overline{C}$；(3)$\overline{A}BC \bigcup A\overline{B}C \bigcup AB\overline{C}$.

3. (1) 前两次射击中至少有 1 次未击中目标；(2)3 次射击中至少有 1 次击中目标；(3) 第 1 次射击未击中目标，第 2 次射击击中目标；(4) 第 2 次射击击中目标或第 3 次射击未击中目标.

4. (1)$\overline{A}_1\overline{A}_2\overline{A}_3\overline{A}_4$；(2)$A_1A_2A_3A_4$；(3)$A_1 \bigcup A_2 \bigcup A_3 \bigcup A_4$；(4)$A_1\overline{A}_2\overline{A}_3\overline{A}_4 \bigcup \overline{A}_1A_2\overline{A}_3\overline{A}_4 \bigcup \overline{A}_1\overline{A}_2A_3\overline{A}_4 \bigcup \overline{A}_1\overline{A}_2\overline{A}_3A_4$.

5. (1)$\overline{A} = $"掷 2 枚硬币，至少出现 1 个反面"；(2)$\overline{B} = $"射击 3 次，至少有 1 次没命中目标"；(3)$\overline{C} = $"加工 4 个产品，皆为次品".

6. (1) 不正确；(2) 不正确.　**7.** D.

习题 1.2

1. (1) $\dfrac{7}{15}$；(2) $\dfrac{8}{15}$；(3) $\dfrac{7}{15}$.　**2.** $\dfrac{21}{40}$.　**3.** 0.1499.

4. (1) $\dfrac{1}{27}$；(2) $\dfrac{1}{9}$；(3) $\dfrac{2}{9}$；(4) $\dfrac{8}{27}$；(5) $\dfrac{1}{27}$；(6) $\dfrac{2}{27}$.

5. (1) $\dfrac{2}{5}$；(2) $\dfrac{7}{15}$；(3) $\dfrac{14}{15}$.　**6.** $\dfrac{11}{130}$.　**7.** 0.1037.　**8.** $\dfrac{7}{8}$.　**9.** $\dfrac{1}{3}$.　**10.** $\dfrac{5}{9}$.

习题 1.3

1. (1) 正确；(2) 不正确；(3) 不正确.　**2.** 0.624.　**3.** (1) $\dfrac{19}{20}$；(2) $\dfrac{893}{990}$；(3) $\dfrac{27\,683}{32\,340}$.

4. $\dfrac{1}{18}$.　**5.** $\dfrac{2}{5}$.　**6.** (1)0.031；(2)0.1935.　**7.** $\dfrac{23}{45}$；$\dfrac{15}{23}$.

习题 1.4

1. 0.52.　**2.** 0.9653.　**3.** (1)0.56；(2)0.94；(3)0.38.　**4.** 0.2035；0.9988.

5. 0.6.　**6.** 0.3774.　**7.** 1/3.　**8.** 略.　**9.** 略.

复习题 1

1. $\Omega = \{(1,2,3),(1,2,4),(1,2,5),(1,3,4),(1,3,5),(1,4,5),(2,3,4),(2,3,5),(2,4,5),(3,4,5)\}$；基本事件总数为 10.

2. (1) $\dfrac{28}{45}$；(2) $\dfrac{1}{45}$；(3) $\dfrac{16}{45}$.　**3.** 4.5927×10^{-3}.　**4.** $\dfrac{3}{8}$；$\dfrac{9}{16}$；$\dfrac{1}{16}$.　**5.** 0.8793.

6. 0.5.　**7.** 0.75.　**8.** (1) $\dfrac{5}{9}$；(2) $\dfrac{16}{63}$；(3) $\dfrac{16}{35}$.　**9.** $\dfrac{3}{4}$.

10. $\dfrac{20}{21}$.　**11.** (1)0.146；(2)0.2143.　**12.** 0.3056.　**13.** 0.901.　**14.** 7.　**15.** 略.

16. (1) $\dfrac{5}{18}$；(2) $\dfrac{5}{9}$；(3) $\dfrac{7}{12}$.　**17.** (1) $\dfrac{1}{5}$；(2) $\dfrac{3}{5}$；(3) $\dfrac{3}{10}$.

18. (1) $\dfrac{C_n^r \times r!}{n^r}$；(2) $\dfrac{n^r - C_n^r \times r!}{n^r}$.　**19.** (1) $\dfrac{13}{21}$；(2) $\dfrac{4}{7}$.　**20.** 公平.　**21.** 29.

习题 2.1

1. (1)3,4,5,6,7；(2)$-3,-2,-1,1,2,3$；(3)0,1,2；(4)0,1.　**2.** $c = 2$.

3. $P\{X = k\} = \dfrac{C_5^k C_{95}^{20-k}}{C_{100}^{20}}, k = 0,1,2,3,4,5$.

4.

X	0	1	2	3	4	5	6	$\geqslant 7$
p	0.3487	0.3874	0.1937	0.0574	0.0112	0.0015	0.0001	≈ 0

；0.9298.

5. $P\{X = 4\} = \dfrac{27}{8} e^{-3}$.

6.

X	1	2	3	4	5
p	0.9	0.09	0.009	0.0009	0.0001

7. 0.371163.　**8.** 0.0175,0.0091.

习题 2.2

1. $P\{X \leqslant a\} = F(a), P\{X > a\} = 1 - F(a), P\{x_1 < X \leqslant x_2\} = F(x_2) - F(x_1)$.

2.

X	3	4	5
p	$\dfrac{1}{10}$	$\dfrac{3}{10}$	$\dfrac{6}{10}$

；$F(x) = \begin{cases} 0, & x < 3, \\ \dfrac{1}{10}, & 3 \leqslant x < 4, \\ \dfrac{2}{5}, & 4 \leqslant x < 5, \\ 1, & x \geqslant 5. \end{cases}$

3. $F(x) = \begin{cases} 0, & x < 0, \\ 1-p, & 0 \leqslant x < 1, \\ 1, & x \geqslant 1. \end{cases}$

4.

X	-1	0	2
p	0.3	0.1	0.6

5. (1) $F(x) = \begin{cases} 0, & x < 0, \\ 0.5, & 0 \leqslant x < 1, \\ 0.8, & 1 \leqslant x < 3, \\ 1, & x \geqslant 3. \end{cases}$ (2) 0.8. **6.** $a+b=1.$

习题 2.3

1. (1) $c=2$;(2) $F(x) = \begin{cases} 0, & x < 0, \\ x^2, & 0 \leqslant x < 1, \\ 1, & x \geqslant 1; \end{cases}$ (3) 0.4.

2. (1) $1-\mathrm{e}^{-2}, \mathrm{e}^{-3}$;(2)$f(x) = \begin{cases} \mathrm{e}^{-x}, & x > 0, \\ 0, & x \leqslant 0. \end{cases}$

3. (1) $1-\mathrm{e}^{-1.2}$;(2) $\mathrm{e}^{-1.6}$;(3) $\mathrm{e}^{-1.2}-\mathrm{e}^{-1.6}$;(4) 0.

4. (1) $f(x) = \begin{cases} 0.08, & 7.5 < x < 20, \\ 0, & \text{其他}; \end{cases}$ (2) 0.36;(3) 0.4,0.4.

5. 0.337 2,0.593 4,129.8. **6.** 31.2.

习题 2.4

1.

Y	-5	-3	-1	1	5
p_k	1/5	1/6	1/5	1/15	11/30

Z	0	1	4	9
p_k	1/5	7/30	1/5	11/30

2. $f_Y(y) = \begin{cases} \dfrac{1}{2}\mathrm{e}^{-y/2}, & y > 0, \\ 0, & y \leqslant 0. \end{cases}$

3. $f_Y(y) = \begin{cases} \dfrac{1}{b-a}\left(\dfrac{2}{9\pi}\right)^{\frac{1}{3}} y^{-\frac{2}{3}}, & \dfrac{\pi a^3}{6} \leqslant y \leqslant \dfrac{\pi b^3}{6}, \\ 0, & \text{其他}. \end{cases}$

4. $F_Y(y) = \begin{cases} 0, & y < 1, \\ 0.8, & 1 \leqslant y < 2, \\ 1, & y \geqslant 2. \end{cases}$ **5.** $f_Y(y) = \begin{cases} y, & 0 \leqslant y < 1, \\ 2-y, & 1 \leqslant y < 2, \\ 0, & \text{其他}. \end{cases}$

6. $f_Y(y) = \begin{cases} \dfrac{1}{\sqrt{2\pi}} y^{-\frac{1}{2}} \mathrm{e}^{-y/2}, & y > 0, \\ 0, & y \leqslant 0. \end{cases}$ **7.** $f_\Theta(y) = \dfrac{9}{10\sqrt{\pi}}\mathrm{e}^{-\frac{81(y-37)^2}{100}}, -\infty < y < +\infty.$

复习题 2

1. $\dfrac{1}{1+b}$.   2. $P\{X=k\}=C_{30}^k(0.8)^k(0.2)^{30-k},k=0,1,2,\cdots,30.$

3. $P\{X=k\}=\dfrac{C_{13}^k C_{39}^{5-k}}{C_{52}^5},k=0,1,2,3,4,5.$

4.

X	0	1	2	3	4	5
p	0.583	0.340	0.070	0.007	0	0

$;F(x)=\begin{cases}0, & x<0,\\ 0.583, & 0\leqslant x<1,\\ 0.923, & 1\leqslant x<2,\\ 0.993, & 2\leqslant x<3,\\ 1, & x\geqslant 3.\end{cases}$

5. (1) 0.3438; (2) 0.3750; (3) 0.5.

6. $\dfrac{1}{2},F(x)=\begin{cases}1-\dfrac{1}{2}e^{-x}, & x>0,\\[2mm] \dfrac{1}{2}e^{x}, & x\leqslant 0.\end{cases}$

7. $F(x)=\begin{cases}0, & x<0,\\ x^2/2, & 0\leqslant x<1,\\ -1+2x-x^2/2, & 1\leqslant x<2,\\ 1, & x\geqslant 2.\end{cases}$

8. 0.2.   9. 0.242 7.

10. (1) $f_Y(y)=\begin{cases}\dfrac{1}{\sqrt{2\pi}}e^{-\frac{1}{2}(lny)^2}\cdot\dfrac{1}{y}, & y>0,\\[2mm] 0, & \text{其他.}\end{cases}$

(2) $f_Z(z)=\begin{cases}\dfrac{1}{2\sqrt{\pi(z-1)}}e^{-\frac{z-1}{4}}, & z>1,\\[2mm] 0, & \text{其他.}\end{cases}$

11.

X	0	1	2	3
p	0.75	0.204 5	0.040 9	0.004 6

12. (1) $P\{X=k\}=C_{10}^k(0.05)^k(0.95)^{10-k}$ $(k=0,1,2,\cdots,10).$

(2) $P\{X=k\}=\dfrac{C_5^k C_{95}^{10-k}}{C_{100}^{10}}$ $(k=0,1,\cdots,5).$ (3) 0.086 1; 0.076 8.

13. $\dfrac{1}{6},\dfrac{5}{6}.$ 14. 略.

15. $f_Y(y) = \begin{cases} 0, & y \leqslant 0, \\ \dfrac{4\sqrt{2}}{a^3\sqrt{\pi}m^{\frac{3}{2}}} y^{\frac{1}{2}} e^{-\frac{2y}{ma^2}}, & y > 0. \end{cases}$

习题 3.1

1. $0.21; 0.15; 0.40.$

2.

X\Y	1	2	3
1	0	2/12	1/12
2	2/12	2/12	2/12
3	1/12	2/12	0

3. (1) $\dfrac{1}{3}$; (2) $F(x,y) = \begin{cases} 0, & x < 1 \text{ 或 } y < -1, \\ \dfrac{1}{4}, & 1 \leqslant x < 2 \text{ 且 } -1 \leqslant y < 0, \\ \dfrac{5}{12}, & x \geqslant 2 \text{ 且 } -1 \leqslant y < 0, \\ \dfrac{1}{2}, & 1 \leqslant x < 2 \text{ 且 } y \geqslant 0, \\ 1, & x \geqslant 2 \text{ 且 } y \geqslant 0. \end{cases}$

4. (1) $\dfrac{1}{8}$; (2) $\dfrac{3}{8}$.　**5.** $0.0907.$　**6.** $0.04344.$

习题 3.2

1.

Y\X	−1	0	2	$p._{j}$
0	0	1/6	5/12	7/12
$\dfrac{1}{3}$	1/12	0	0	1/12
1	1/3	0	0	1/3
$p_{i.}$	5/12	1/6	5/12	1

2. (1) $\dfrac{5}{6}$; (2) $\dfrac{7}{24}$.

3. $f_Y(y) = \begin{cases} \dfrac{2}{\pi}\sqrt{1-y^2}, & -1 \leqslant y \leqslant 1, \\ 0, & \text{其他.} \end{cases}$

$f_X(x) = \begin{cases} \dfrac{2}{\pi}\sqrt{1-x^2}, & -1 \leqslant x \leqslant 1, \\ 0, & \text{其他.} \end{cases}$

4. (1) 6;

(2) $f_X(x) = \begin{cases} 6(x-x^2), & 0 \leqslant x \leqslant 1, \\ 0, & \text{其他;} \end{cases}$ $f_Y(y) = \begin{cases} 6(\sqrt{y}-y), & 0 \leqslant y \leqslant 1, \\ 0, & \text{其他.} \end{cases}$

5. $\dfrac{1}{16}$. **6.** $(X,Y) \sim N(0,0;100,100;0)$.

习题 3.3

1. 都不独立. **2.** 不独立.

3. $f(x,y) = \begin{cases} \dfrac{1}{(b-a)(d-c)}, & a < x < b, \ c < y < d, \\ 0, & \text{其他;} \end{cases}$

$f_X(x) = \begin{cases} \dfrac{1}{b-a}, & a < x < b, \\ 0, & \text{其他;} \end{cases}$ $f_Y(y) = \begin{cases} \dfrac{1}{d-c}, & c < y < d, \\ 0, & \text{其他;} \end{cases}$ 独立.

4. $\dfrac{1}{18}, \dfrac{2}{9}, \dfrac{1}{6}$. **5.** 0.144 5.

习题 3.4

1.

$X+Y$	0	1	2	3	4
p	0.56	0.30	0.12	0.02	0

2.

X_1+X_2	0	1	2
p	$\dfrac{1}{4}$	$\dfrac{1}{2}$	$\dfrac{1}{4}$

3. $F_X(x) = \begin{cases} (1-e^{-\frac{x^2}{8}})^4, & x \geqslant 0, \\ 0, & \text{其他;} \end{cases}$ $F_X(4) = 0.5590$.

4.

Y \ X	0	1	2
0	0.16	0.08	0.01
1	0.32	0.16	0.02
2	0.16	0.08	0.01

M	0	1	2
p_k	0.16	0.56	0.28

N	0	1	2
p_k	0.73	0.26	0.01

5. (1)

M \ N	1	2	3	$p_{i\cdot}$
1	1/9	0	0	1/9
2	2/9	1/9	0	1/3
3	2/9	2/9	1/9	5/9
$p_{\cdot j}$	5/9	1/3	1/9	

;(2) 不独立;(3) $\dfrac{1}{3}$.

6. $f_Z(z)=\begin{cases}1-\mathrm{e}^{-z}, & 0\leqslant z\leqslant 1,\\ \mathrm{e}^{-z}(\mathrm{e}-1), & z>1,\\ 0, & \text{其他}.\end{cases}$

7.

$\min\{X,Y\}$	0	1
p_k	0.75	0.25

复习题 3

1.

Y \ X	0	1
0	25/36	5/36
1	5/36	1/36

;

Y \ X	0	1
0	45/66	10/66
1	10/66	1/66

; 不独立.

2. $P\{X=k,Y=i\}=\dfrac{\lambda^k\mathrm{e}^{-\lambda}}{k!}C_k^i p^i(1-p)^{k-i}, \quad k=0,1,\cdots, \quad i=0,1,\cdots,k.$

3.

X \ Y	y_1	y_2	y_3	$p_{i\cdot}$
x_1	$\dfrac{1}{24}$	$\dfrac{1}{8}$	$\dfrac{1}{12}$	$\dfrac{1}{4}$
x_2	$\dfrac{1}{8}$	$\dfrac{3}{8}$	$\dfrac{1}{4}$	$\dfrac{3}{4}$
$p_{\cdot j}$	$\dfrac{1}{6}$	$\dfrac{1}{2}$	$\dfrac{1}{3}$	1

4. $f_X(x)=\begin{cases}2.4(2-x)x^2, & 0<x<1,\\ 0, & \text{其他};\end{cases}$ $f_Y(y)=\begin{cases}2.4y(3-4y+y^2), & 0<y<1,\\ 0, & \text{其他}.\end{cases}$
不独立.

5. (1)

Z	3	5	7	9
p_k	$\dfrac{1}{6}$	$\dfrac{5}{12}$	$\dfrac{1}{4}$	$\dfrac{1}{6}$

;(2)

M	2	3	4	6
p_k	$\dfrac{1}{6}$	$\dfrac{1}{3}$	$\dfrac{1}{4}$	$\dfrac{1}{4}$

;(3)

N	1	2	3
p_k	$\dfrac{1}{3}$	$\dfrac{1}{3}$	$\dfrac{1}{3}$

6. (1) 1;(2) $f_X(x)=\begin{cases}\mathrm{e}^{-x}, & x>0,\\ 0, & \text{其他};\end{cases}$ $f_Y(y)=\begin{cases}y\mathrm{e}^{-y}, & y>0,\\ 0, & \text{其他};\end{cases}$
(3) $1-2\mathrm{e}^{-0.5}+\mathrm{e}^{-1}$.

Y \ X	0	1	2	3	...
2	$e^{-\lambda}$	$\dfrac{\lambda e^{-\lambda}}{1!}$	$\dfrac{\lambda^2 e^{-\lambda}}{2!}$	0	
3	0	0	0	$\dfrac{\lambda^3 e^{-\lambda}}{3!}$	
4	0	0	0	0	
...					

7.

$$P\{X=k\}=\frac{\lambda^k e^{-\lambda}}{k!},k=0,1,2,\cdots;P\{Y=2\}=\sum_{k=0}^{2}\frac{\lambda^k\cdot e^{-\lambda}}{k!},P\{Y=k\}=\frac{\lambda^k e^{-\lambda}}{k!},k=3,$$

$4,5,\cdots$.

8. 略.

9. (1) 不独立;(2) $f_Z(z)=\begin{cases}\dfrac{z^2}{2}e^{-z}, & z>0,\\[2mm] 0, & \text{其他}.\end{cases}$

10. 0.

11. (1) $\dfrac{1}{\pi^2},\dfrac{\pi}{2},\dfrac{\pi}{2}$;(2) $f(x,y)=\dfrac{6}{\pi^2(4+x^2)(9+y^2)}$,$-\infty<x,y<+\infty$;(3) $f_X(x)=$ $\dfrac{2}{\pi(4+x^2)}$,$-\infty<x<+\infty$,$f_Y(y)=\dfrac{3}{\pi(9+y^2)}$,$-\infty<y<+\infty$;(4) 相互独立;(5) $\dfrac{3}{16}$.

12. $F(x,y)=\begin{cases}1-\left(\dfrac{y^2}{2}+y+1\right)e^{-y}, & 0\leqslant y<x,\\[2mm] 1-(x+1)e^{-x}-\dfrac{x^2}{2}e^{-y}, & 0\leqslant x<y,\\[2mm] 0, & \text{其他}.\end{cases}$

13. (1) $pq^{k-1}(2-q^{k-1}-q^k)$,$k=1,2,\cdots$;(2) 当 $i=k$ 时,$P\{M=k,X=k\}=pq^{k-1}(1-q^k)(k=1,2,\cdots)$;当 $i<k$ 时,$P\{M=k,X=i\}=p^2q^{k+i-2}(i=1,2,\cdots k-1)$;当 $i>k$ 时,$P\{M=k,X=i\}=0(i=k+1,\cdots)$.

14. (1) $\dfrac{1}{1-e^{-1}}$.(2) $f_X(x)=\begin{cases}\dfrac{e^{-x}}{1-e^{-1}}, & 0<x<1,\\[2mm] 0, & \text{其他};\end{cases}$ $f_Y(y)=\begin{cases}e^{-y}, & y>0,\\ 0, & \text{其他}.\end{cases}$

(3) $F_U(u)=\begin{cases}0, & u<0,\\[2mm] \dfrac{(1-e^{-u})^2}{1-e^{-1}}, & 0\leqslant u<1,\\[2mm] 1-e^{-u}, & u\geqslant 1.\end{cases}$

习题 4.1

1. $-0.2;2.8;13.4$.

2. $1;2;\dfrac{1}{3}$.   **3.** 77.55.

4. $\dfrac{\pi}{24}(b+a)(b^2+a^2)$.

5. 版税制.

6. $\dfrac{rn}{N}$,不放回也是一样的.   **7.** 4.

习题 4.2

1. 33.   **2.** 10.   **3.** $0.4,1.2,\dfrac{11}{150}$.

4. $(pe^k+q)^n$,$(pe^{2k}+q)^n-(pe^k+q)^{2n}$.

5. 略.   **6.** $1;1$.   **7.** $\dfrac{26}{3}$,21.42.

8. $1\,200,1\,225$.

9. (1) $516.91,511.12$;(2) 前者比后者的成绩好;(3) 与例 4.2.9 中 T 分数的结论相同.

习题 4.3

1. $85,37$.

2. (1) $\dfrac{1}{3},3$;(2) 0.

3. 略.   **4.** $\dfrac{2}{3}$;0;0.   **5.** 略.   **6.** 略.

复习题 4

1. $\dfrac{2}{3},\dfrac{1}{18}$.

2. $20,389$.

3. (1) 31s,它表明:每个业主所选择广告的平均时间长度为 31s;(2) 7150 元,它表明:电视台每插播一次广告平均可收入 7150 元.

4. 21t.   **5.** $\dfrac{7}{2}n,\dfrac{35}{12}n$.

6. $\dfrac{1}{4},1,-\dfrac{1}{4}$.   **7.** 45.   **8.** 1.   **9.** 略.

10. -1.   **11.** 略.   **12.** 11.67.

13. (1) $\frac{2}{3},\frac{1}{3},\frac{1}{4}$;(2) $\frac{1}{18},\frac{1}{18}$;(3) $\frac{1}{36}$;(4) $\frac{1}{2}$;(5) $\begin{pmatrix} \frac{1}{18} & \frac{1}{36} \\ \frac{1}{36} & \frac{1}{18} \end{pmatrix}$.

14. 略. **15.** $1,3$.

16. (1)

(X,Y)	$(-1,-1)$	$(-1,1)$	$(1,-1)$	$(1,1)$
p	$\frac{1}{4}$	0	$\frac{1}{2}$	$\frac{1}{4}$

; (2) 2.

习题 5.1

1. $\geqslant 0.73$. **2.** $\geqslant 10$.

3. $\geqslant 0.975$. **4.** $\leqslant \frac{1}{12}$.

5. 略. **6.** 250 000. **7.** 略. **8.** $\frac{7}{2}$.

习题 5.2

1. 0.2119. **2.** 98.

3. (1) 0.323;(2) 满足 $1-\Phi\left(\frac{500-n}{3\sqrt{n}}\right) > q_0$ 的最小正整数 n.

4. 0.0062. **5.** 0.9525. **6.** 0.6826.

复习题 5

1. 略. **2.** 略. **3.** 0.4714. **4.** 0.0787.

5. (1) 0.0003;(2) 0.5. **6.** 1537. **7.** 略. **8.** (1) 0.8968;(2) 0.7498.

习题 6.1

1. B. **2.** D. **3.** A. **4.** 41. **5.** $4,4$.

6. $10,2$. **7.** $p,\dfrac{p(1-p)}{n},p(1-p)$.

8. $\pm 2,\mp 2$. **9.** 略(直方图);近似正态分布.

习题 6.2

1. 0.8293. **2.** $\chi^2(2)$. **3.** 0.99. **4.** 0.58. **5.** 0.6744. **6.** 16. **7.** $t(9)$.

复习题 6

1. (1) $2.33,-2.33,0.6870,-0.6870$;(2) 4.6041.

2. (1) 34.382,2.24,0.4464;(2) 24.996.

3. $N(\mu,\sigma^2);N(\mu,5\sigma^2);N(n\mu,n\sigma^2)$.

4. (1) $P\{X_1=x_1,X_2=x_2,\cdots,X_n=x_n\}=p^{\sum\limits_{i=1}^{n}x_i}(1-p)^{n-\sum\limits_{i=1}^{n}x_i},x_i=0,1,i=1,2,\cdots,n;$

(2) $P\left\{\sum\limits_{i=1}^{n}X_i=k\right\}=C_n^k p^k(1-p)^{n-k},k=0,1,2,\cdots,n;(3)\ p,\dfrac{p(1-p)}{n},p(1-p)$.

5. (1) 439;(2) 200;(3) 要以高概率保持同样的精度,则必须增加样本容量.

6. $F(1,1)$.　**7.** 服从 t 分布,自由度为9.　**8.** $t(n-1)$.　**9.** -0.423.

习题 7.1

1. $74.002,6\times10^{-6},6.86\times10^{-6}$.

2. $\overline{X},\dfrac{1}{n}\sum\limits_{i=1}^{n}X_i^2-(\overline{X})^2;\overline{x},\dfrac{1}{n}\sum\limits_{i=1}^{n}x_i^2-(\overline{x})^2$.

3. (1) $\left(\dfrac{\overline{X}}{1-\overline{X}}\right)^2,\left(\dfrac{\overline{x}}{1-\overline{x}}\right)^2;$(2) $\dfrac{n^2}{(\sum\limits_{i=1}^{n}\ln x_i)^2},\dfrac{n^2}{(\sum\limits_{i=1}^{n}\ln X_i)^2}$.

4. (1) $\dfrac{\overline{X}}{m},\dfrac{\overline{x}}{m};$(2) $\dfrac{\overline{x}}{m},\dfrac{\overline{X}}{m}$.

5. 0.499.

6. (1) $1.64\sigma+\overline{X};$(2) $1.64\sqrt{\dfrac{n-1}{n}}S+\overline{X}$.　**7.** $\overline{X}$.

习题 7.2

1. 0.00664.　**2.** 略.　**3.** $\dfrac{1}{n}$.

4. 无偏的验证,略;$\hat{\mu}_3$ 最有效.　**5.** $k_1+k_2=1,\dfrac{1}{3},\dfrac{2}{3}$.

习题 7.3

1. (1) (5.608,6.392);(2) (5.558,6.442).　**2.** 97.

3. (7.4,21.1).　**4.** (11.696,12.744).　**5.** $(-5.76,0.56)$.　**6.** (0.222,3.601).

复习题 7

1. $\dfrac{1}{4},\dfrac{7-\sqrt{13}}{12}$.

2. $\dfrac{1-2\overline{X}}{\overline{X}-1}, \dfrac{1-2\overline{x}}{\overline{x}-1}, -1-\dfrac{n}{\sum\limits_{i=1}^{n}\ln x_i}, -1-\dfrac{n}{\sum\limits_{i=1}^{n}\ln X_i}$.

3. $(1)\overline{x}, \overline{X}, e^{-\overline{x}}$; $(2)\ 0.3253$.

4. 略. **5.** $(1)\ T_1, T_3$; $(2)\ T_3$. **6.** $(4.412, 5.588)$.

7. $(98.822, 124.956)$. **8.** $(31.843, 32.397)$; $(0.1623, 0.5586)$.

9. $(0.4539, 0.9152)$. **10.** $(1143, 1151)$. **11.** 略. **12.** 略. **13.** $\hat{\theta}_2$ 较 $\hat{\theta}_1$ 有效.

习题 8.1

1. D. **2.** B. **3.** D. **4.** C.

5. $(1)\ 0.5548$; $(2)\ 0.0021$.

6. $(1)\ H_0:\mu_0=30000; H_1:\mu_0>30000$; (2) 单边检验; $(3)\ (2.05, +\infty)$, 用 Z 检验法.

7. 正常. **8.** 不合格.

习题 8.2

1. 能接受.

2. 这种有害物质的含量超过了规定的界限.

3. 不能认为测定值的标准差小于等于 $2℃$.

4. 没有显著变化.

5. 不正常.

习题 8.3

1. 无显著差异. **2.** 有显著差异. **3.** 接受 H_0. **4.** 接受 H_0.

5. 可以认为.

习题 8.4

1. 是. **2.** 能.

3. 是. **4.** 是.

复习题 8

1. $\alpha=0.0481, \beta=0.8506$. **2.** 接受原假设 $H_0:\mu=0.618$.

3. 不能. **4.** 没有.

5. 没有. **6.** 不均匀.

7. 接受原假设 $H_0: \mu \leqslant 125$. **8.** 能认为.

9. (1) 接受 H_0;(2) 拒绝 H_0'.

10. 不服从. **11.** 相符.

习题 9.1

1. $\hat{y} = 24.6287 + 0.05886x$. **2.** $(490.98, 521.02)$.

3. (1) y 有随 x 增长而减少的趋势;(2) $\hat{y} = 7.94 - 0.91x$;(3) x 对 y 线性关系显著;
(4) 5.21.

4. (1) 略;(2) $\hat{y} = 13.9584 + 12.5503x$;(3) 0.04319463;(4) 拒绝 H_0;(5) (19.66, 20.81).

习题 9.2

1. $\hat{y} = 5187.46x^{-2.2178}$;$\hat{y}_0 = 11.08$.

2. $\hat{y} = 1.727834\mathrm{e}^{-\frac{0.145864}{x}}$.

复习题 9

1. (1) $\hat{y} = 55.84 + 0.312x$;(2) 有显著的线性影响;(3) (274.05, 336.83).

2. $\frac{1}{y} = 1.1148 - \frac{0.0983}{x}$. **3.** (1) 略;(2)$\hat{y} = 17.4131 + 6.5110x$;(3) 略.

4. (1)$\hat{y} = 390.1378\mathrm{e}^{-0.2179t}$;(2) 略.

参考文献

［1］弗雷德里克 R·阿德勒. 微积分与概率统计 —— 生命动力学的建模[M]. 2版. 叶其孝，等译. 北京:高等教育出版社，2011.

［2］Devore J L. Probability and Statistics for Engineering and the Science[M]，6th ed. Brooks/Cole，2004.

［3］De Groot M H，Schervish M J. Probability and Statistics[M]. 3rd ed. Pearson Education，Addison Wesley，2002.

［4］Miller I，Miller M，John E. Freund's Mathematical Statistics with Applications[M]. 7th ed. Pearson Education，Prentice Hall，2004.

［5］Peck R，Olsen C，Devore J. Introduction to Statistics & Data Analysis[M]. 3rd ed. North Scituate，Mass. Duxbury，2008.

［6］Walpolr R E，Myers R H，Myers S L，et al. Probability and Statistics for Engineers and the Science[M]. 8th ed. Pearson Education，Inc.，2007.

［7］Rao C R. 统计与真理 —— 怎样运用偶然性（中文版）[M]. 北京：科学出版社，2004.

［8］Rosenberger L J. 美国概率统计教学的回顾与展望 [C]// 大学数学课程报告论坛组委会. 大学数学课程报告论坛论文集 2007. 北京：高等教育出版社，2008：63-66.

［9］陈家鼎，刘婉如，汪仁官. 概率论与数理统计[M]. 3版. 北京：高等教育出版社，2004.

［10］何书元. 概率论与数理统计[M]. 北京：高等教育出版社，2006.

［11］韩明. 工科"概率统计"教学中的几个问题Ⅱ[J]. 高等数学研究，2009，12(1):86-88.

［12］韩明. 将数学实验的思想和方法融入大学数学教学[J]. 大学数学，2011，27(4)：137-141.

［13］韩明，张积林，李林，等. 数学建模案例[M]. 上海：同济大学出版社，2012.

［14］韩明.《概率论与数理统计》中借助数学实验理解几个极限定理[J]. 大学数学，2013，29(4):127-131.

［15］韩明. 贝叶斯统计学及其应用[M]. 上海：同济大学出版社，2015.

［16］韩明，王家宝，李林. 数学实验(MATLAB 版)[M]. 4版. 上海：同济大学出版社，2018.

［17］韩明. 概率论与数理统计教程［M］. 2 版. 上海：同济大学出版社，2018.

［18］韩明. 概率论与数理统计典型例题和习题解答［M］. 2 版. 上海：同济大学出版社，2019.

［19］茆诗松. 概率论与数理统计课程建设与发展［C］// 大学数学课程报告论坛组委会. 大学数学课程报告论坛论文集 2007. 北京：高等教育出版社，2008：34-41.

［20］盛骤,谢式千,潘承毅. 概率论与数理统计［M］. 4 版. 北京：高等教育出版社，2008.

［21］盛骤,谢式千. 概率论与数理统计及其应用［M］. 2 版. 北京：高等教育出版社，2010.

［22］苏德矿，张继昌. 概率论与数理统计［M］. 北京：高等教育出版社，2006.

［23］同济大学数学系. 概率论与数理统计［M］. 上海：同济大学出版社，2011.

［24］吴喜之. 统计教学面临的挑战［C］// 大学数学课程报告论坛组委会. 大学数学课程报告论坛论文集 2008. 北京：高等教育出版社，2009：12-14.

［25］吴赣昌. 概率论与数理统计：理工类、经济类［M］. 北京：中国人民大学出版社，2006.

［26］吴翊，汪文浩，杨文强. 概率论与数理统计［M］. 北京：高等教育出版社，2016.

［27］魏振军. 概率论与数理统计［M］. 北京：中国铁道出版社，2009.

［28］谢邦昌，张波，田金方. 应用概率统计教程［M］. 北京：高等教育出版社，2010.

［29］周概容. 概率论与数理统计：经管类 ［M］. 北京：中国商业出版社，2006.